KB141069

프로젝트의 성공전략

프로젝트 관리 실무

PROJECT MANAGEMENT

프로젝트 관리자의 실무 경쟁력!

개정 7판 안재성 지음

프로젝트 관리 실무

저 자 안재성

초판 1쇄 인쇄 2005년 5월 18일
초판 1쇄 발행 2005년 5월 21일
개정 7판 인쇄 2024년 2월 1일
개정 7판 발행 2024년 2월 1일

발 행 처 JSCAMPUS
발 행 인 안재성
기 획 JSCAMPUS
편 집 JSCAMPUS
제 작 YOUNGSHINSA

등록번호 제 974712호
등록일자 2021년 5월 25일

출판사업부 02)538-5301, 팩스 02)538-0546

글·그림 저작권 JSCAMPUS
이 책의 저작권은 저작권자에게 있습니다. 저작권자와 출판사의 허락 없이
내용의 일부를 인용하거나 발췌하는 것을 금합니다.

* 책값은 뒤표지에 있습니다.

ISBN 979-11-974712-9-2

JSCAMPUS는 독자 여러분을 위한 좋은 책 만들기에 정성을 다하고 있습니다.

독자의견 전화 02)538-0931~2
홈 페 이 지 www.epmforum.com, www.jscampus.co.kr
이 메 일 jsc@jscampus.co.kr

저자서문

수 년간 프로젝트 관리를 강의하면서 프로젝트 현장에서 활용할 수 있는 교재가 없는 것이 늘 아쉬웠습니다. 이에 십 수년간의 프로젝트 현장 경험과 PMBOK (Project Management Body of Knowledge) 의 이론을 바탕으로 하여 부족하나마 이 책을 쓰게 되었습니다.

지나온 시간을 되돌아보면 프로젝트 관리자에게 프로젝트를 수행하는 일은 산모가 아기를 낳는 일에 비유될 정도로 고통스럽고 힘든 일이었던 것 같습니다. 또 한편으로는 프로젝트를 성공시키고 무사히 종료시켰을 때의 기쁨은 무엇과도 바꿀 수 없는 것이었습니다.

현재 이 시간에도 다양한 분야에서 수 많은 프로젝트가 성공을 목표로 진행되고 있습니다. 그리고 실패한 프로젝트의 원인을 분석해 보면 대 부분 잘못된 프로젝트 관리에 그 이유가 있음을 알 수 있습니다. 프로젝트가 성공하고 실패하는 것을 결정하는 열쇠는 바로 프로젝트 관리자의 역량에 크게 좌우되는 것임을 많은 프로젝트 사례를 통해 알 수 있습니다. 말하자면 프로젝트를 성공시키기 위해서는 우수한 프로젝트 관리자의 확보가 가장 중요한 것입니다.

스스로 이런 질문을 나 자신에게 던져 봅니다. 프로젝트 관리자의 역량은 교육에 의해서 향상 될 수 있는 것인가? 아니면 실무 경험을 통해 얻게 되는 것인가? 지금까지의 답은 어느 정도까지는 교육을 통해 양성될 수 있으나, 반드시 실무 경험을 해야 완성도 있는 역량을 얻을 수 있다는 것입니다.

프로젝트 관리자의 역할이 기업에서의 경영자 역할과 유사하다는 것은 프로젝트 관리의 또 다른 매력일 것입니다. 즉, 프로젝트 관리를 통해 기업 경영을 간접체험 하는 일은 흥미로운 일입니다. 프로젝트 관리자의 지식 영역은 크게 관리 기법, 구현 기술, 수행 절차, 업무 지식의 네가지로 나누어 볼 수 있습니다. 이 네 가지 영역의 지식을 쌓기 위해 프로젝트 관리자는 부단히 노력을 해야 합니다.

쉽고 문제없는 프로젝트는 프로젝트 관리자의 프로젝트 관리 능력 향상에는 아무런 도움을 주지 못합니다. 역설적으로 말하면 위험이 많고 어려운 프로젝트의 수행을 통해 프로젝트 관리자가 성장할 수 있다는 것 입니다.

이 책은 프로젝트 관리자가 알아야 할 지식 영역을 계획과 수행을 중심으로 범위부터 공급에 이르는 PMBOK의 관리 프로세스를 실무 중심으로 설명하고 있습니다. 또한 현장에서 실무 프로젝트 관리자가 가장 어려워하는 외주 관리, 진척 관리, 변경 관리를 추가적으로 구성하여 설명 하였습니다.

또한 이 책은 실무에서 프로젝트 관리를 수행하기 위해 공부하여야 할 내용을 다루고 있습니다. 그렇기 때문에 실제 프로젝트에서 경험할 수 있는 일들을 CASE STUDY 중심으로 전개하여 학습자가 실제 프로젝트 상황을 간접 체험할 수 있도록 구성하였습니다.

더불어 PMP(Project Management Professional)자격을 준비하시는 분들에게도 도움을드리기 위하여 PMBOK의 이론을 현실감있게 설명하여 이해가 쉽도록 집필하였습니다.

이 책이 출간되기 까지 물심양면으로 도와주신 삼성SDS의 선후배님들과 JS컨텐츠팩토리 사원, 그리고 이제까지 저의 강의를 들어 주신 모든 수강생 분들께 진심으로 감사드립니다.

안 재 성

서문

<개정판>

개정판에서는 PMBOK를 기반으로 내용을 전개하였으며, 실제 실무에서 사용하는 템플릿을 다수 첨부하여 초판에서 아쉬웠던 점을 대폭 보강하였습니다.

또한 프로젝트 관리툴 PMIS (Project Management Information System) 을 이용한 수치화 된 프로젝트 관리의 실 예를 제시하여 좀 더 체계적이고 정량적인 프로젝트 관리기법을 소개 하였습니다. 그리고 프로젝트 관리자가 프로젝트를 수행하기 위해 할 일이 무엇인지를 명확히 제시하려 최대한 노력하였습니다.

이번 개정판이 미력하나마 프로젝트 현장에서 프로젝트 성공을 위해 고생 하시는 프로젝트 관리자 모든 분들에게 많은 도움과 힘이 되었으면 하는 바람입니다.

2024년 2월 안 재 성

| Contents |

061

PART 3. 프로젝트 기획

087

PART 4. 프로젝트 착수

105

PART 5. 프로젝트 계획

163

PART 6. 프로젝트 실행 및 통제

301

PART 7. 프로젝트 종료

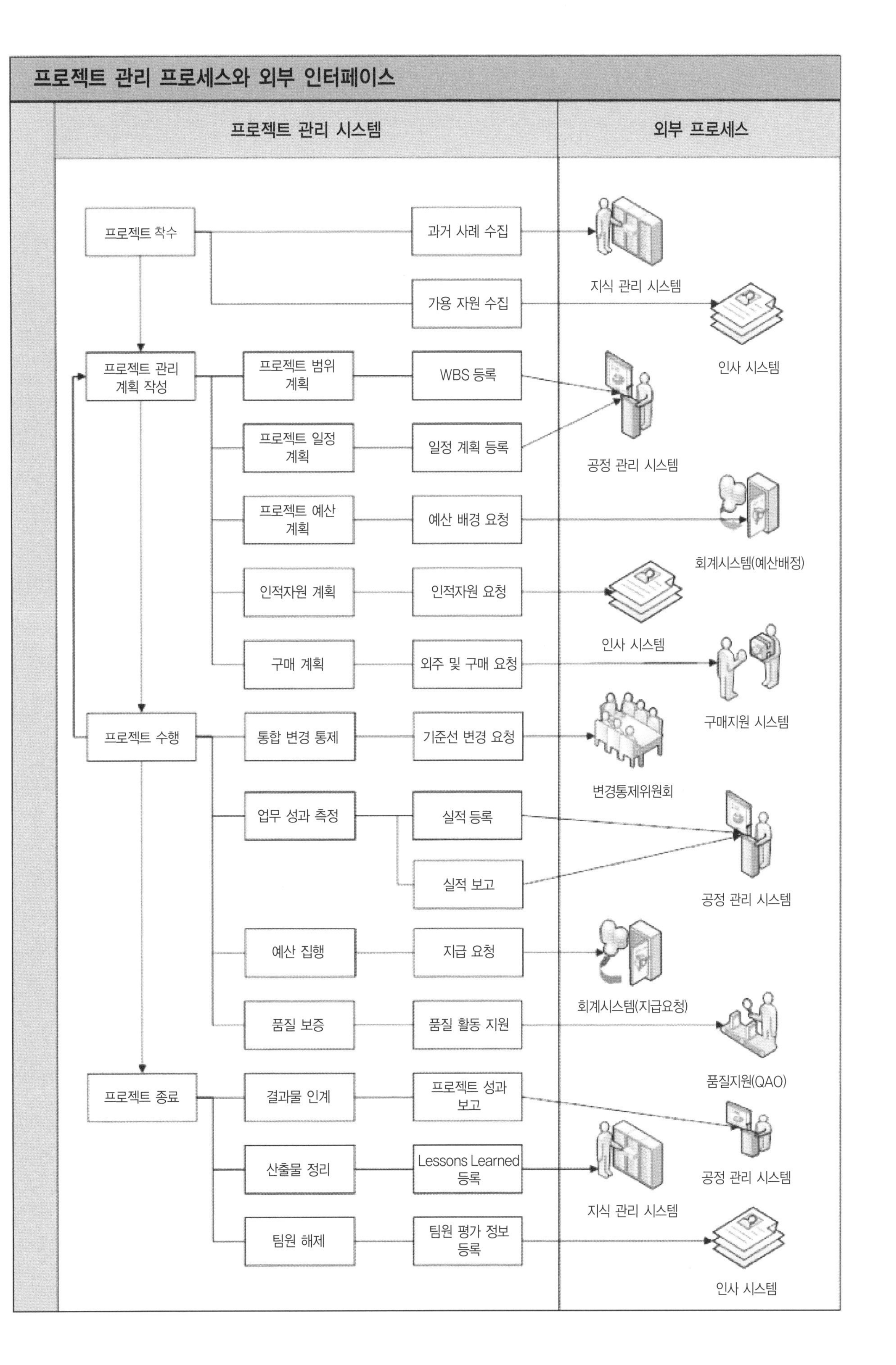

프로젝트 관리 프로세스와 외부 인터페이스
프로젝트 관리 시스템
외부 프로세스
프로젝트 착수
과거 사례 수집
지식 관리 시스템
가용 자원 수집
인사 시스템
프로젝트 관리 계획 작성
프로젝트 범위 계획
WBS 등록
프로젝트 일정 계획
일정 계획 등록
공정 관리 시스템
프로젝트 예산 계획
예산 배정 요청
회계시스템(예산배정)
인적자원 계획
인적자원 요청
인사 시스템
구매 계획
외주 및 구매 요청
구매지원 시스템
프로젝트 수행
통합 변경 통제
기준선 변경 요청
변경통제위원회
업무 성과 측정
실적 등록
실적 보고
공정 관리 시스템
예산 집행
지급 요청
회계시스템(지급요청)
품질 보증
품질 활동 지원
품질지원(QAO)
프로젝트 종료
결과물 인계
프로젝트 성과 보고
공정 관리 시스템
산출물 정리
Lessons Learned 등록
지식 관리 시스템
팀원 해제
팀원 평가 정보 등록
인사 시스템

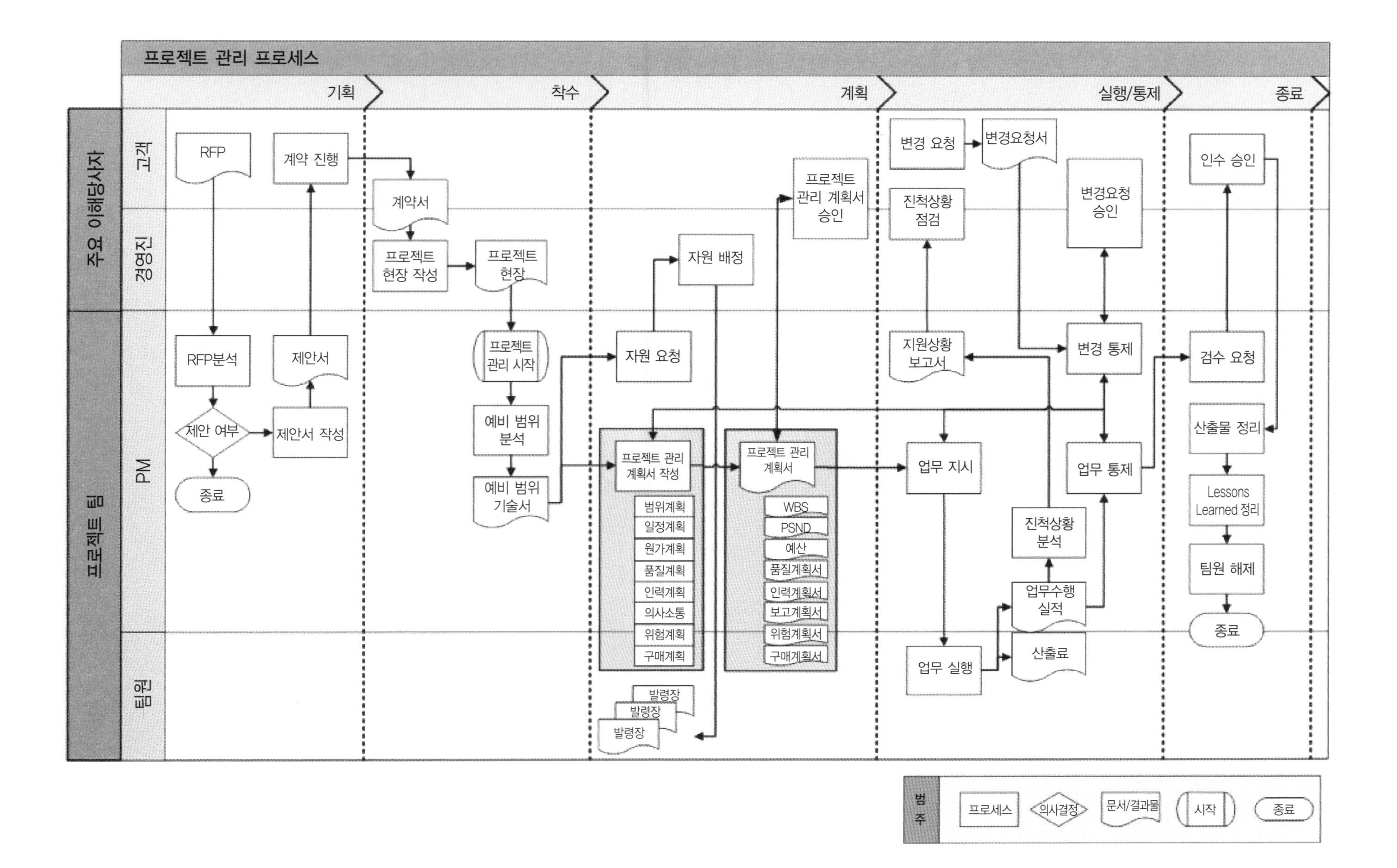
프로젝트 관리 프로세스
기획
착수
계획
실행/통제
종료
주요 이해당사자
고객
경영진
프로젝트 팀
PM
팀원
RFP
계약 진행
RFP분석
제안서
제안 여부
제안서 작성
종료
계약서
프로젝트 현장 작성
프로젝트 현장
프로젝트 관리 시작
예비 범위 분석
예비 범위 기술서
자원 요청
자원 배정
프로젝트 관리 계획서 작성
범위계획
일정계획
원가계획
품질계획
인력계획
의사소통
위험계획
구매계획
발령장
발령장
발령장
프로젝트 관리 계획서
WBS
PSND
예산
품질계획서
인력계획서
보고계획서
위험계획서
구매계획서
프로젝트 관리 계획서 승인
변경 요청
변경요청서
진척상황 점검
변경요청 승인
지원상황 보고서
변경 통제
업무 지시
업무 통제
진척상황 분석
업무수행 실적
업무 실행
산출료
인수 승인
검수 요청
산출물 정리
Lessons Learned 정리
팀원 해제
종료
범주
프로세스
의사결정
문서/결과물
시작
종료

Project Management

PART 01

프로젝트 관리 이해

Chapter 01 프로젝트 관리 이해

Project Management Situation

박PM과 차PM이 로비에서 커피를 마시고 있다.

차 PM 박PM, 지금 하고 있는 프로젝트는 잘 진행되고 있어?

박 PM 이번에 내가 맡고 있는 프로젝트는 우리가 사례도 풍부하고 경험있는 팀원들도 많아 순조롭게 풀릴 거라 예상했는데, 예기치 않은 상황이 자꾸 발생해서 좀 어렵게 됐네. 매번 프로젝트를 하지만 한번도 예상대로 된 적이 없어. 조금 있다가 본부장님께 보고를 해야 하는데 참 걱정이야.

차 PM 무슨 문제가 발생했는데 그래?

박 PM 아, 글쎄 중요한 장비를 납품하기로 되어 있던 업체가 부도가 나는 바람에 일정에 차질이 생기게 되었지 뭐야. 프로젝트를 할 때마다 이렇게 예기치 않은 상황이 발생하니 이제는 PM하기도 싫어졌네.

차 PM 아니 프로젝트가 원래 그런 건데 뭐 새삼스럽게 그러나.

박 PM 물론 그렇긴 한데, 요즘 들어 더욱 예상 밖의 상황이 자꾸 벌어지니 그러지.

차 PM 내가 이번에 교육을 받고 보니, 프로젝트는 일반 업무와 다르게 독특한 특성이 있다는 것을 알게 되었네. 우리는 흔히 쉽게 쉽게 프로젝트란 말을 쓰지만, 가만 살펴보면 뭐든지 목표가 있고 그것을 구성하고 있는 환경이나 내용은 아주 다르단 말일세. 그러니까 보통 프로젝트는 이 세상에서 똑같은 것이 하나도 없고 그래서 더욱 어려운 업무라고 한다네.

박 PM 아, 생각해 보니 자네 말이 맞네. 프로젝트를 그렇게 많이 하면서 미쳐 생각하지 못했는데, 결국 모든 프로젝트가 그 내용에서 다르고 그렇기 때문에 이렇게 어려운 것이었군.

차 PM 하지만 어렵다고 해서 프로젝트가 나쁜 것만은 아니네. 자네도 잘 알다시피 이렇게 고생고생하며 프로젝트를 잘 끝내면 많은 보람과 성과가 돌아오지 않나. 그게 바로 프로젝트의 매력이라고 할 수 있지. 자 너무 고민하지 말고 프로젝트가 원래 그러려니 하고 가서 본부장님과 잘 상의해서 대응하도록 하게. 자네는 잘 할 수 있을거야.

Check Point

- 프로젝트는 어떠한 특징을 갖고 있습니까?
- 프로젝트 관리는 어떠한 점에서 꼭 필요한 것일까요?
- 프로젝트, 프로그램, 포트폴리오는 무엇을 말하는 것입니까?
- 프로젝트 라이프사이클과 관리 프로세스는 무엇입니까?

N . O . T . E

1 프로젝트 관리 실무

오늘날 많은 사람들이 조직에서, 또는 자신의 생활에서 프로젝트를 계획하고 실행하고 있다. 일상적으로 하는 말 중에 하나가 된 프로젝트는 어떠한 단어와 조합 해도 잘 어울리는 말이 되었다. 한번 인터넷에 들어가 '프로젝트' 또는 'project' 라는 검색어로 검색을 해보자. '○○건축 프로젝트' 에서 '살빼기 프로젝트' 에까지 범주화되지 않고 정의하기 어려운 여러 결과가 나올 것이다. 그만큼 프로젝트란 말은 일상화되었고, 또한 보편적인 용어가 되었다.

업무에서 프로젝트란 용어는 더욱 많이 사용되고 있다. 과거에는 건설이나 IT 같은 특정 업종에서 자주 사용되었지만, 이제는 거의 모든 업종에서 프로젝트란 용어가 사용되고, 프로젝트 관리자(Project Manager)가 존재한다.

프로젝트는 다른 여러 업무와 다르게 도전적이며, 진취적이고 무언가 새로운 것이란 느낌을 갖고 있다. 물론 그와 더불어 추가 근무와 스트레스가 연상되기도 하지만, 이는 프로젝트가 지니는 본래 특성에서 기인하는 모습일 것이다. 뒤에서 자세히 살펴보겠지만 프로젝트는 주어진 기간에 특정 목표를 달성하는 것으로 정의할 수 있다. 목표와 시간은 서로 연합하여, 과정에서는 열정과 노력을, 결과에서는 성취와 보람을 가져다 준다. 어느 누구든 '프로젝트를 하는 사람' 은 새로 프로젝트를 시작할 때 부담을 가지며, 프로젝트 중에는 스트레스에 시달리며, 프로젝트가 끝났을 때 보람과 아쉬움을 느낄 것이다. 이 모든 것은 프로젝트가 이 세상에서 단 하나뿐이라는 특징 때문이며, 모든 프로젝트와 관련된 현상은 바로 이 특징에서 비롯된다고 할 수 있다.

사실 프로젝트를 제일 어렵게 하는 것은 바로 이 점이다. 모든 프로젝트가 100% 같지 않다는 것은 책임자의 부담을 높인다. 하지만 바로 이 것이 또한 프로젝트의 가장 큰 매력이 되는 것은 어쩔 수 없다. 왜냐하면 특정 프로젝트를 수행한 사람이 자신이라고 하는 것은 다른 업무에 비해 상대적으로 많은 자부심과 보람을 가져오기 때문이다. 그리고 그런 유사한 프로젝트를 지속적으로 맡아 수행하며 전문 경력을 쌓아가는 것이 오늘날 프로젝트 실무자들의 모습이다.

이러한 실무자들의 최대 고민은 어떻게 프로젝트 완료 후 아쉬움을 남기지 않느냐에 대한 고민일 것이다. 모든 프로젝트는 다르기 때문에 아쉬움이

N . O . T . E

남으며, 이번에 실수했던 것을 다음에 하지 않기 위해, 지금 현재 최선의 선택을 하기 위해, 그리고 미래의 다른 프로젝트에서 더 잘하기 위해 개선점을 찾고 미리 대비하는 노력을 기울여야 하는 것이다.

이러한 프로젝트에서 가장 큰 책임과 더불어 주체가 되는 자를 우리는 프로젝트 관리자 또는 PM(Project Manager) 이라고 부른다. 프로젝트 관리자는 주업무가 프로젝트 관리이기 때문에 프로젝트 관리자가 하는 일을 프로젝트 관리 실무라 할 수 있겠다. 이 컨셉은 이 책을 구성하는 가장 핵심이다. PMP자격증으로 널리 알려지게 된 Project Management Body of Knowledge 6th Edition(이하 PMBOK)에서는 프로젝트 관리를 지식(Knowledge), 기술(Skills), 도구(Tools), 기법(Techniques)를 동원하여 고객의 요구를 충족시키는 방법이라고 정의하고 있다. 그에 따라 구체적으로 무엇을 관리하며, 어떻게 관리할 것이며, 누가 할 것인가 그리고 그에 필요한 가치는 무엇인가. 바로 이것이 프로젝트 관리의 실무를 구성하고 있다.

수많은 프로젝트 관리 교육을 수행하면서 가장 많이 들었던 질문이 있다. “말씀하신 내용은 이해하고 바람직하다고 생각하지만 실제 업무에서는 적용하기에는 어려울 것 같다”는 푸념이었다. 모두가 자신의 프로젝트는 특수하고 표준 방법론을 적용하기 어렵다고 말한다. 하지만 이것은 전혀 발전적이지 못한 지적이다. 물론 필드는 다르다. 왜냐하면 프로젝트는 모두 다르기 때문이다. 하지만 그렇다고 기초 지식이 필요 없는 것은 아니며, 응용의 기반이 되는 방법론이 없는 것이 아니란 점이 중요하다. 많은 프로젝트 관리자들이 어려워 하는 것은 까다로운 고객의 요구사항일 것이며, 프로젝트 관리자들이 알고 싶은 것은 합리적이고 타당한 계획을 세워서 프로젝트를 성공적으로 수행하기 위한 방법론 일 것이다. 이에 대한 인식과 대응은 이미 상당히 진전되어 미국에서는 PMI에서 PMBOK이라는 훌륭한 표준을 제시했으며, 우리나라에서도 많은 조직에서 PMO(Project Management Office)를 설립하고 프로젝트 관리 방법론을 제도화하고 있다.

현실적으로 우리나라 프로젝트 관리자는 방법보다 먼저 경험을 쌓게 된다. 즉, 체계적 지식 이전에 먼저 정리되지 않은 다양한 경험을 쌓는 것이다. 프로젝트 실무 현장에서 직접 현실과 부딪혀 가며 경험을 쌓고 그 경험에 의해 오늘도 프로젝트를 수행하고 있는 것이 대부분의 우리나라 프로젝트 실무자가 겪는 바다. 한번이라도 내가 하는 이 방법이 올바른 것인가 생각해 본 적이 있는가? 생산성을 높일 수 있는 방법이 있지 않을까 고민해 보았는가? 내가 더 잘 관리해야 할 곳이 있다는 불안한 마음을 가져 보았는

N . O . T . E

가? 우리가 쓰는 그 말이 제대로 쓰고 있는 것인지 고민해 보았는가?
필드 경험에 의한 프로젝트 업무는 자칫 주먹구구라는 불명예를 안을 가능성이 높다. 왜냐하면 체계적인 지식 없이 경험만 많다면, 원칙 없이 개개의 사건과 환경요소에만 집착하여 정형적이고 교조적으로 프로젝트 수행하게 되기 때문이다. 이는 처음 프로젝트를 맡았을 경우나 몇 십년이 지난 지금이나 프로젝트를 관리하는 면에서는 그다지 발전하지 않았다는 현직 실무자들의 많은 증언으로도 충분히 증명이 된다. 보다 유연하고 창의적인 접근은, 같은 것이 하나도 없는 프로젝트라는 업무를 진행할 때 필수이며, 이는 체계적으로 정리된 지식이 원리로 작용할 때 가능하게 된다. 프로젝트 관리의 기본 지식에서 경험은 이런 지식을 보강하고 구체화하여 실무에서 살아있는 지식으로 승격시키는 역할을 한다. 따라서 모든 프로젝트 실무자라면 마땅히 배우고 익혀 자신만의 특수한 프로젝트관리 실무에서 적용하기 위해 노력해야 할 것이다.
프로젝트 하나가 조직의 성패와 방향을 좌우할 정도로 비중이 클 수 있다는 점을 감안하면 조직에서 프로젝트관리 실무를 담당하는 프로젝트 관리자는 자신의 역량의 개발에 결코 게으를 수 없다. 교육생들이 가장 많이 질문하는 것 중 하나가 프로젝트 관리자로써 역량 개발을 위한 포트폴리오 구성이다. 가장 중요하며 끊임없이 노력해야 하는 것은 기본 지식과 사례(경험), 개념, 용어 등의 프로젝트 관리 실무 지식이며, 이를 중심으로 다양한 기법과 기술 그리고 도구를 개발하고 익히는 것이다. 그리고 이것을 고객의 요구를 충족시키기 위하여 사용한다면 프로젝트를 반드시 성공시키는 훌륭한 프로젝트 관리자가 될 수 있을 것이다.

2 프로젝트의 이해

2-1. 프로젝트 정의

'Project' 란 말의 어원은 'projicere' 란 단어에서 유래한 라틴어 'Projectum' 이다. 이 단어를 분해하면 'pro' 는 앞으로 나아가는 것을 뜻하는 단어이며, '던지다' 란 뜻을 가진 'jacere' 가 나머지를 구성한다. 때문에 원래의 뜻은 이전의 성과로부터 나오는 무언가를 뜻하는 단어였다. 그리고 그것은 단지 계획을 말하는 것이었지 실제 실행은 아니었다고 한다. 'object' 가 바로 계획에 따른 결과를 뜻하는 단어였다.

프로젝트란 단어가 현대에 우리가 쓰는 의미로 전환된 것은 불과 반세기 전이었다. 1950년대에 'Project Management'가 나온 후부터 'project'와 'object'의 의미가 바뀌어 'object'를 위한 활동들이 'project'가 되었다. 단지 계획만을 뜻했던 의미에서 더 많은 역할을 하게 되었고, 이는 뒤에 나온 관리(management)란 단어에 힘입은 바가 크다. 즉, 현재 우리가 쓰는 프로젝트의 의미가 이처럼 관리라는 단어와 밀접한 관련이 있다는 것은 놀라운 일이 아닐 수 없다.

현대에 이르러 변화된 프로젝트에 대해 정확한 정의를 살펴보자. 먼저 「Welcome PM Glossary」에서는 "전체적인 목적을 향한 일련의 활동들, 또는 그 목적의 달성과 관련한 정보의 수집(A set of activities directed to an overall goal, Also, the collection of data relating to the achievement of that goal)" 이라고 했다. 하지만 이것만으로는 불충분하다. 왜냐하면 모든 목적성을 가진 활동이 프로젝트라고 하기 어렵기 때문이다. 「PMBOK」에서는 "유일한 제품, 용역, 또는 결과를 창출하기 위해 투입되는 일시적인 노력(A temporary endeavor undertaken to create a unique product, service, or result)"이라고 설명하고 있다. PMBOK의 정의는 현대에 사용되는 프로젝트의 정의를 좀 더 명확하게 보여주고 있다. 우리는 두 정의에서 예전의 'project'와 'object'가 포함되어 있음을 발견할 수 있으며, 더불어 시간과 대상이 좀 더 구체적으로 정의가 되었음을 알 수 있다. 즉, 프로젝트는 목적을 향한 인간의 행위이며, 유한하며 더불어 정해진 목표가 있다는 것이다. 바로 이러한 의미에서 프로젝트는 반복되지 않으며, 일상적이지 않고, 관료적이지 않다. 다음의 프로젝트의 특징을 분해하여 살펴보면 프로젝트에 대해 더 잘 이해할 수 있다.

N . O . T . E

PMBOK(A Guide to the Project Management Body of Knowledge)

PM(Project Management) 수행 기법의 전반적 내용이 수록되어 있는 대표적인 사업 관리 총괄 도서이다. 프로젝트 관리에 대한 연구의 집대성으로, 4년마다 연구 내용이 추가되어 갱신되고 있다.

2-2. 프로젝트의 특징

프로젝트의 정의를 통해 프로젝트가 가지는 특징을 살펴보면 다음과 같다.

- **명확한 목적과 목표를 가진다** : 목표가 있다는 것은 프로젝트의 가장 큰 특징이다. '던지는' 행위가 대상을 전제로 하고 있음을 상기할 때 이는 프로젝트의 첫번째 특징으로 전혀 손색이 없는 것이다. 목표가 달성되었을 때 프로젝트는 소멸하게 된다. 흔히 프로젝트 조직을 논할 때 프로젝트를 위한 조직은 임시 조직으로 분류되는데, 이는 프로젝트 자체가 목표 달성 후 소멸되기 때문이다. 그 후 프로젝트는 과거의 사례나 경험으로 남아있

N . O . T . E

게 되는데, 물론 현재에도 영향을 주는 것이 사실이지만, 프로젝트 자체는 과거라 할 수 있다. 때문에 프로젝트의 본질은 목표에 있다라고 말할 수 있다. 목표는 성과로 나타나고 평가된다. 매일 무슨 일을 하지만 아무런 성과가 없고 그것을 측정하기도 어려운 운영업무에 반해 프로젝트는 명확한 결과물을 보여준다. 현재 프로젝트가 주목받는 이유는 바로 이러한 점 때문이며, 정부/공공기관이나 경영혁신에 관심을 갖는 기업 등이 프로젝트에 관심을 갖고 있다.

• **한시적이다(Temporary)** : 시간이 정해진 것이 아니라면 프로젝트라고 부르기 어렵다. 비록 그것이 몇백년, 몇천년이라 하더라도 엄밀히 말해서 시간적인 제한이 있어야 비로소 프로젝트라고 부르는 것이 가능하다. 물론 일반적으로 몇백년 단위로 가면 그것을 하나의 단위 프로젝트로 묶는 것이 쉽지 않을 수 있다. 하지만, 어떤 건축물들은 짓는데만 몇 백년이 소모된 경우가 있으며, 이를 프로젝트라고 부르는 것 또한 가능하다. 때문에 한시적이라는 프로젝트의 특징은 오히려 시작과 끝이 있다라는 개념으로 이해하는 것이 더 적합할 것이다.

• **유일하다(Unique)** : 목적과 시간으로 프로젝트를 이해하기에는 그 범위가 너무 커진다. 세상에는 목표를 갖고 시간을 할애하여 노력하는 것들이 너무 많기 때문이다. 하지만 유일하다라는 특징은 프로젝트를 다른 보편적인 것들과 구분하는 중요한 특징이 된다. 여기서 말하는 유일하다는 점은 PMBOK에서 말하는 결과의 유일함보다 프로젝트 그 자체, 즉, 환경, 행위, 내용, 결과를 모두 다 고려한 유일하다는 특징을 말하는 것임을 잊지 말아야 한다. 결과가 같은 프로젝트는 얼마든지 생각할 수 있다. 하지만 그 결과를 위해 투입되는 노력이나 환경 등은 모두 다른 것이다. 이는 세상의 모든 프로젝트는 다르다고 선언적으로 말할 수 있는 특징이며, 일반적으로 프로젝트에 대해 알게 모르게 인식되고 있는 내용이다. 그리고 바로 프로젝트가 흥미로우며 보람된 이유가 되기도 한다.

• **점진적으로 상세화 된다(Progressive Elaboration)** : 위의 세가지 특징이 프로젝트의 규범적 속성이라고 한다면, 점진적 상세화의 특징은 프로젝트의 구체적 내용 상의 특징이라고 할 수 있다. 그리고 이 특징이 바로 프로젝트를 가장 어렵게 하는 특징이기도 하다. 많은 PM들이 프로젝트에서 가장 어렵다고 느끼는 것이 고객의 요구사항을 관리하는 것이다. 흔히 고

N . O . T . E

객은 모호하며 의존적인 요구를 하게 마련이다. 즉, “마당이 넓고 예쁜 집이었으면 좋겠어요”라고 한다면 설계자는 구체적으로 어떠한 집이냐 묻기 마련이다. 그럼 고객은 일반적으로 이렇게 대답한다. “제가 그것을 잘 몰라서 전문가인 당신께 맡기는 거잖아요. 그러니 알아서 해주세요.” 이는 전형적인 우문우답의 현실이지만, 가장 많이 겪는 현실이기도 하다. 그렇다고 알아서 해줘서 고객이 한번에 만족하는 경우는 별로 없다. 많은 PM들이 고객이 요구가 정확하지 않고 자주 바뀌어서 프로젝트가 어렵다고 얘기한다. 이러한 것은 바로 프로젝트의 점진적 상세화의 특징을 갖고 있기 때문이다. 따라서 계획 단계에서 그 내용을 되도록 구현가능한 범위내에서 상세하게 파악하고 준비하는 것이 필요하며, 이러한 이유로 여러 요구사항 공학이나 PM의 경험 등이 필요하게 된다.

운영과 프로젝트의 차이점

- 운영은 지속적이지만, 프로젝트는 일시적이다.
- 운영은 종료일이 없고, 동일한 프로세스를 반복하는 지속적인 작업이다. 반면에 프로젝트는 명확한 개시일과 종료일을 갖고 있으며, 목표와 목적이 달성될 때 완료된다. 목표와 목적이 달성될 수 없으면 프로젝트는 중단된다.

	공통점	차이점
프로젝트	제한된 자원으로 사람이 작업을 함. 계획(Plan) – 수행(Execute) – 통제(Control) 사이클 적용가능.	① 한시적, 유일성 ② 특정 목표 달성 시 종료
운영 업무		① 지속성 ② 사업지속을 위해 반복

N . O . T . E

CMMI(Capability Maturity Model Integration)

정보 시스템을 구축하는 기업의 능력 수준을 나타내는 기준으로, 최근 국제 정보통신 프로젝트의 입찰 가격 기준으로 활용되고 있다.
기존 CMM에 프로젝트 관리(PM), 프로큐어먼트(procurement), 시스템 엔지니어링(SE)등의 요소를 통합한 것으로서 시스템과 소프트웨어 영역을 통합시켜 기업의 프로세스 개선 활동을 지원하는 것이 특징이다.

6 Sigma

모든 품질 수준을 정량적으로 평가하고 효율적인 품질 문화와 고객 만족을 달성하기 위해 전사적으로 실행하는 21세기형 기업 경영 전략이다. 전통적 품질 관리법이 공장 중심의 방법이었다면 6시그마는 전사적 경영 혁신 운동이다. 전통적 품질 관리 기법에서는 고객에게 인도되는 최종 생산품의 불량을 줄인데 반해, 6시그마는 원인을 제거하는 방법으로 기업 내 전 부문의 오류가 발생할 수 있는 구조를 수정한다는 장점을 갖고 있다.

2-3. 프로젝트의 사례

프로젝트는 다양한 분야에서 여러가지 형태로 나타난다. 가장 오래된 프로젝트의 사례는 건축이다. 건축은 인간의 기본인 의식주 가운데 하나로 고대로부터 인간이 가장 우선순위를 두고 실행한 프로젝트 가운데 하나이다. 현대에도 건축 분야는 프로젝트가 가장 잘 적용되며, 실제로 방법론이나 기법 등에서 가장 발달한 분야이기도 하다. 여러 산업 분야에서 프로젝트는 그 예를 찾기 쉬운데, 신제품 혹은 서비스의 개발 프로젝트로부터 조직의 프로세스 개선 활동, 전산시스템 개발 등에 적용된다. 또한 조직 혁신 프로젝트(CMMI 5등급 달성 프로젝트, 6 Sigma 현장 적용 프로젝트), 이벤트 프로젝트(컨퍼런스 개최 프로젝트, 선거 운동 프로젝트), 교육 프로젝트(신규 커리큘럼의 개발, 교육 워크샵의 조직) 등이 프로젝트의 좋은 예라고 하겠다.

3 프로젝트 관리란 무엇인가

3-1. 프로젝트 관리의 이해

앞서 우리는 프로젝트가 현대적 의미를 가지게 된 것이 'management' 란 개념과 연합한 이후라는 것을 살펴보았다. 많은 이들이 일상적으로 프로젝트라는 용어를 사용하면서 관리라는 개념을 염두에 두지 않는다. 하지만 계획부터 실행하여 목표를 달성해 가는 과정에 수많은 자원과 시간 그리고 노력이 필요하다는 점을 상기한다면 관리는 필수적이라는 점에 동의할 것이다. 그리고 구체적 업무 방법론으로 프로젝트 관리는 '프로젝트' 와 '관리' 가 별개의 것이 아닌 하나의 단어로 '프로젝트 관리' 라고 인식해야 할 것이다.
PMBOK에서는 프로젝트 관리를 다음과 같이 정의하고 있다.
"프로젝트 관리는 지식(Knowledge), 기술(Skills), 도구(Tools), 기법(Techniques)을 프로젝트의 요구를 만족시키기 위한 프로젝트 활동들에 사용하는 것이다."

요구사항은 대개 이해관계자로부터 나오므로 요구사항을 충족시키는 것은 이해당사자를 만족시키는 가장 중요한 활동이다. 위 그림에서 보이는 것처

N . O . T . E

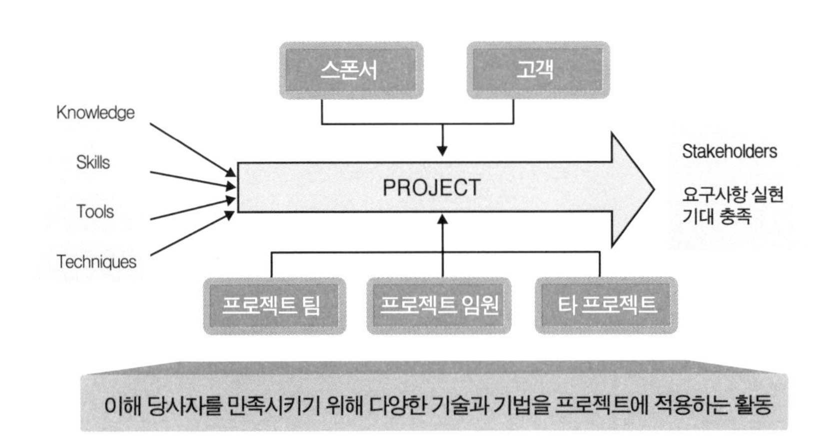

럼 프로젝트에 투입되고 또한 관계되는 모든 요소를 잘 이해하고 관리하여 목적하는 바를 달성해 나가는 것이 바로 프로젝트 관리라고 하겠다.

3-2. 프로젝트 관리의 필요성

Standish Group의 조사 결과에 따르면 IT 프로젝트의 74%가 실패한다고 한다. 이러한 프로젝트의 주요 실패 요인으로는 ① 부정확한 요구 사항, ② 사용자 환경에 대한 이해 부족, ③ 불충분한 자원, ④ 비현실적인 사용자의 기대치, ⑤ 관리 자원의 부족, ⑥ 변경 관리의 부족, ⑦ 불충분한 프로젝트 계획 등을 들 수 있다. 이는 체계적인 관리 부재에 따른 결과로, 프로젝트 관리자 개인의 경험과 노력으로 모든 프로젝트가 성공하기 어렵다는 것을 단적으로 보여준다고 하겠다. 중요한 것은 프로젝트의 요구사항이 무엇인지 정확히 파악하고 가용한 자원을 효율적으로 사용하며 예기치 않은 상황에 능동적으로 대응하는 자세가 필요하다는 것이다. 이것이 프로젝트 관리라고 할 수 있으며, 프로젝트에서 관리가 필요하다는 이유가 된다.

이에 따라 프로젝트 관리자는 자신의 역할과 프로젝트 관리 방법론의 체계적인 습득을 통해 실제 프로젝트에 적용함으로써 프로젝트의 성공을 높이고자 노력해야 할 것이다. PMI(Project Management Institute)의 PMP(Project Management Professional) 자격증은 이러한 노력의 일환으로 프로젝트 관리 방법론에 대한 체계적인 지식과 기술을 습득했다고 인정되는 자에게 자격을 부여하는 것이다. 많은 기업들이 PMP 자격을 취득한 사람을 프로젝트 관리자로 임명하고 있다.

Standish Group

미국 매사추세츠주 웨스트 야마우스(West Yarmouth) 소재 리서치 컨설팅 회사이다. 1994년 8000개 이상의 소프트웨어 개발 프로젝트를 조사한 뒤 최종 사용자를 참여시키는 게 성공의 가장 중요한 요소이며 사용자의 의견을 반영하지 않은 것이 프로젝트 실패의 빈번한 요인이라고 발표한 바 있다.

프로젝트 관리의 목표

프로젝트 관리는 하나의 프로젝트의 성공적인 완료를 위한 관리에서 더 나아가 체계적이고 일관적인 방법에 의한 관리를 통해 조직의 역량(Capability)을 승화시켜야 한다.

N . O . T . E

프로젝트 관리와 프로젝트에 의한 경영

- 일상 업무 환경이 갖는 미션을 프로젝트화 하여 달성하는 경영 방식
- 조직의 사업 변화와 효율 향상을 지원하기 위한 주요 툴로 부각

	프로젝트 관리 (PM)	프로젝트에 의한 경영 (MBP)
통제대상	단일 프로젝트	통합, 우선 순위에 따른 복수 프로젝트 및 일상 업무 스케줄의 계속적인 통제
환경	일시적 프로젝트 조직 환경	연속적 일상 업무 환경
범위	프로젝트 차원	회사 전체 차원
이슈	전술적 이슈	전략적 이슈

3-3. 프로젝트 관리의 3대 제약

범위(Scope), 일정(Time), 원가(Cost)의 세가지를 일컬어 이른바 프로젝트관리의 3대 제약(Triple Constraints)이라고 부른다. 어떠한 프로젝트라도 이 3대 요소로부터 자유롭지는 못하며, 일반적으로 프로젝트의 성공과 실패를 구분하는 기준이 된다. 범위는 프로젝트에 존재하는 필요와 기대 사이에서 요구사항을 말하며, 일정이란 프로젝트의 시작과 종결의 시점과 그 기간을 의미한다. 마지막으로 원가는 프로젝트에 할당된 예산을 말한다. 어떤 이는 심지어 프로젝트관리를 "주어진 기간 동안 주어진 예산 안에서 이해관계자의 요구를 만족시키는 것이다"라고 말할 정도로 이 3대 제

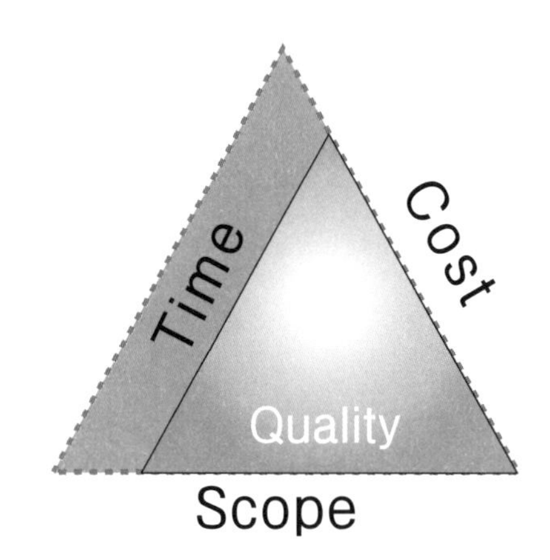

N . O . T . E

약 요소는 중요하다. 물론 프로젝트관리에서의 모든 영역이 중요하겠지만, 이 3대 제약 요소는 중점 관리 대상 정도로 이해하면 되겠다. 품질(Quality)의 경우 3대 요소 모두와 밀접한 관련이 있는 것으로 본다.

3-4. 프로젝트 성공/실패

프로젝트의 수행에 임하게 되면 많은 사람들이 프로젝트에 대해 성공과 실패를 예측하여 말한다. 금번 프로젝트를 꼭 훌륭하게 성공시켜야 하며, 적어도 실패는 하지 않아야 된다고 말하는 식이다. 하지만 정작 그 성공과 실패의 실체가 무엇이며 그 기준이 무엇이냐고 물었을 때, 바로 이것이 성공과 실패라고 핵심을 말 할 수 있는 사람은 많지 않다. 사실 프로젝트 성공/실패처럼 가장 많이 사용되면서 그 기준이 모호한 것은 보기 드물다. 모든 사람이 흔히 사용하지만 그 실체가 다르게 보일 만큼 상대적인 개념이기 때문이다.

일반적으로 받아들여지는 성공/실패는 앞서 기술한 것처럼 3대 제약 요소와 밀접한 관련이 있다. 즉, 주어진 기간 동안 예산 안에서 이해당사자의 요구를 만족시키는 것이다. 하지만 이것이 얼마나 어려운 일인가는 프로젝트를 한번이라도 해 본 사람은 알 수 있을 것이다. 일정을 지키는 것도 쉬운 것이 아니요, 주어진 예산은 수시로 넘나들기 마련이다. 그리고 이해당사자는 항상 자신의 이해만을 내세우며 프로젝트 관리자에게 다양한 요구를 한다. 실무에서는 오히려 그 중 하나만이라도 만족하면 성공했다고 말하기도 한다.

그렇다면 프로젝트 관리자는 시작할 때 자신있는 한가지만이라도 만족하기 위하여 최선을 다하면 되는가? 그것은 오직 팀원의 자세일 뿐 프로젝트 관리자의 자세는 아니다. 그런 식으로는 프로젝트를 성공으로 이끈다는 것 자체가 불가능하다. 왜냐하면 앞서 프로젝트 관리의 필요성에서 언급했듯이 프로젝트 관리는 한두가지 요소만 관리하는 것이 아닌 여러 요소를 종합적으로 관리하여 특정 목표를 이루는 것이기 때문이다.

여러 리서치나 전문가의 충고에 따르면, 일반적으로 프로젝트 관리의 성공 / 실패 여부는 핵심 이해관계자에 달려 있다고 한다. 핵심 이해관계자는 프로젝트와 밀접한 관련을 맺는 경영진이나 고객 등을 말하는데, 그 중 특히 고객이 바로 성공/실패의 기준이 된다는 것이다. 하지만 고객의 요구에 부응했다고 하여 반드시 성공하는 것은 아니다. 열심히 노력하여 고객의 요구사항을 충족시켰다 하더라도 팀원들을 과도하게 혹사시켰다거나 원가를

N . O . T . E

초과하여 회사에 손해를 입히는 것 등은 프로젝트 실패로 간주될 수도 있는 것이다. 때문에 핵심 이해관계자의 이해관계를 정확하게 파악하여 그들의 요구나 기대에서 현실적으로 가능한 부분을 계획 및 실행 단계에서 추출하여 합의를 도출한 후 이를 요구되는 품질 수준에 부응하는 것이 바로프로젝트 성공이라고 할 수 있으며, 이러한 일을 주도적으로 해나가는 프로젝트 관리자의 역량을 'PM리더십' 이라고 한다.

프로젝트의 실패 요인

- 프로젝트의 실패 요인으로 관련 프로세스의 부재를 들 수 있다.

실패 요인		관련 프로세스
부정확한 요구 사항, 사용자 환경에 대한 이해 부족	⇨	요구 사항 관리 프로세스
불충분한 자원	⇨	자원 관리 프로세스
비현실적 사용자의 기대치	⇨	Stakeholder 인식, 관리 프로세스
변경 관리 부족	⇨	변경 통제 프로세스
불충분한 프로젝트 계획	⇨	프로젝트 계획 작성, 폼, 템플릿

※ 그러나 프로세스나 방법론의 도입으로 모든 문제가 해결될 수 없다. 프로젝트가 전사적, 중앙집중적으로 관리되고, 항상 개선을 통해 최적화되어야 한다. 무엇보다 실제 사용자들이 정직하게 따라야 하며, 업무 수행 절차가 프로젝트에 관련된 사람들의 업무 수행에 성숙하게 적용되어야 한다.

3-5. 프로젝트 관리 조직 체계

프로젝트 업무 수행을 위해 필요한 책임과 역할이나 보고 체계를 정의하기 전에 가장 먼저 고려하여야 하는 것이 프로젝트 조직 구조를 어떻게 설계할 것인가 하는 문제이다. 프로젝트 조직 구조는 프로젝트의 상황, 프로젝트가 속한 기업의 조직 구조, 방침에 따라 결정된다.
일반적으로 프로젝트 조직은 기능 조직, 프로젝트 조직, 매트릭스 조직의 3가지로 구분된다. 이를 개관하면 다음과 같다.

N . O . T . E

기능 조직 (Functional Structure)	• 내부 효율성을 강조하는 조직 형태 • 각 기능 부서의 전문성을 최대한 발휘할 수 있는 조직 형태
프로젝트 조직 (Project Structure)	• 외부 효과성을 강조하는 조직 형태 • 외부 환경 혹은 주어진 목표를 달성할 수 있는 조직 형태
매트릭스 조직 (Matrix Structure)	• 내부 효율성과 외부 효과성을 혼합한 조직 형태 • 상기 2가지 조직 형태의 장점을 살린 하이브리드형 조직 형태

기능 조직

기능 조직(Functional Organization)은 전통적인 조직 구조로서, 생산이나 마케팅, 회계, 인사 등 전문 업무에 따라 분류되어 있는 조직을 말한다. 기능 조직에서의 구성원은 정해진 업무와 명확한 상사(=부서장)가 있으며 조직 구조의 변화도 적어서 내부적으로 효율적이고 안정적인 성격을 띠고 있다.

기능조직의 예

-〉포도농장, 자동차공장, 114전화안내 등

기능 조직에서는 주요 업무 형태가 운영이므로 프로젝트가 빈번하지 않으며, 프로젝트가 수행되는 경우도 일반적으로 특정 부서 내부에서 수행이 된다. PM을 비롯한 프로젝트의 팀원은 본연의 업무와 함께 프로젝트를 수행하게 되므로 PM의 지시보다는 기능부서장의 지시를 우선적으로 따르는 등 프로젝트 자체에 전념하기가 어려우며, 따라서 기능 조직에서의 PM은 보통 회의 장소를 섭외한다든가 이메일로 진행을 독려하는 등의 촉진자(expeditor)의 역할을 주로 수행하게 된다.

프로젝트 조직

프로젝트 조직(Projectized Organization)에서는 조직의 구성이 부서 위주가 아니라 프로젝트 위주로 되어 있으며, 대부분의 구성원도 전담으로 프로젝트 업무만을 수행한다. 프로젝트 조직에서의 구성원은 PM의 지시에 따라 맡겨진 업무를 수행하며, 프로젝트의 한시적인 특성상 구성원의 이합집산이 용이하므로 외부 효과적이며 동적인 성격을 띠고 있다.

프로젝트 조직은 주요 업무 형태가 프로젝트이며 PM도 모든 독립적인 권위와 역할을 갖고 있기 때문에, 새로운 프로젝트에 대응하여 조직을 구성하고 업무를 수행하기에는 유리하나, 프로젝트 종료 후에 팀원들이 돌아갈 조직이 없어서 조직관리가 어려운 단점이 있다.

N . O . T . E

매트릭스 조직에서의 프로젝트 팀원 구성 예

프로젝트 수행 조직의 팀원, PM실 PM, 품질관리팀의 QAO, 기술지원팀의 TA/SA, 사업지원팀의 사업관리자

매트릭스 조직

매트릭스 조직(Matrix Organization)은 기능 조직과 프로젝트 조직의 장점을 따서 만들어진 조직이다. 매트릭스 조직에서는 기능 조직처럼 부서 형태가 이루어져 있으며, 프로젝트가 수행될 경우는 해당 팀원들을 프로젝트로 발령하여 프로젝트 업무에 전념하도록 하고, 프로젝트가 종료되면 원 부서로 돌아오도록 하여 외부 목표 달성에도 효과적이면서 효율적인 내부 구조를 갖도록 한다.

매트릭스 조직의 구성원은 PM의 지시도 받지만 원 소속 기능부서장의 지시도 받아야 하므로 복잡한 의사소통 체계를 갖고, 간접비 부담도 크다는 단점이 있는 반면에, 기능 조직이나 프로젝트 조직의 장점들을 활용할 수 있기 때문에 많은 프로젝트 중심 조직들에서 활용되고 있다.

3-6. 프로젝트 이해관계자

이해관계자(Stakeholder)

프로젝트 수행, 성공 여부와 관련하여 긍정적, 부정적으로 영향을 받는 개인 혹은 조직

이해관계자의 사전적 정의

※ 어원 : Stake(지주, 막대기) + Holder(떠받치는 사람) → Stakeholder(지주나 막대기가 무너지지 않게 떠받치는 사람들)

- 게임이나 경쟁에서 돈을 건 사람(One who holds the bets in agame or contest)
- 기업체와 같은 곳에서 이익이나 공유된 부분을 갖는 사람(One who has a share or an interest, as in an enterprise)

프로젝트에는 수많은 이해관계자들이 존재한다. 고객, 스폰서, 프로젝트 팀원, 관련 타 프로젝트 팀원 등이 그들이다. 프로젝트의 성공은 실제로 이들의 요구를 만족시킬 수 있느냐 없느냐에 따라 결정된다.

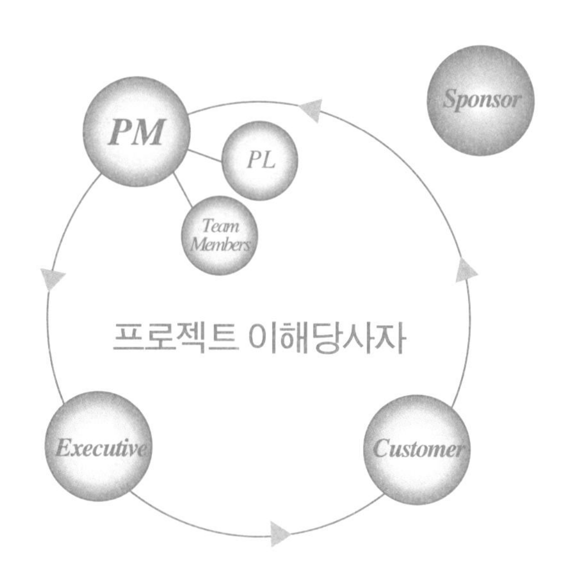

[프로젝트 이해관계자 의 예]

위 그림에서 보듯 특정 프로젝트를 진행할 때 프로젝트 관리자는 해당 프로젝트에 이해 관계를 갖고 있는 수많은 사람들을 관리해야 한다. 이해관계자는 프로젝트 수행과 성공 여부와 관련하여 긍정적, 부정적으로영향을 받는, 또한 그렇기 때문에 적극적으로 프로젝트에 영향을 미치고자하는 개인 혹은 조직을 말한다. 이해관계자는 사전적 정의(stake=지주대, holder=붙잡는 사람)처럼 프로젝트라는 지주대 주위를 무너지지 않게 떠받치면서 프로젝트의 실패와 성공에 많은 영향을 주고 받는 사람들(PM,고객, 상위관리자, 프로젝트 수행 팀, 투자자, 외주업체, 계약자 등)을 말한다. 각 이해 관계자별 역할과 책임은 다음과 같다.

- **프로젝트 관리자** : 프로젝트 수행에 대한 전반적인 책임을 갖고 있다.
- **고객** : 결과물을 사용하게 될 개인 또는 조직을 포함한다.
- **기능 부서 관리자** : 프로젝트 팀원이 속한 부서의 관리자이다. 프로젝트 관리자와 함께 프로젝트 팀원에 대한 권한을 갖고 있다.
- **경영층** : 프로젝트를 수행하는 조직의 경영층이다. 프로젝트 수행과 관련된 결정권을 갖고 있다.
- **스폰서** : 프로젝트에 자금을 투자하는 사람 혹은 조직을 말한다. 프로젝트의 성공에 궁극적인 책임을 갖고 있다.
- **프로젝트 팀** : 프로젝트를 실질적으로 수행하는 사람 혹은 조직이다.

N . O . T . E

스폰서

A사에서 발주된 프로젝트를 B사가 수주해 실행한다면 스폰서는 B사의 PM의 상관인 사업부장이 된다.

이해관계자별 관점, 측정 지표

Stakeholder	관점	측정 지표
상위관리자, 경영층	경제성	매출 증가, 이익 증가
외부고객	고객의 가치 향상	시장 점유율, 고객 만족도
현장 업무자	업무 절차, 자원의 효율적 사용	Cycle Time, 용역 비용

이해관계자는 특성과 영향력의 수준에 따라 분류, 관리된다.

- **특성에 따른 분류** : 이해 관계자의 특성에 따라 개인이나 조직을 분류. 예를

N . O . T . E

통합 스코어 카드
(Balanced Score Card)

기존의 재무적 측정 시스템으로는 회사의 시장 가치를 적절히 반영하기 어려워짐에 따라 등장한 무형 자산 평가 시스템이다. 조직의 사명과 전략을 측정하고 관리할 수 있도록 하는 포괄적인 측정 지표로서, 성과 평가와 전략을 연계함으로써 전략 실행력을 확보하는 틀로 쓰이고 있다. 산출 방법은 재무, 고객, 내부 프로세스, 학습과 성장 등 4분야로 구분하여 기업별 특성에 맞는 지표를 선정하고 각 지표별로 가중치를 적용하여 산출한다. 조직의 비전과 전략 수립의 실질적인 성과 측정을 통하여 성장을 위한 핵심 역량에 자원을 집중하는 데 그 목적이 있다

프로그램과 서브 프로젝트

- 프로그램(Program) : 여러 프로그램의 집합으로서, 하나의 그룹으로 관리된다.
- 서브 프로젝트(Subproject) : 한 프로젝트의 일부분을 분리한 것이며, 하나의 프로젝트는 여러 개의 하위 프로젝트로 구분될 수 있다.

프로그램 그룹핑 예

- 조직에 따른 그룹핑 : 공공 사업부, 금융 사업부, 제조 사업부, 유통 사업부
- 고객에 따른 그룹핑 : A사, B사, C사, D사
- 지역에 따른 그룹핑 : 아시아, 미주, 유럽

들면 프로젝트 결과물에 직접적인 영향을 받는 사람과 간접적인 영향을 받는 사람, 재무적 · 기술적 · 정치적 · 법률적으로 관계가 있는 사람

- **영향력 수준에 따른 분류** : 분류된 형태 안에서 영향력의 수준에 따라 관리 대상 우선 순위를 설정함

또한 이해관계자는 각자의 이해 분야가 다르기 때문에 주관적 프로젝트 성공 기준(Critical Success Factor)을 가지며, 통합 스코어 카드(Balanced Score Card)를 이용하여 프로젝트 목표 달성 정도를 지속적으로 관리할 수 있다.
또한 프로젝트를 둘러싼 이해관계자 간에 갈등이 발생할 경우 기본적으로 갈등 당사자 간의 이해와 합의를 통해 해결되어야 한다. 그러나 고객과 관련된 갈등은 고객의 입장을 우선적으로 고려해야 한다.

4 프로그램 포트폴리오

4-1. 프로그램(Program)

프로그램은(Program)은 성격이 비슷하고 관련 있는 복수의 프로젝트를 묶어 놓은 그룹으로, 통합 관리를 통해 추가적인 효과를 얻기 위한 것을 말한다. 프로그램 단위의 관리는 조직의 현재 또는 새 역량을 개발할 수 있도록 하고, 그를 통해 개별적인 프로젝트 관리로는 얻을 수 없는 이득이나 통

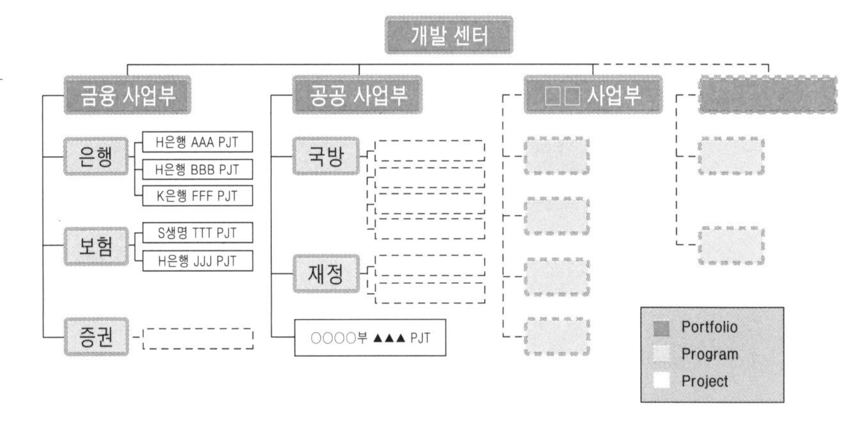

[프로젝트, 프로그램, 포트폴리오 예]

N . O . T . E

제를 얻게 된다. 조직은 프로그램들을 통해서 조직의 목표 및 목적, 또는 전략적 계획을 달성하게 된다. 프로그램 관리(Program Management)에서는 각 프로그램의 목적과 이득을 달성하기 위해서 크게 프로그램 거버넌스, 이해관계자 관리, 이익 관리로 나누어 볼 수 있다. 잘 관리된 프로그램은 원가, 일정, 또는 노력을 최적화하여 점차 수익이 증가하도록 하고, 프로그램 전체 관점에서 자원을 최적화하게 된다.

4-2. 포트폴리오(Portfolio)

포트폴리오(Portfolio)는 전략적 목표 달성을 위해서 프로젝트나 프로그램들을 효율적으로 관리할 수 있도록 적절히 묶어 놓은 그룹으로, 프로그램이 어떻게 잘 할 것인가의 관점이라면 포트폴리오는 어떻게 올바른 일을 선택할 것인가의 관점이다.

이와 같이 프로젝트를 그룹화하여 프로그램으로 관리하는 것은 모든 프로젝트에 대하여 전체적으로 조망할 수 있는 보고 자료나 통계 분석의 제공을 위한 것이다. 또한 하나의 프로젝트가 다른 프로젝트에 미치는 영향을 분석하기 위해, 복수 프로젝트가 하나의 인력 집단(Resource Pool)에서 인력들을 공유할 때 자원 사용도를 측정하기 위한 것이다.

프로젝트는 타 프로젝트와 많은 상호 작용을 통해 영향을 주고 받는다. 특히 자원 점유 부분에서 다양한 이슈들이 발생한다. 따라서 조직의 전략적 차원에서 우선 순위가 높은 프로젝트에 할당 우선 순위를 부여하고, 자원의 복수 프로젝트 할당에 대한 관리를 위해 프로젝트들을 프로그램으로 묶어서 관리할 필요가 있다.

프로그램 관리의 예

공공 사업부에서 새로운 프로젝트를 수주하였는데, 예상되는 경상 이익이 상당히 높고 파급 효과 때문에 반드시 성공으로 이끌어야 하는 프로젝트이다. 이 경우 양질의 리소스를 확보하여 프로젝트의 성공을 높이기 위해 타 프로젝트들과 Trade-off 하여 양질의 인력을 보충하는 방법 등으로 조직 차원에서의 ROI를 높일 수 있다.

N . O . T . E

MBP
(Management By Projects)

회사의 운영을 위한 세부과제들을 프로젝트화하여 관리하는 방법론

Lessons Learned

프로젝트에서 발생한 변경과 그 원인 및 결과를 기록한 문서

5 전사적 프로젝트관리(EPM : Enterprise Project Management)

5-1. 전사적 프로젝트관리(EPM)

비즈니스 환경이 점점 복잡해짐에 따라 프로젝트 관리는 단순히 1개의 프로젝트를 관리하는 범주를 벗어나, 회사의 전략에 맞는 프로젝트 선정 및 실행이나 사업전략의 성공적 구현을 위한 조직적인 프로젝트 관리를 필요로 하게 되었다. 조직환경도 단순한 운영환경 위주에서 복잡하고 다양한 조직으로 변화되었으며, 프로젝트도 경영 혁신이나 MBP등의 형태로 다양하게 나타나, 비 반복적 업무인 프로젝트를 반복적으로 수행하는 조직이 늘어났다. 전사적 프로젝트 관리는 전략과 실행의 연결을 강화하고 프로젝트 결과물을 조직의 성공과 동일시하는 관점으로, 전사 차원에서 프로젝트들이 기업의 전략적 목표를 향하도록 조율하는 것을 말한다.

5-2. EPM을 위한 프로젝트, 프로그램, 포트폴리오 관리

전사적 프로젝트 관리를 위해서는 업무 처리 규모에서 프로젝트, 프로그램, 포트폴리오 관리가 가능해야 한다. 포트폴리오 관리에서는 회사의 전략과 사업의 영향, 추진방향에 따라 포트폴리오를 선택하고 자원을 집중하며 그에 맞는 프로그램들을 착수할 수 있는 역량이 필요하다. 프로그램 관리에서는 해당 사업 분야의 프로젝트들을 착수시키는 동시에 프로젝트들에서 표준화하거나 공통으로 활용될 수 있는 부분을 발굴하고 개발함으로써 수익 창출을 극대화하고 조직의 역량을 개발할 수 있어야 한다. 프로젝트 관리에서는 프로젝트 자체의 범위, 일정, 원가를 체계적으로 관리하되, 프로그램과 연관이 있는 lessons learned 공유나 원가관리, 포트폴리오와 연관이 있는 자원, 위험 이슈 등을 상위단계 통합 프로세스와 통합시킬 수 있어야 한다.

5-3. EPM의 핵심 3요소

전사적 프로젝트관리 체계를 위해 필요한 핵심 3요소는 방법론, 조직, 솔루션이다.

N . O . T . E

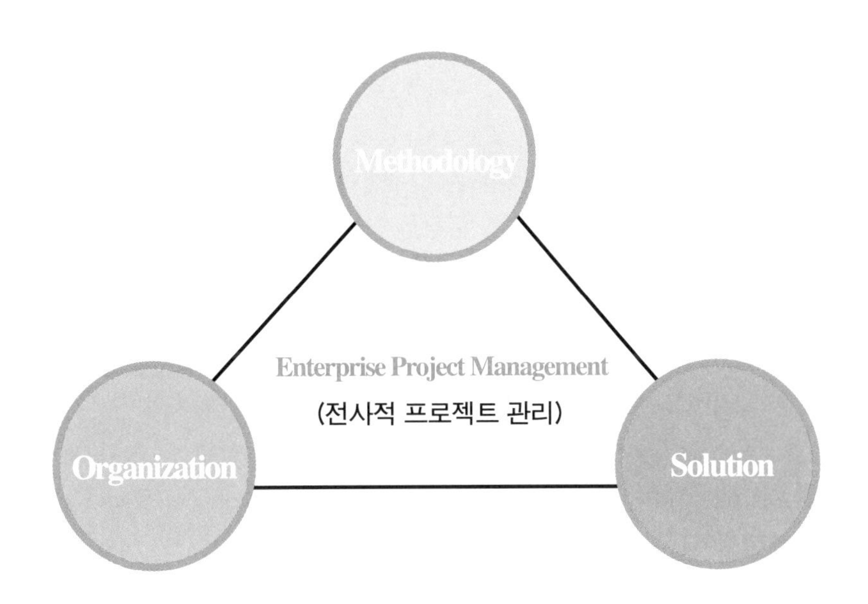

방법론(Methodology)

EPM을 경영혁신 관점에서만 바라본다면, 회사의 운영을 좀더 세밀하게 관찰하고 자료를 취합하여 체계적으로 관리하는 한편 의사결정에도 지원을 받는 것이 목표이다. 하지만, 어떤 경영혁신이든 아래로부터의 변화 없이 위로부터의 변화로는 성공하기 어렵듯이, EPM도 성공을 위해서는 프로젝트 관리자들의 참여가 핵심적이다. 프로젝트 관리자가 조직의 목표보다도 프로젝트의 성공을 위해 노력해야 하는 위치이며, 특히 수주형 프로젝트 위주의 회사에서는 제1이해관계자를 고객으로 인식하고 있는 것이 일반적이기 때문에 어떻게 프로젝트 관리자들을 참여시킬 것인가가 관건이다.

프로그램 관리 목적의 하나인 이득 창출은 조직의 역량을 향상시켜 프로젝트가 원활하게 수행될 수 있도록 하는 것이다. 그 방법으로써 유사 프로젝트를 위한 템플릿 작성, 중복 업무에 대한 협업을 통한 진행, 핵심인력 공유, lessons learned 취합 및 전파 등의 방법이 있을 수 있다. 이러한 방법들로 프로젝트 관리자들이 EPM을 통해 프로젝트 수행에 실질적인 도움이 된다는 확신을 얻게 만들 수 있다면, 좀더 개선 및 발전시킬 부분을 찾는데 동참할 수 있을 것이며, 그에따라 EPM도 성공적으로 이끌 수 있다. 향후 자발적인 정보 공유가 되기 위한 토대로 필요한 것이 초기 정보제공 및 자료취합 등에 대한 프로세스이다.

N . O . T . E

조직(Organization)

작은 규모의 회사에서는 PMO 조직을 따로 두지 않고 팀이나 사업부 단위로 프로젝트들을 관리하거나, 또는 유능한 프로젝트 관리자에게 맡겨둔 채 종료시점과 손익예측 등만 관리하는 경우를 보게 된다. EPM의 성공을 위해서는 EPM 도입까지의 추진을 담당할 조직이 필요하며, 도입 이후에도 포트폴리오 기초자료 수집이나 포트폴리오 선택, 포트폴리오에 맞는 프로그램 착수~종료, 전략 변경에 따른 프로그램 변경, 프로그램 운영을 통한 프로젝트 성과 향상 등을 담당할 조직, 즉 PMO가 필수적이다. 이러한 일은 EPM의 도입 초기에 도구와 절차 뿐 아니라 프로젝트 관리의 전사적 접근과 자료 토대의 의사결정, 결정 사항에 대한 실행 권한이 있는 PMO(Project Management Office) 혹은 PMT(Portfolio Management Team)를 설치하고 권한을 적절히 분배함으로써 이룰 수 있다.

솔루션(Solution)

EPM에서는 포트폴리오 선택을 위해 사용했던 비즈니스 영향력 등의 평가요소가 프로그램 또는 프로젝트 착수시 성공지표 및 프로젝트 헌장 등으로 연계 반영되어야 한다. 그리고 프로젝트에서의 진척상황 및 수행 성과가 프로그램으로, 또 포트폴리오로 집계되어 현재 조직의 전략 달성 상태 및 필요한 의사결정사항 및 지원할 자원 등의 파악을 도울 수 있어야 한다. 따라서 이러한 실시간 정보 취합 및 배포가 가능하게 하기 위한 도구가 EPM Solution이다.

6 프로젝트 라이프사이클과 관리 프로세스

6-1. 프로젝트 라이프 사이클

프로젝트 라이프 사이클
(Project Life Cycle)

프로젝트를 수행하기 위한 프로젝트의 탄생에서부터 소멸에 이르는 전체 과정

프로젝트 라이프 사이클은 프로젝트의 여러 단계(Phase)를 통합적으로 지칭하는 용어이다. 프로젝트를 수행하는 조직은 하나의 프로젝트를 다시 여러 개의 단계로 구분하여 관리한다. 이 중에서 프로젝트 단계(Project Phase)는 프로젝트를 구성하는 단위이며, 중요한 산출물이 완료되는 시점을 기준으로 한다. 단계 종료 검토(Phase-end Reviews)는 프로젝트의 다음 단계로 넘어갈 것인지를 결정하는 것으로, 각 단계별로 산출물이 성공적으로 완성되었는지 확인하는 업무이다.

N.O.T.E

모든 프로젝트는 단계로 나누어지며, 큰 프로젝트이던 작은 프로젝트이던 일정한 생애주기 구조를 갖는다. 프로젝트는 최소한 시작 또는 착수 단계, 중간 단계와 종료 단계를 거치며, 각 단계의 개수는 프로젝트의 복잡성이나 그것의 산업 특성에 의존한다. 이처럼 프로젝트가 진행되는 모든 단계를 프로젝트 라이프 사이클(프로젝트 생애 주기)라고 한다.
프로젝트 라이프 사이클은 업종마다 다르다. 건설 업체의 라이프 사이클은 실행 가능성을 분석하는 일로부터 계획, 설계, 건설, 인수, 스타트업에 이르는 과정을 갖는다. IT 프로젝트의 라이프 사이클은 요구 사항을 분석하는 일로부터 개략 설계, 상세 설계, 코딩, 테스팅, 설치, 컨버젼, 운영의 단계를 거친다.

Ex 1) 건설업체의 PLC	프로젝트 라이프 사이틀	Ex 2) IT PLC
• 실행가능성 분석 → 계획 → 설계 → 인수 → 스타트업	프로젝트에서 해야하는 일로써, 프로젝트 유형이나 업종마다 다름	• 요구사항 분석 → 개략 설계 → 상세설계 → 코팅 → 테스팅 → 설치 → 컨버전 → 운영

[프로젝트 라이프 사이클의 예]

6-2. 프로젝트 관리 라이프 사이클

프로젝트 관리 프로세스라고도 하며, 착수(Initiating), 계획(Planning), 실행(Executing), 감시 및 통제(Monitoring & Controlling), 종료(Closing)로 구성이 된다. 각 단계에 대한 주요 내용은 다음과 같다.

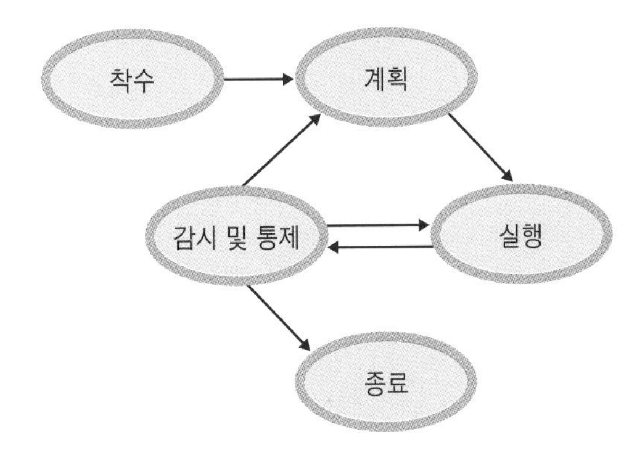

N . O . T . E

착수(Initiating)

1. 프로젝트 개요 작성 및 목표(goals) 설정
2. 프로젝트 요구사항(Requirements) 분석
3. 프로젝트 요구사항(Requirements) 수집
4. 일정(Milestone) 및 예산(Budget) 산정
5. 프로젝트 제약 조건(constraints)을 문서화
6. 프로젝트 가정(assumptions)을 문서화
7. 이해관계자(Stakeholders) 분석 및 주요 이해관계자 파악
8. 성과 기준(performance criteria)을 식별
9. 자원 요건(resource requirements)을 결정
10. PM과 PM의 권한(Authority) 설정
11. 프로젝트 팀 구성

계획(Planning)

1. 프로젝트 관리 계획서 작성
2. 범위기술서 작성
3. 작업분할체계도(WBS:Work Breakdown Structure) 작성
4. 액티비티(Activities) 정의 및 우선순위 설정
5. 액티비티에 기간(Duration) 산정 및 자원(Resource) 할당
6. 비용(Cost) 산정
7. 품질(Quality) 계획 수립
8. 인력(Human Resource) 관리 계획 수립
9. 의사소통(Communication) 계획 수립
10. 위험(Risk) 관리(식별, 분석, 대응) 계획 수립
11. 외주(Outsourcing) 관리 계획 수립
12. 변경(Scope Creep) 관리 계획 수립

실행(Executing)

1. 팀원 교육 및 배치
2. 외주 업체 선정 및 작업 진행
3. 품질 보증(Quality Assurance) 활동 수행
4. 정보 수집 및 배포

감시 및 통제(Monitoring & Controlling)
1. 성과(Performance) 측정 및 진척 관리
2. 변경요청(Change Requests) 수행
3. 시정 조치의 효과(effectiveness of corrective)를 평가
4. 변경(Scope Creep) 사항에 대응
5. 비용 및 품질 통제
6. 프로젝트 팀 통제
7. 주요 이해관계자(Key Stakeholders) 관리
8. 위험 사건 유발 요인(risk or event triggers) 대응
9. 프로젝트 활동 감시

종료(Closing)
1. 인도물(Deliverables) 승인을 획득
2. 프로젝트 교훈(Lessons Learned)을 문서화
3. 제품 기록(Records)과 도구(Tools)를 보관
4. 자원 해제(Release resources).

6-3. 프로젝트 관리 프로세스

프로젝트 관리자는 프로젝트를 관리하는 사람이다. 그런데, 이들은 무엇을 어떻게 관리할까? 자세한 내용은 다음과 같다.

어떻게 관리할까?
일반적인 업무에서 관리의 프로세스는 흔히 PDS라고 하는 Plan-Do-See의 과정을 거친다. 그러나 프로젝트의 관리 프로세스는 다르다. 프로젝트와 일반 업무의 다른 점은 시작과 끝이 있으며, 앞서 살펴본 대로 프로젝트의 특성에 따라 각기 다른 라이프 사이클을 지닌다는 점이다. 이에 따라 프로젝트 관리 프로세스는 착수(Initiating), 계획(Planning), 실행(Executing), 감시 및 통제(Monitoring & Controlling), 종료(Closing)의 5개 프로세스 그룹으로 나누어진다. 각 단계는 세부 프로세스들로 나누어지는데, 그안에 프로세스 ITO 가 존재한다. 한편, 프로젝트 라이프 사이클은 업종마다 각기 다르지만, 프로젝트 관리 프로세스는 업종에 관계없이 동일하고 보편적이다.

N.O.T.E

프로젝트 라이프사이클과 프로젝트 관리Process 그룹 비교

프로젝트 라이프사이클과 PM process group은 다름.
PLC 각 단계별로 PM process group들이 포함될 수 있음.

N . O . T . E

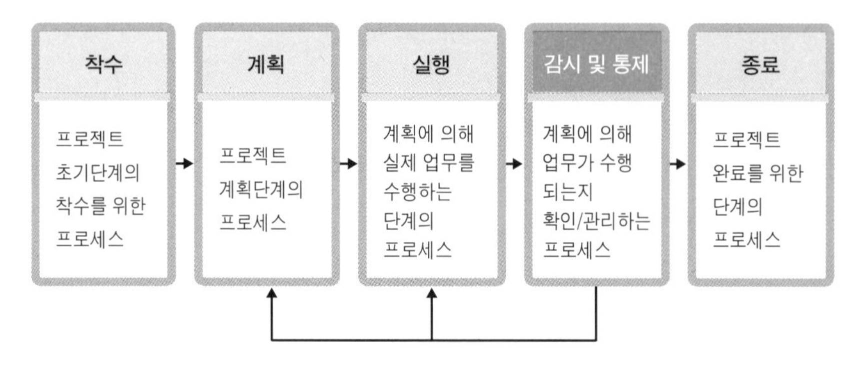

[프로젝트 관리 프로세스]

6-4. 프로젝트관리 영역

프로젝트 3대 제약 사항

시간, 예산, 품질

무엇을 관리할까?

프로젝트 관리자의 관리 대상은 원가, 일정, 업무 범위, 품질, 인력, 의사소통, 위험, 아웃소싱이다. 이들을 프로젝트의 목표 달성을 위한 영역과 프로젝트의 목표 달성을 위한 수단 영역으로 나누어서 프로젝트의 목표인 원가, 일정, 업무 범위를 Core 프로세스라 하고, 목표를 달성하기 위한 수단 영역인 품질, 인력, 의사소통, 위험, 아웃소싱을 Facilitating 프로세스라고 부르기도 한다. 다만, core 및 facilitating은 프로세스들의 중요성을 말하는 것은 아니며, 각 영역은 동등한 중요성을 갖고 있다.

Summary

POINT 1 프로젝트의 개념과 특징

- 프로젝트란 전체적인 목적을 향한 일련의 활동들 또는 그 목적의 달성과 관련한 정보의 수집, 유일한 제품, 용역 또는 결과를 창출하기 위해 투입되는 일시적인 노력을 말한다.
- 프로젝트의 특징으로는 명확한 목적과 목표를 가진다, 한시적이다(Temporary), 독특하다(Unique), 점진적으로 상세화 된다(Progressive Elaboration)를 들 수 있다.

POINT2 프로젝트 관리의 개념과 필요성

- 프로젝트 관리는 지식(Knowledge), 기술(Skills), 도구(Tools), 기법(Techniques)을 프로젝트의 요구를만족시키기 위한 프로젝트의 활동들에 사용하는 것이다.
- 프로젝트 관리는 프로젝트 관리자가 프로젝트를 관리하는 방법론의 체계적인 습득을 통하여, 실제 프로젝트에 적용함으로써 프로젝트의 성공을 이루기 위해 필요하다.
- 프로젝트 관리의 3대 제약이란 범위, 원가, 일정를 말하며, 이는 프로젝트 성패의 기준이 되므로 중요하게다루어야 한다.
- 이해관계자(Stakeholder)는 프로젝트 수행과 성공여부와 관련하여 긍정적, 부정적으로 영향을 받는 개인혹은 조직을 말하며, 프로젝트의 성공은 실제로 이들의 요구를 만족시킬 수 있느냐 없느냐에 긴밀히 관련되어 있다.
- 묶어서 관리하여 이익을 얻는 프로젝트들을 프로그램, 조직의 비즈니스 전략과 연관된 프로그램의 집합을포트폴리오라고 한다.

POINT3 프로젝트 관리의 주요 개념

- 모든 프로젝트는 단계로 나누어지며 큰 프로젝트이던 작은 프로젝트이던 일정한 생애 주기(Project Life Cycle) 구조를 갖는다.
- 프로젝트 관리 프로세스는 착수(Initiating), 계획(Planning), 실행(Executing), 감시 및 통제(Monitoring & controlling), 종료(Closing)로 구성이 된다.

Key Word

- 프로젝트, 프로젝트 관리
- 이해당사자(Stakeholder)
- 프로젝트 라이프 사이클
- 프로젝트 관리 프로세스

Project Management

PART 02

프로젝트 관리자

Chapter 02 – 프로젝트 관리자

Chapter 02 프로젝트 관리자

Project Management Situation

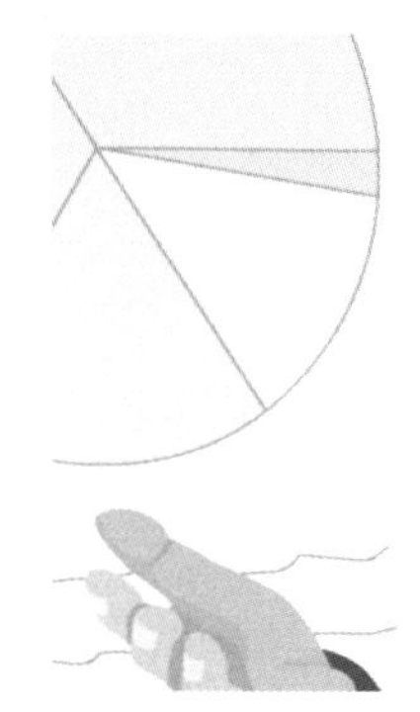

최PL이 동료인 김대리에게 불만을 토로하고 있다.

최 PL 정말 박PM님 때문에 답답해 죽겠네. 어쩌면 나는 이렇게 PM 운이 없을까.
김대리 이번에는 또 뭐가 문제야? 박PM님은 사람 좋기로 소문난 사람이잖아. 자네 성격에 그런 분 만난 것은 내가 보기엔 행운 같은데?
최 PL 그건 자네처럼 제3자 입장이지. 막상 같이 프로젝트를 해보게. 이건 팀원에게 업무를 제대로 나누어 주기를 하나 그렇다고 업무 내용을 잘 아나. 글쎄 어제는 나보고 가서 고객을 만나 일정이 지연되는 것을 잘 설명하고 이해를 구하라는 거 아니겠어? 그게 PM의 일이지 PL인 내가 할 일인가? 어떻게든 할당된 작업을 원하는 품질 수준에 맞추어 해내기도 바쁜데, 그런 일을 내가 해야만 하겠나? 답답한 일이야.
김대리 아니 어떻게 고객을 상대하는 일을 자네한테 맡긴단 말인가. 나로서도 잘 이해가 안되네. 자네가 잘못 들은 것은 아니겠지?
최 PL 무슨 소린가. 지금 고객을 만나고 오는 길인데…
김대리 박PM님이 본격적으로 PM업무를 수행한 것이 얼마 되지 않아 PM의 직무를 잘 모르는 것 같네. 내가 전에했던 K박물관 프로젝트에서 PM은 고객을 포함한 주요 이해관계자는 다 직접 만나고 업무 협의를 진행했네. 그리고 프로젝트에 필요한 계획을 세우고 진척사항을 점검하여 팀원들이 업무에 집중할 수 있게 하였지.
최 PL 맞아. 내가 알기로도 그게 PM의 주된 일이란 말이야. 그러니 내가 얼마나 답답한지 이해가 가는가?
김대리 하지만 누구도 처음부터 그것을 다 아는 사람이 어디에 있겠나. 우리나라 프로젝트 실무자들은 체계적인 교육과 직무지식을 토대로 프로젝트 하는 것보다 프로젝트를 수행하며 얻은 경험을 중심으로 프로젝트를 하고 있지 않는가. 업무 분장에 문제가 있다고 생각하면 가서 박PM님께 잘 말씀을 드려보게. PL인 자네가 그 역할을 맡아야지 누가 하겠나?
최 PL 자네 말을 듣고 보니 그 말도 맞는 듯 하네. 내가 말을 잘 안 하긴 하지. 알겠네.

Check Point

- 프로젝트 관리자란 어떤 사람입니까?
- 프로젝트에서 프로젝트 관리자의 역할과 핵심역량은 무엇입니까?
- 프로젝트 관리자가 수행하는 주요업무는 무엇입니까?
- 프로젝트 관리자가 가져야 할 리더십에는 어떤 것들이 있을까요?

N . O . T . E

01 프로젝트 관리자

1-1. 프로젝트 관리자 정의

프로젝트 관리자는 프로젝트의 성공적인 수행을 책임지는 사람이다. 프로젝트의 성공이나 실패에 최종적인 책임은 프로젝트 관리자가 지게 된다. 따라서 프로젝트 관리자는 프로젝트가 성공적으로 끝나는데 필요한 모든 활동에 대해 책임과 권한이 같이 주어지게 된다.

프로젝트의 한시적(Temporary)이고 독특(Unique)하며 점진적으로 상세화(Progressive Elaboration)되는 특성상 프로젝트 관리자 또한 운영업무의 관리자와는 다르게 정의된다.

프로젝트 관리자		운영업무 관리자
명확한 목표 제시	리더십	전략적 비전 제시
최종 의사 결정 (업무 통제 중심)	권한	업무 수행 지시 (업무 지시 중심)
프로젝트 성패 책임자 (높은 수준의 책임)	책임	조직 관리 책임자 (상대적으로 낮은 책임)
단기적이고 세밀한 계획 수립	계획	장기적이며 전략적 계획 수립
적합한 팀원의 배치 (전문가 중심의 선발)	팀원	지속적인 성장 지원 (기존 인력의 육성)
위협 요소 회피	관리 방향	기회 요소의 추구

전략과 전술

전략과 전술은 간단하게 정의하기 어려우나 한마디로 정의해 본다면 전략은 What(무엇을 할 것인가)에 대한 계획이고 전술은 전략을 달성하기 위한 How(어떻게 할 것인가)에 대한 계획으로 정의 할 수 있다.

프로젝트 팀을 구성하고, 팀의 활동을 촉진하는 책임자

프로젝트 관리자는 장기적인 관점에서 팀원을 교육하고 능력을 향상시키는 운영업무의 관리자와는 구분된다. 프로젝트는 제한된 기간 내에 프로젝트의 결과물을 만들어 내야 함으로 프로젝트 관리자는 프로젝트 수행에 가장 적합한 경험과 기술을 가지고 있는 팀원을 선발하여 능력을 최대한 발휘하도록 관리한다.

이해관계자간의 업무를 조정하고 협업을 지시하는 조정자

프로젝트는 각 업무의 담당자가 해당 분야의 전문가의 역할을 수행하면서 프로젝트 계획 작성과 업무 수행, 위험 관리를 수행하게 된다. 각 담당자는 업무수행의 문제 발생시 프로젝트 관리자에게 보고하게 되며 프로젝트 관리자는 다른 영향요소의 파악과 해당 이해관계자들의 승인과 협조 그리고 업무 조정 등을 통해 해당 문제가 프로젝트에 부정적인 영향을 끼치지 않도록 해야 한다.

프로젝트의 갈등과 위험에 대한 해결책을 제시하고 실행하는 문제 해결자

프로젝트의 범위, 일정, 원가 등의 가장 중요한 제약조건을 결정짓는 RFP, 프로젝트 선택 및 제안서 작성 등에서 프로젝트 관리자는 의사결정권자로 참여하지 않는 경우가 많다. 따라서 프로젝트 관리자는 제한된 자원 내에서 최대한의 생산성으로 프로젝트를 성공 시켜야 하는 의무를 지게 된다. 이는 프로젝트 관리자가 문제에 대한 해결책을 제시하고 실행해 나갈 수 있는 능력을 가지고 있어야 한다는 것을 뜻한다.

프로젝트 결과의 최종 책임자

프로젝트의 독특성(Unique은 프로젝트가 새로운 작업이라는 것을 뜻한다. 따라서 프로젝트 관리자는 최대한 해당 분야의 전문가를 적소에 배치하고 각각의 작업을 융화시켜 최종 결과물이 성공적으로 나올 수 있도록 구성해야 한다. 따라서 해당 전문가의 판단 자료와 조언에 집중해야 할 필요가 있다. 하지만 의사결정의 최종 책임자는 프로젝트 관리자에게 있다는 사실을 명심해야 하며, 프로젝트의 성공과 실패에 대한 최종 책임은 프로젝트 관리자가 지게 된다.

1-2. 프로젝트 관리자의 역할

프로젝트 관리자는 여러 프로젝트 이해관계자와의 연결고리를 가지고 있으며 각 이해관계자간의 연결점이 된다. 아래 그림에서와 같이 프로젝트 관리자는 다양한 이해관계자들과 복잡한 의사소통을 담당하고 있다. 프로젝트 관리자가 프로젝트를 성공적으로 완수 하기 위해서는 조직의 지원과 통제 외에도 외부 이해관계자와의 관계 또한 중요하게 된다. 프로젝트 관리자와 이해관계자간의 관계를 통해 프로젝트 관리자의 역할을 이해할 수 있다.

N . O . T . E

갈등과 위험

프로젝트에 긍정적 영향과 부정적 영향을 모두 주는 요소에는 이해당사자, 위험, 갈등이 있다. 프로젝트 관리자는 서로 다른 요구사항을 가지고 있는 이해당사자를 조정하고, 위협요소와 기회요소에 따라 위험을 관리하며, 갈등의 해결을 통해 프로젝트가 성공적으로 종료되도록 관리하여야 한다.

N.O.T.E

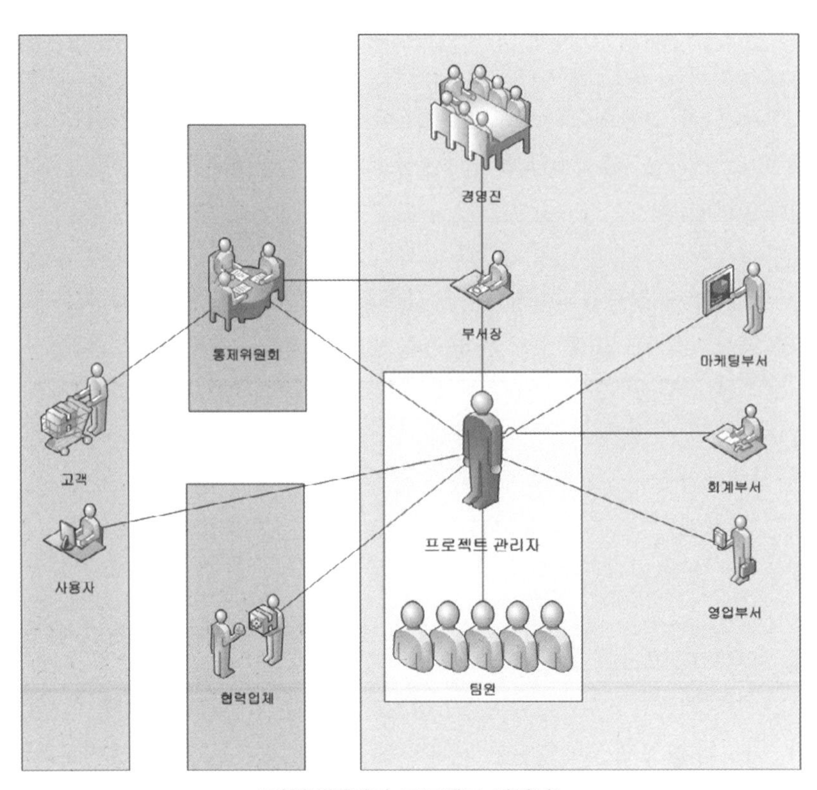

[이해관계자와 프로젝트 관리자]

계획작성, 자원요청, 상황보고 역할

프로젝트 관리자가 속해있는 부서장 또는 경영층은 프로젝트 관리자의 임명과 프로젝트에 필요한 자원을 배정해준다. 프로젝트 관리자는 프로젝트에 가장 적합한 팀원과 자원을 필요한 시기에 지원받을 수 있도록 프로젝트의 상황을 보고하고 판단자료와 대안을 제시해야 한다. 프로젝트 진척상황에 대한 정확한 보고 자료를 통해 경영층은 현재 프로젝트에 필요한 지원상황을 파악하고 조직의 경영방침에 따라 정확하고 신속한 의사결정을 할 수 있다.

책임자, 조정자, 의사소통 채널통합 역할

스폰서/고객은 프로젝트의 최종 결과물과 인수 조건을 결정하게 된다. 프로젝트 관리자는 프로젝트 초기에 스폰서/고객의 요구사항을 파악하고 범위에 대한 승인을 통해 프로젝트의 수행 범위를 명확히 하고 업무를 수행해야 한다. 프로젝트 수행 도중 발생하는 범위, 일정, 원가의 변동은 프로젝트 성공적인 종료에 심각한 영향을 끼치게 되므로 변경사항 발생을 최소화하고, 변경상황에 따른 파급효과에 대해 스폰서/고객에게 설명하고 승인을 받아야 한다. 프로젝트 관리자의 권한을 벗어나는 변경 또는 중대사건 발생시에는 반드시 스폰서/고객과 부서장/경영층이 참여하는 변경통제위원회의 승인을 통해 대응 활동을 수행해야 한다. 또한 프로젝트의 최종 결과물을 사용하게 되는 사용자는 프로젝트의 품질을 평가하는 평가자로서 프로젝트에 영향을 끼치게 되는 경우가 많으므로 프로젝트 관리자는 사용자의 요구사항을 분석하고 적절한 품질활동을 수행해야 한다. 이와 같이 프로젝트의 모든 업무 연결은 프로젝트 관리자를 통해 이루어 지게 된다.

의사결정, 관리, 훈련 역할

팀원은 실제 프로젝트를 수행하는 중요한 이해관계자이다. 팀원의 역할과 책임을 지정하고 필요한 교육의 제공 및 수행작업에 대한 감시 및 통제 책임은 프로젝트 관리자의 중요한 역할이다. 프로젝트 계획 작성, 위험 분석 및 대응, 프로젝트 수행, Lessons Learned 작성 등의 관리뿐만 아니라 팀원을 격려하고 갈등을 조정하며 업무수행능력을 향상시키는 역할 또한 프로젝트 관리자의 역할이다.

발주, 검수 역할

대부분의 프로젝트는 프로젝트의 여러 자원들을 외부에서 제공받게 된다. 프로젝트 관리자는 외부 자원의 사용시 발주자의 역할을 수행하게 된다. 프로젝트에서 사용되는 외부 자원은 공급가, 공급시기, 공급품질 등에 따라 프로젝트의 원가와 일정, 품질 등에 영향을 미치게 된다. 따라서 프로젝트 관리자는 신뢰할 수 있는 공급업자/협력업체를 선정해야 하며 위험 사건에 대한 대응계획을 마련해야 한다.

내부부서 지원 및 협력 역할

프로젝트는 조직내의 부서와 정보와 자원을 주고 받으며 서로의 업무에 영향을 끼치게 된다. 프로젝트 회계처리가 회계부서의 승인 또는 지원이 필요하거나 영업조직에게 고객의 정보를 획득하고 향후 영업자원을 전달할 수 도 있으며 마케팅 부서에 통계자료를 제출하는 등의 내부부서의 지원과 협력이 필수적이다. 프로젝트 관리자는 조직내의 자원의 위치 파악과 주요 이해당사자와의 관계를 통해 프로젝트에 도움이 되는 자원의 지원이 원활하도록 해야 한다.

N . O . T . E

변경통제위원회

모든 문서화된 변경 요구는 프로젝트 관리 팀 또는 외부조직(스폰서, 착수자, 고객 등) 권한으로 수용되거나 기각되어야 한다. 대부분의 경우 변경통제위원회(Change Control Board)에서 변경에 따른 영향력과 중요성에 따라 변경 사항을 결정한다. 대규모의 조직에서는 여러 단계의 위원회 구조로 구성하여 위원회간 역할을 분리하기도 한다.

프로젝트 이해관계자

프로젝트 이해관계자는 프로젝트의 수행이나 완료 결과에 따라 영향을 받는, 또는 그래서 프로젝트에 영향력을 행사하려고 하는 개인 혹은 조직을 말한다. 프로젝트 인수 책임자와 사용자, 경영층, 스폰서는 물론이고 프로젝트 팀원, 지원 부서, 협력업체 직원 등 다양한 계층을 포함하고 있다. 이해관계자간에는 상반된 요구사항을 갖는 경우도 많으므로 프로젝트 관리자는 프로젝트에 어떤 이해당사자들이 있는지 식별하고, 그들의 요구사항을 파악하고 조정해야 한다.

N . O . T . E

1-3. 프로젝트 관리자 핵심 역량

프로젝트 관리자의 역량은 크게 관리, 기술, 의사소통의 3가지로 나눌 수 있다.

관리역량(범위, 일정, 원가, 품질, 위험, 구매 관리 역량)

프로젝트를 성공적으로 끝내기 위한 관리 활동 역량으로 프로젝트 영역 각각의 세부 활동의 계획과 관리활동의 최종 책임자로서의 역량이다. 프로젝트 관리분야의 전문가로서 프로젝트의 관리 프로세스와 템플릿 그리고 도구의 사용에 대한 전문지식과 경험을 필요로 한다. 정확한 범위산정(Work Breakdown Structure), 프로젝트 납기에 맞는 치밀한 일정계획(Project Schedule), 이익을 극대화하는 적절한 예산할당(Cost Budgeting), 프로젝트 결과물에 대한 신뢰성과 사용 용이성의 준수(Quality)등의 프로젝트가 성공하는데 필요한 모든 관리 영역에 대한 전문 능력을 가지고 있어야 한다.

프로젝트 관리자의 권한

프로젝트 관리자의 권한(Project Manager Power)은 PM의 공식적인 권한인 "지위적 권한(Positional power)"과 "개인적 권한(Personal Power)"으로 나눌 수 있다.

▶지위적 권한
- 합법적 권한(formal power)
- 강제적 권한(penalty power)
- 보상적 권한(reward power)

▶개인적 권한
- 추종적 권한(referent power)
- 전문가적 권한(expert power)

기술역량(업종 및 업무 기술 지식)

해당 프로젝트의 최종 산출물에 대한 업무/업종/기술 역량으로 해당 프로젝트의 세부 활동을 지시하고 검증하는 역량이다. 프로젝트 관리자가 해당 업무/업종/기술에 대한 전문 지식을 가지게 되면 프로젝트 이해당사자들에게 충분한 영향력을 행사하는 권위와 권한을 가지게 된다. 특히 높은 기술적 수준을 필요로 하는 프로젝트의 경우 프로젝트 관리자의 기술적 역량이 부족하게 되면 프로젝트 팀원이나 고객에게 신뢰를 얻기가 힘들다. 이럴 경우에는 기술 전문가를 프로젝트 관리 조직에 포함시키고 기술 관리 업무에 대한 권한을 부여 하여야 한다.

N . O . T . E

의사소통역량(인적자원 관리, 의사소통, 리더십

프로젝트의 이해관계자들간의 이해상충을 조정하고 적시에 프로젝트 상황을 보고하여 프로젝트에 적절한 지원과 통제가 이루어 지도록 하는 역량이다. 프로젝트는 다양한 이해관계자가 프로젝트에 긍정적/부정적 영향을 미치면서 각각의 이해가 상충하게 되어 갈등과 위험이 존재하게 된다. 프로젝트 관리자는 이러한 다양한 이해상충을 조정하고 해결해서 프로젝트가 성공적으로 종료될 수 있도록 해야 한다. 또한 프로젝트의 상황에 대한 정확한 진단 및 해결책의 보고를 통해 프로젝트의 위험을 제거하고 적절한 지원이 이루어 지도록 해야 한다.

1-4. 프로젝트 관리 리더십

리더십이란 비전과 전략을 개발하고 전략의 실행과 비전의 실현을 위해 적합한 사람을 배치하고 그들 각자에게 권한과 책임을 위임하는 활동이다. 프로젝트는 명확한 목적을 위해 일시적으로 모인 조직에 의해 수행된다. 따라서 프로젝트 관리자는 프로젝트의 특성에 맞는 리더십으로 프로젝트를 이끌어야 한다.

리더십

리더십은 조직의 비전과 전략늘 개발하여 전략의 실행과 비전의 실행을 위해 적합한 사람들을 배치하고 그들 각자에게 권한과 책임을 위임하는 활동을 통해 조직의 목표를 달성하는 지도력이라고 할 수 있다. 리더십은 목표 달성의 성과를 통해 평가받을 수 있으며 이는 프로젝트 관리자의 평가요소와 일치한다.

프로젝트 리더십의 특징

- 목표(Objective를 제시한다.

프로젝트는 명확한 목표를 가지고 있다. 따라서 프로젝트 관리자는 팀원에게 명확한 목표를 제시하고 그에 따른 책임과 권한을 부여해야 한다. 팀원이 공동의 목표의식과 자신의 담당업무가 최종 목표에서 차지하는 위치를 알게 되면 주인의식과 공동체 의식을 가질 수 있다.

- 단기적이고 세밀한 계획을 세운다.

프로젝트는 제한된 일정을 가지고 있다. 따라서 단위 업무의 지연은 전체 프로젝트의 일정에 지연을 초래할 가능성이 높다. 단위 업무는 프로젝트 전체일정의 부분으로 집중해서 관리되어야 한다. 또한 업무는 관리할 수 있는 수준까지 세밀하게 분해해서 각각의 업무에 대한 일정과 자원을 산출해야 한다. 그렇게 함으로서 팀원들이 무엇(What)을 언제(When)해야 하는지 정확하게 숙지할 수 있도록 해야 한다.

N . O . T . E

- 작업을 통제(Control)한다.

프로젝트 계획은 모든 팀원들과 함께 세우도록 한다. 팀원들이 담당업무에 대한 계획을 세우고 프로젝트 관리자는 계획작성을 지원하고 검증하여 전체 프로젝트 계획을 세우게 된다. 따라서 모든 업무는 프로젝트 계획서에 의해 진행되도록 하며 프로젝트 관리자는 업무의 진행상황을 통제하는 역할을 수행해야 한다.

- 절차를 명확하게 수립한다.

정책이나 전략은 프로젝트 관리자의 의사결정 권한이 아닌 경우가 많다. 정책과 전략은 프로젝트 착수단계에서 이미 프로젝트 관리자에게 주어지게 되며 프로젝트 관리자는 조직의 정책이나 전략적 목표를 달성하기 위한 절차를 수립해야 한다. 따라서 팀원들이 각 단계별 절차를 숙지하고 정해진 절차에 따라 업무를 수행하도록 교육하고 감독해야 한다.

프로젝트 가정

프로젝트 가정은 계획을 수립할 목적으로 사실적이고 현실적이며 확실하다고 여겨지는 인자로 프로젝트 관리 계획서 작성에 영향을 미친다. 하지만 이러한 가정은 어느 정도의 위험을 내포하고 있다. 그 이유는 현실적이라고 판단했던 것들이 실제로 현실화 되지 않을 수 도 있기 때문이다. 프로젝트 계획시에 수립했던 가정은 위험요소로 식별하고 관리해야 한다.

유능한 프로젝트 관리자의 성공원칙

- 프로젝트 현 상황(진척상황)에 대한 정확한 정보를 알고 있어야 한다.
- 계획에 없는 우발적인 행동은 하지 않는다.
- 문제가 될 사건은 초기에 제거하고 자신이 직접 해결한다.
- 어떻게(How)가 아닌 무엇(What)을 해야 하는지 집중한다.
- 측정할 수 없는 것은 관리할 수 없다. 보이는 않는 사건을 보이도록 만들어야 한다.
- 프로젝트는 수많은 가정하에 출발한다. 엄격함과 형식보다는 유연성을 가진다.

팀 발달 단계별 행동모델

프로젝트 팀원은 팀 빌딩 초기에는 조심스러운 행동양식을 보이면서 자신의 행동에 대한 수용 한계를 파악하게 된다. 그러다가 점차 당면하는 업무에 대한 요구와 행동방식에 따라 개인적인 차이를 표출하게 되는데 이러한 갈등시기가 해결되면 공동의 목표의식을 가지고 정해진 절차에 따라 서로 협조하는 분위기를 가질 수 있게 된다. 이 단계를 더 발전시키게 되면 팀 구성원들이 서로의 문제점을 해결해 주면서 팀의 목표를 성취하게 된다.

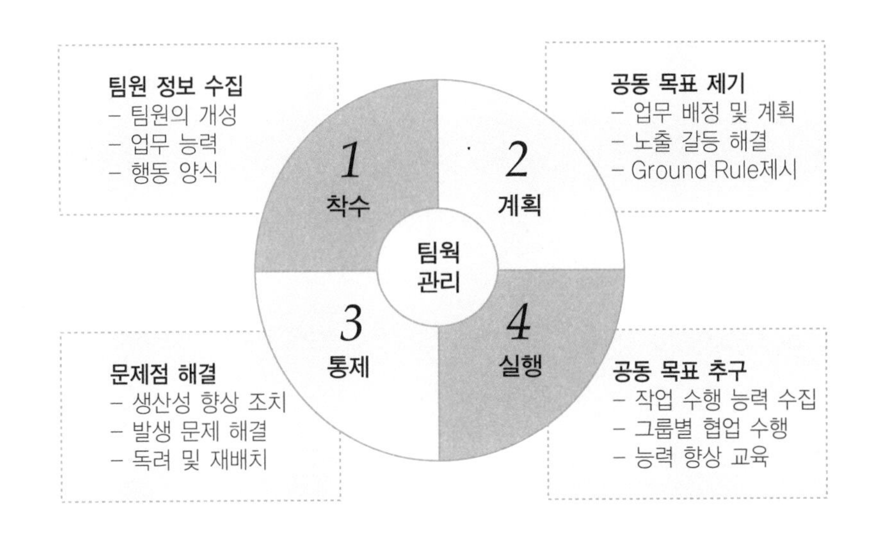

N . O . T . E

프로젝트의 프로세스

프로젝트의 프로세스는 [착수->계획->수행->통제->종료] 로 구성된다. 한시적으로 유지되는 프로젝트의 특성상 운영업무와는 다르게 착수와 종료 프로세스가 존재한다. 프로젝트의 계획을 세우고 그 계획에 의거하여 실제 업무를 수행하게 되며, 통제 프로세스를 통해 수행 결과가 계획과 다를 경우, 실적을 향상시키기 위한 시정 조치(corrective action)을 취하거나 기준선 변경(baseline updates)를 하게 된다

2 프로젝트 관리자의 업무

2-1. 주요 업무

프로젝트 관리자가 프로젝트 생명주기 동안 수행해야 하는 주요 업무는 다음과 같다.

프로젝트 착수

- 프로젝트 예비 범위 기술서 작성 : 프로젝트의 목표에 따른 업무 범위를 분석하고 그에 따른 자원 및 기간에 대한 추정치를 설정 하도록 한다. 착수 단계에서 잘못 분석된 업무 범위는 프로젝트에 필요한 필수 자원의 획득계획에 영향을 끼칠 수 있으므로 빠지는 업무범위가 없도록 RFP, 제안서, 계약서, 프로젝트 헌장 등의 주요 문서에 대해 빠짐없이 분석하여 작성하도록 한다.

프로젝트 계획

- 프로젝트 관리 계획서 작성 : 프로젝트 관리 계획서는 프로젝트를 수행하는 절차와 템플릿,기준데이터가 포함되어야 하며 모든 프로젝트 활동은 프로젝트 관리 계획서에 의하여 이루어지게 된다. 특히 범위, 일정, 원가의 기준선을 설정하고 품질, 인적자원, 의사소통, 위험, 구매에 대한 계획을

N . O . T . E

모두 포함하도록 한다. 프로젝트 관리 계획서는 프로젝트 관리자 혼자 작성하는 것이 아니라 모든 팀원이 참여하여 작성하도록 하며, 프로젝트 관리자는 단위계획서 작성을 관리하고 통합하여 전체 프로젝트 관리 계획서를 생성한다. 이를 통해 정확하고 빈틈없는 프로젝트 관리 계획서가 만들어 지며, 프로젝트 팀원에 대한 프로젝트 참여도와 이해도를 높일 수 있게 된다.

프로젝트 실행

- 팀 빌딩 : 프로젝트는 사람에 의해서 진행된다. 따라서 프로젝트 관리자는 최적의 팀원을 프로젝트에 배치 받을 수 있도록 노력해야 한다. 일정과 예산의 제약은 프로젝트를 수행하는데 있어서 가장 큰 어려움이며 이는 최적의 팀원을 적절하게 배치하고 교육을 통해 팀원의 생산성을 높임으로서 극복할 수 있다. 조직의 인적자원에 대한 풍부한 정보와 유관 부서와의 관계유지는 프로젝트 관리자의 필수 능력이다.
- 작업 지시 및 관리 : 프로젝트 관리 계획서에 의거하여 팀원에게 작업을 지시하고 실행작업을 관리한다. 프로젝트 실행을 통해 생성되는 산출물과 데이터는 빠짐없이 획득 함으로서 프로젝트 관리자는 프로젝트 전체 진행 상황을 파악하고 있어야 한다. 특히 작업수행실적(Work Performance Information)은 프로젝트를 통제하는 중요한 자료이다.

프로젝트 감시 및 통제

- 프로젝트 작업 시정 조치 : 프로젝트는 계획대로 진행되지 않는다. 계획에서 세웠던 가정이 틀리거나 위험사건의 발생 그리고 변경 요청 등의 프로젝트 예외사항 발생시 이를 통제하는 것이 프로젝트 관리자의 주요 존재 이유라고 할 수 있다. 따라서 프로젝트 관리자는 프로젝트 관리 계획과 작업수행실적의 비교를 통해 적절한 시정조치를 취해야 한다.
- 통합 변경 통제 : 프로젝트의 작업은 서로 밀접하게 연관되어 있다. 가령 범위가 변경되면 원가와 일정에 영향을 줄 확률이 아주 높다. 따라서 어느 한 작업영역이 변경될 경우 프로젝트 관리자는 프로젝트 전체의 관점에서 이를 분석하여 변경 여부를 승인하거나 기각하는 의사결정을 내려야 한다. 또한 프로젝트 기준선(Baseline)의 변경이 필요한 경우 변경 통제 위원회(Change Control Board)에 변경내용과 그 영향력에 대해 보고하고 승인을 받도록 해야 한다.

프로젝트 기준선(Baseline)

프로젝트 기준선(Baseline)은 관리 통제를 위해 프로젝트 수행을 계획과 비교하고 차이를 측정할 것을 승인한 계획서이다. 따라서 프로젝트 관리 계획서가 변경되어 승인되면 기준선도 바뀌게 된다. 프로젝트 기준선은 통제 도구의 역할을 하게되며 프로젝트의 수행 감독 및 관리와 작업 결과는 기준선에 대비하여 측정되게 된다.

프로젝트 종료

- 행정 종료 : 프로젝트의 행정적 종료를 위해서 프로젝트 관리자는 [고객 검수 → 관련 산출물의 정리→ Lessons Learned 정리→ 자원 해제] 단계를 수행해야 한다. 프로젝트의 최종 결과물은 고객 또는 스폰서의 최종 검수를 통해 인수 승인을 획득해야 하며 고객 검수가 완료된 후 관련 산출물을 정리하고 Lessons Learned로서 조직의 자산으로 활용될 수 있도록 하여야 한다. 자원 해제는 맨 마지막에 수행하여 혹시 모르는 상황이 발생시 대응할 수 있도록 한다.
- 계약 종료 : 프로젝트 관리자가 발주한 계약의 종료 활동으로 최종 결과물의 검수와 계약금액의 정산 활동이다.

N . O . T . E

2-2. 업무 지침

전문성의 지속적인 향상

프로젝트 관리자로서 전문성 향상에 지속적으로 노력하여야 한다. 그것은 전문 지식의 습득을 위하여 꾸준히 노력하고 개인역량을 향상시키는 것을 의미한다.

- 자신의 강점(strength)과 약점(weakness)을 파악한다.
- 자신의 전문성 향상을 위한 개발 계획을 수립한다.
- 회사 또는 프로젝트에 도움이 될 새로운 정보와 사례를 수집한다.
- 현업 관련 전문 지식을 지속적으로 배운다.

PM의 직업의무

프로젝트 관리 협회(Project Management Institue : www.pmi.org)에서는 프로젝트 관리의 전문성을 배양하고자 프로젝트 관리에 종사하는 사람들에게 표준을 제시하고 있다. PMI에서는 프로젝트 관리자의 직업 윤리에 대한 행동 강령(code of conduct)를 제시하고 있는데 이를 이해하고 직업 윤리과 완전성(integrity)를 지지해야 할 책임을 숙지하여야 한다.

완전성과 전문성 준수

공인 프로젝트 관리자로서 완전성(integrity)과 전문성(professionalism)을 준수하여 이해관계자들과 관련 조직을 보호한다.

- 보고서, 대화 등의 의사소통 시에는 진실을 말한다.
- 저작권과 기타 법률의 준수 및 지적 재산권을 보호하고 발견된 위반은 반드시 알린다.
- 기업 정보를 외부에 유출하지 않으며 업무 정책 및 윤리에 관련된 위반은 반드시 알린다.
- 프로젝트 관리 시 개인의 이익을 부가하지 않으며 뇌물을 주고 받지 않는다.
- 이해관계의 충돌을 파악하고 발생할 경우에는 처리하도록 한다.
- 모든 사람을 존중하고 옳은 일(right thing)을 한다.

N . O . T . E

이해관계자 간의 갈등 해소

공인 프로젝트 관리자로서 프로젝트 수행에 따른 이해관계자 간의 갈등을 해소하여야 한다.
이해관계자들의 충돌되는 요구 및 목적을 만족시키기 위하여 해결 방안을 제시하고 이해관계의 균형을 유지한다.
프로젝트 관리자와 팀원은 주의하여 다양한 요구들이 가능한 빨리 명확하게 결정되도록 하여야 한다. 사전에 정의되지 않은 요구는 프로젝트의 위험에 해당하며, 추가하거나 변경하는데에는 비용의 추가가 따른다. 고객으로부터 업무 범위(프로젝트 범위 기술서)를 받아 검토하고 이해관계자의 요구가 명확하게 포함되어 있는지 확인하도록 한다

- 이해관계자들의 요구 및 목적을 명확히 규정하고 이해한다.
- 이해관계자들과 경합 또는 충돌되는 요구 및 목적을 적극적으로 찾아 공정한 해결 방안을 결정한다.
- 프로젝트 관리 기법과 갈등 해소, 의사소통, 협상, 정보 배포, 팀 빌딩 및 문제 해결 기법을 활용하여 해결하며 회의, 인터뷰 및 토론을 진행한다.
- 해결할 수 없는 갈등은 경영층을 개입시킨다.
- 프로젝트 헌장과 관련된 변경은 경영진의 승인을 요청한다.

문화적 차이의 이해

프로젝트 관리자는 프로젝트 수행환경과 이해관계자 및 팀원들의 문화적 배경을 이해하여야 한다.
문화적 차이는 언어, 문화적 가치, 행위, 문화적 관례를 의미하며, 프로젝트에서 계획과 통제를 하지 않을 경우 이러한 차이는 프로젝트에서 방해요소 또는 위험요소로 나타나게 된다.
프로젝트 관리자는 문화적 차이의 부정적인 영향은 최소화하고 긍정적 영향은 극대화 할 수있도록 하며, 이러한 문화적 차이는 서로 다른 나라 사이에서만이 아니라 같은 나라안에서도 발생할 수 있음을 주의한다.

- 문화적 차이에 의한 다양성을 받아들인다.
- 문화적 차이에 대한 교육과 사전 연구로 문화적 충격을 방지한다.
- 이해관계자와의 문화적 차이를 파악하고 프로젝트에서 표면화될 수 있도록 한다
- 의사소통에 명시된 적절한 사람(right person)에게 적절한 양식(right form)을 사용하여 명확한 의사소통을 함으로서 문화적 차이를 방지한다.

N . O . T . E

- 문화적 차이에 의한 문제는 항상 해명(clarification)을 요청하고 관련 내용을 대부분의 팀 회의에서 검토하도록 상정한다.
- 팀 구성원들의 문화적 차이를 파악하고 존중하며 문화적 차이에 대한 교육을 제공한다.
- 법률을 위반하지 않을 경우에는 다른 나라의 관례를 따른다.

프로젝트 관리 지식 공유

공인 프로젝트 관리자로서 프로젝트 수행을 통하여 얻은 지식을 공유하도록 한다. 프로젝트 관리자와 팀원의 전문성을 향상시킬 수 있도록 lessons learned와 프로젝트 성공사례, 연구등과 같은 정보를 공유하여야 한다.

- 다른 프로젝트 관리자와 lessons learned를 공유한다.
- 다른 프로젝트 관리자 및 이해관계자의 교육을 실시하고 프로젝트 관리 시 코치 또는 멘토링한다.
- 회사 내의 완료된 프로젝트를 프로젝트 관리에 사용할 성공사례를 발굴하도록 연구수행하고 다른 프로젝트 관리자와 공유한다.

Summary

POINT 1 프로젝트 관리자의 정의

- 프로젝트 관리자는 프로젝트가 성공적으로 끝나는데 필요한 모든 활동에 대해 책임과 권한이 주어진 프로젝트의 수행을 책임지는 사람이다.
- 프로젝트 팀을 구성하고, 팀의 활동을 촉진하는 책임자
- 이해관계자간의 업무를 조정하고 협업을 지시하는 조정자
- 프로젝트의 갈등과 위험에 대한 해결책을 제시하고 실행하는 문제 해결자
- 프로젝트 결과의 최종 책임자

POINT2 프로젝트 관리자의 역할

- 프로젝트에 가장 적합한 팀원과 자원을 필요한 시기에 지원받을 수 있도록 프로젝트의 상황을 보고하고 판단자료와 대안을 제시한다.
- 프로젝트의 수행 범위를 명확히 정의해서 변경사항 발생을 최소화하고, 변경상황에 따른 파급효과에 대해 스폰서/고객에게 설명하고 승인을 받는다.
- 팀원의 역할과 책임 지정 및 수행 업무 관리뿐만 아니라 팀원을 격려하고 갈등을 조정하며 업무수행능력을 향상시키는 역할을 수행한다.
- 프로젝트에서 외부 자원 사용시 신뢰할 수 있는 공급업자/협력업체를 선정하고 계약의 발주자로서 업무를 진행한다.
- 프로젝트 관리자는 조직내의 자원의 위치 파악과 주요 이해당사자와의 관계를 통해 프로젝트에 도움이 되는 자원의 지원이 원활하도록 해야 한다.

POINT4 프로젝트 관리자의 핵심역량

- 관리역량은 프로젝트를 성공적으로 끝내기 위한 관리활동의 최종 책임자로서의 역량이다
- 기술역량은 최종 결과물에 대한 업무/업종/기술 역량으로 해당 프로젝트의 세부 활동을 지시하고 검증하는 역량이다
- 의사소통역량은 이해관계자들간의 이해상충을 조정하고 적시에 프로젝트 상황을 보고하여 프로젝트에 적절한 지원과 통제가 이루어 지도록 하는 역량이다.

Key Word

- 프로젝트 관리자
- 프로젝트 관리 리더십
- 기술 역량
- 운영업무 관리자
- 관리 역량
- 의사소통 역량

Project Management

PART 03

프로젝트 기획

Chapter 03 – 프로젝트 기획

Chapter 03 프로젝트 기획

Project Management Situation

박부장이 제안서 작성을 위한 회의를 주관하고 있다.

박부장 어제 S항공 신정보시스템 구축을 위한 RFP가 공개되었다. 자네들도 다 알다시피 이 프로젝트는 우리 부서 목표 달성을 위한 중요한 프로젝트야. 그 동안 영업부에서 한 것도 있고 우리도 유사한 프로젝트를 진행한 경험도 있어 제안서만 잘 써서 낸다면 충분히 수주할 수 있을 것이야.

오대리 하지만 S항공은 규모도 예전 프로젝트에 비해 업체 규모도 크고, RFP를 살펴본 결과 납기 또한 촉박한 것 같습니다.

차과장 높은 기술 수준 또한 어려움이 예상됩니다. 물론 개발팀에서 이번에 새로이 도입한 기술을 잘 풀어서 설명한다면 제안 평가에서 큰 점수를 받을 것 같지만, 그것도 모두 일관성 있는 전략적 흐름에 의해서 작성되어야 가능할 것입니다. 하지만 여타 경쟁업체에서 저희 예상 금액보다 낮은 금액으로 입찰을 하게 된다면 저희가 어려움을 겪게 될 것이 분명합니다.

박부장 이번 프로젝트에서 예상되는 어려움을 잘 지적했네. 우선 중요한 것은 고객이 가장 중요하다고 생각하는 것을 RFP 상에서 분석해낸 다음 제안서에 정확하게 반영하는 것일세. 그 다음에는 우리 회사가 경쟁사에 비해 경험이나 기술적인 면에서 차별화된다는 점을 강조하여 표현할 수 있었음 더욱 좋겠지.

이과장 일단 예전에 우리 회사에서 수행한 프로젝트 사례를 수집하고 그 당시 PM이 남긴 Lessons Learned를 잘 참고하면 제안서에 들어가야 하는 내용을 구성할 수 있을 것 같습니다. 거기다 영업부와 개발팀에서 관련된 자료를 받아, 우리 회사가 보유한 훌륭한 제안서 템플릿을 활용하면 제안서 작성에 필요한 시간을 줄이고 더 완벽한 제안서가 나올 것입니다. 빠른 시간 내에 작업을 진행하여 검토 회의를 갖도록 하겠습니다.

박부장 알겠네. 그럼 내가 먼저 영업부와 개발팀에 업무 협조를 요청해 두겠네. 자네들은 훌륭한 제안서를 쓰는데 노력해 주게. 초안이 나오면 검토 회의를 갖도록 하겠네. 그럼 수고들 해주게.

Check Point

- 프로젝트 타당성 평가기준은 무엇입니까?
- 프로젝트의 경제성 평가를 위한 주요 기법은 무엇입니까?
- 사전검토회의의 의의는 무엇입니까?
- 프로젝트 제안서는 어떻게 작성합니까?

N . O . T . E

IT 프로젝트 발생의 주요 원인

- 내부적 생산성 향상
- 외부적 수익성 재고

1 프로젝트 선정

1-1. 프로젝트 발생

조직에서 발생하는 프로젝트는 크게 내부와 외부로 나누어 생각할 수 있다.

- **내부 프로젝트** : 내부 프로세스 개선이나 제품 개발을 통한 생산성 및 경쟁력 향상
- **외부 프로젝트** : 서비스 제공이나 영업/판매를 통한 수익성의 제고

조직은 프로젝트를 내부적으로는 주로 생산성 향상과 경쟁력 제고를 위해 사용한다. 일반기업은 물론이거니와 특히 공공기관에서 내부 프로젝트가 자주 발생한다. 조직은 발주처가 되어 외부 전문업체의 전문성의 도움을 받는다. 하지만 스스로 역량이 되거나 프로젝트의 내용이나 결과가 외부에 공개되면 안 된다고 판단하는 경우 자체적으로 조직을 구성하여 진행한다. 외부 프로젝트의 경우 조직은 수익성을 목적으로 하는 경우가 대부분이며, 이때 조직은 양질의 서비스 제공 내지는 마케팅에 주력하게 될 것이다. 그리고 외부 프로젝트는 조직의 비즈니스 목적과 직접적으로 연관되어 있다.

정보화 투자 평가

정보화 투자 평가란 정보화가 기업 또는 조직의 목표 달성에 얼마나 기여하며 경제적으로 얼마나 공헌하고 있는가를 사업적 관점에서 조사하고 분석하는 행위이다.

정보화 투자 평가는 IT가 기존의 단순 개발, 운영 및 백업 지원 기능에서 비즈니스 가치 창출자로서의 정보 시스템으로 역할이 전환되고, 각 조직의 경영 핵심 Tool로 부상함에 따라 지속적인 투자에 대한 인식이 재고되면서 시작되었다. 또한 이를 바탕으로 Balanced Score Card(통합 스코어 카드)나 정보화 투자 평가 방법론 등의 몇몇 이론 개념들이 창출되면서 본격적으로 시행되었다.

그러나 정보화 투자 평가는 실용성의 문제, 과대 평가, 무형 효과의 남발, 논리의 비현실성 등이 문제점으로 대두되고 있는 실정이다.

화폐 가치로의 전환 사례

사례1) 항공 예약 시스템 구축 후 30%이던 공좌석률이 20%로 감소하였다.
→ 매출액 증가로 간주하고 사업적 가치 산출

사례2) 재고 관리 시스템 구축으로 상품 재고량이 30% 감소하였다.
→ 총 재고 금액 10억원에 대한 연간 금융 비용 1억원의 30%인 3천만원을 정보화 효과로 계산

사례3) 품질 관리 시스템을 구축하여 제품 불량률이 2%에서 1%로 감소하였다.
→ 불량 제품과 관련한 A/S 비용, 반품 처리 비용 등의 50%를 사업적 가치로 추정

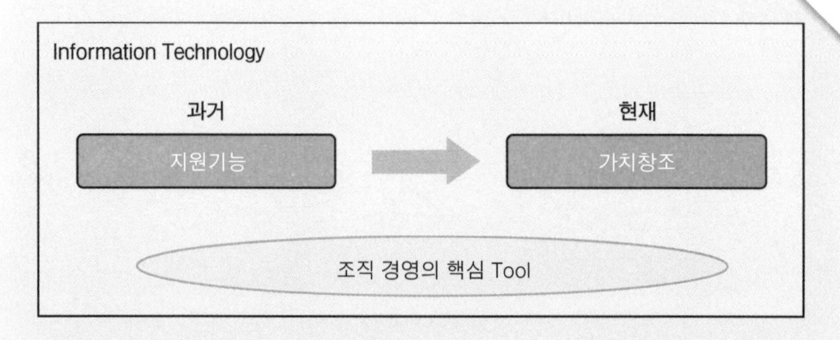

• 정보화 투자 효과 측정 지표(Metric)

정보화 투자 효과를 측정하기 위해서는 측정을 위한 지표가 필요하다. 올바른 지표의 선정은 올바른 평가를 위한 초석이다.

지 표	내 용
화폐 척도	– 원, 달러 등의 화폐 단위 – 재무적 지표에 적용 ex) 비용 감소액
표준화 척도	– 시간, 횟수, 건수 등 비교적 화폐 가치 산출 용이 – 비재무적 지표에 적용 ex) 업무 처리 시간
백분율 척도	전체에 대비하여 비율을 구하는 것이 현실적 의미가 있는 경우 사용 ex) 불량률, 판매 신장률
점수 척도	– 주관적 인식도를 측정하기 위하여 1점~5점까지 등의 점수를 산정 – 화폐 산출이 어려움 ex) 이용자 만족도, 고객 만족도
순위/등급 척도	대상의 순위, 등급을 특정 기준에 의하여 배열 ex) 투자 우선 순위

• 정보화 투자 효과 측정 방법

지 표	내 용
관련 자료 분석	정보화 효과 지표에 관한 관련 자료를 분석하여 효과를 추정함 ex) 불량률에 대한 과거 자료와 현재 자료를 비교
현장 관찰	업무 현장의 변화를 관찰함 ex) 정보화로인한 업무처리 속도의 변화
직접 경험	고객의 입장에서 시스템을 직접 경험하고 변화를 파악함 ex) 시스템 검색, 제품 사용
실험	유사한 실험환경에서 시스템을 직접 경험하고 변화를 파악함 ex) 프로토타입 수행
설문 조사, 인터뷰	고객, 이용자, 경영층을 대상으로 설문 조사를 실시함
벤치마킹	유사 조직 또는 사례와의 비교를 통하여 정보화의 효과를 추정함
델파이 분석	복잡하고 미묘한 효과에 대하여 일치된 의견이 필요할 경우 관련 전문가들에게 의견을 묻고 취합하여 추정함

N . O . T . E

델파이 분석

유능한 전문가를 분산시켜(통상 20~30명 선발) 익명성이 유지된 상태에서 각자에게 미래 환경에 대한 예측 또는 시나리오를 주고 설문 형태로 작성하게 한다. 이와 같이 전문가들로부터 개별적인 의견을 수집하고, 이 결과를 요약하여 다시 전문가들에게 피드백하여 그 결과를 종합, 최종적인 예측을 하는 환경 예측 기법이다. 델파이 기법은 미래 사태를 비교적 객관적으로 전환시킬 수 있으며, 미래 예측상의 위험을 감소시킬 수 있는 반면 소수 의견이 묵살될 수 있다는 단점이 있다.

N . O . T . E

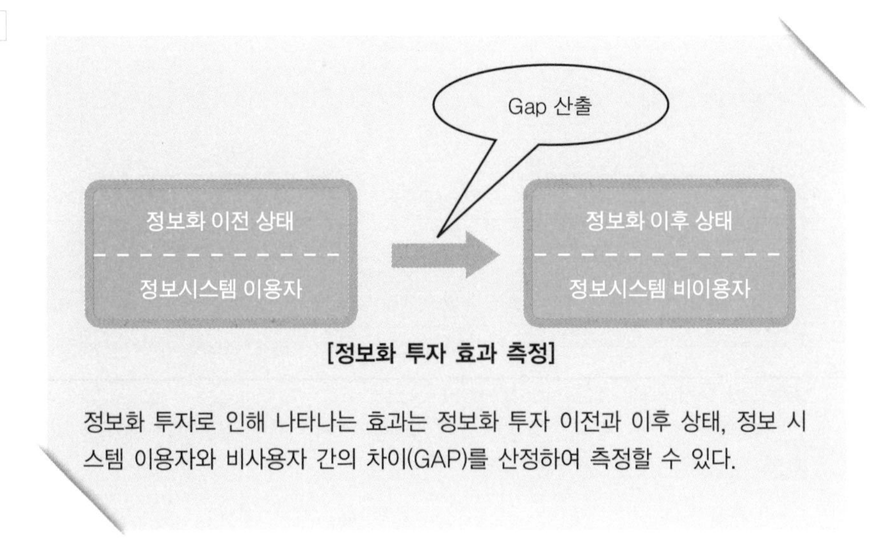

[정보화 투자 효과 측정]

정보화 투자로 인해 나타나는 효과는 정보화 투자 이전과 이후 상태, 정보 시스템 이용자와 비사용자 간의 차이(GAP)를 산정하여 측정할 수 있다.

1-2. 프로젝트 타당성 분석

기업은 시장에서의 기회(Opportunity)에 대한 실행(Execution)/성공 가능성(Feasibility)을 분석하여 타당할 경우에 프로젝트를 승인하고 진행한다. 하지만 종종 이러한 분석이 제대로 진행되지 않고 프로젝트가 실행되는 경우가 있다. 이는 처음부터 프로젝트에 대해 정확한 정보 및 분석 없이 진행하는 것으로서 그 위험은 대단히 크다고 할 수 있다. 따라서 특별한 경우를 제외하고 모든 프로젝트에 대한 접근은 타당성 분석 후 의사결정이 이루어져야 할 것이다. 프로젝트 타당성 분석의 기준은 다음과 같다.

1) 시장에서의 성공가능성(Market feasibility)
2) 내부적 준비성(Internal readiness)
3) 재정적 성공가능성(Financial feasibility)
4) 설계 성공가능성(Design feasibility)

4개의 관점에서 평가한 후에 큰 그림으로 조망할 수 있게 총체적으로 프로젝트의 실행가능성을 통합시킨다. 그리하여 이 프로젝트가 효과적인 결과를 야기할 것인가에 대한 충분한 정보를 확보한 후 실행 여부(go or no decision)에 대한 결정을 내린다.

N . O . T . E

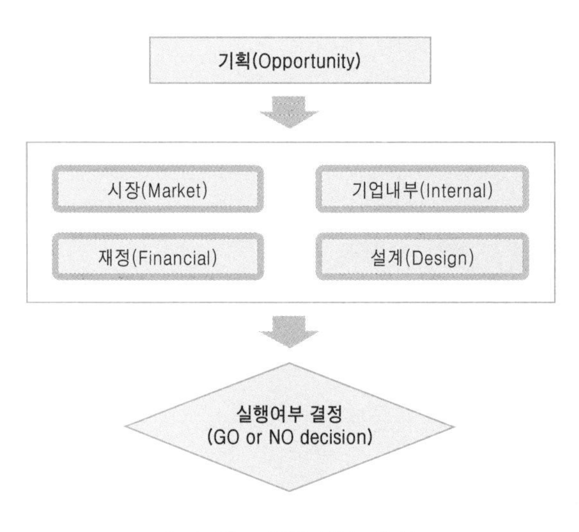

[프로젝트 실행 여부 결정]

1-3. 프로젝트 선정 기법

일반적으로 프로젝트 착수 이전에 조직은 크게 두가지 관점에서 프로젝트를 분석하여 실행 여부를 파악해야 한다. 하나는 프로젝트 포트폴리오 관점이고, 다른 하나는 프로젝트 선정의 관점이다. 프로젝트 포트폴리오는 기업의 전략 목표에 부합하는가, 타 프로젝트에 영향력은 어떠한가, 프로젝트 우선 순위 등을 파악하는 프로세스이며, 프로젝트 선정은 앞서 살펴본 것처럼 프로젝트 그 자체의 타당성을 분석하여 의사결정하는 프로세스이다. 합리적인 의사결정을 위해 여러 지표를 분석하여 경제성 관점에서 파악하는 핵심 기법은 다음과 같다.

미래 가치(FV, Future Value)

예를 들면, 연 이자율이 10%일 때 현재의 100만원이 5년 뒤 갖게 되는 가치를 계산하는 것이다. 고등학교 수학시간 때 배운 복리 계산하는 방식과 같다.

$$FV = 원금 \times (1+이자율)^{년수} = 100(1+0.1)^5 = 100 \times 1.6105 = 161.05만원$$

미래가치

현재의 금액 P가 이자율 R일때 일정기간 A후의 가치는 $PV = P * (1+R)^A$

현재 가치(PV, Present Value)

미래 가치 공식을 반대로 적용하는 것이다. 즉, 연리 10%, 5년 뒤의 161.05만원이 지금 얼마인가를 알고 싶다면 다음과 같이 계산한다.

$161.05 = PV(1+0.1)^5$

$PV = 161.05/(1+0.1)^5$

PV = 100만원

투자 가치 평가

투자 가치 분석이란 프로젝트 수행에 투입될 비용과 프로젝트 완료 후 발생하는 편익에 대한 현금 흐름을 추정하는 것이다. 모든 비용과 편익을 현재 가치로 환산하며, 현재 가치로 환산된 총비용과 총편익을 비교하여 투자 가치를 평가한다.

1) 화폐의 시간 가치를 고려하지 않은 방법

□ 회계적 이익률법(평균 이익률)

1년 단위로 평균 투자액 대비 회계 이익이 얼마가 발생했는지를 계산하는 것이다. 과거 성과를 평가하는 방법으로, 공식을 보면 아래와 같이 데이터를 단순 계산하여 화폐의 시간 가치가 전혀 고려되지 않은 방법임을 알 수 있다.

회계적 이익률 = 회계 이익/평균 투자액

□ 회수 기간법(Payback Period)

얼마를 투자해서 얼마 만에 투자현금을 회수할 수 있게 되는지를 계산하는 것이다. 예를 들어, 포장마차를 하나 시작하고 싶은데 1년 안에 투자 금액을 거둬들일 수 있으면 시작하고, 그렇지 않으면 시작하지 않는다는 식이다. 이 방법은 간단하게 계산해 볼수 있는데다가 '현금 흐름'을 감안한 투자안 평가 방법이며, risk가 고려된 방법이라는 장점을 갖는다. 그러나 화폐의 시간 가치가 고려되지 않고, PP 이후의 현금 흐름에 대해서는 고려하지 못한다는 단점이 있다.

N . O . T . E

현재 가치

미래의 금액 P를 일정 기간 A후에 얻기 위한 이자율 R일 때의 현재 금액
$PV = P/(1+R)^A$

현재 가치에 대한 예

현재 가치에 대한 예로 고사성어인 '조삼모사'를 들 수 있다.
송(宋)나라 저공(狙公)이 원숭이들에게 "아침에 세 개, 저녁에 네 개[朝三暮四]"의 도토리를 준다고 했을 때 원숭이들이 화를 내자,
"그럼, 아침에 네 개, 저녁에 세 개[朝四暮三]"씩 준다 그랬더니 기뻐하였다는 얘기가 바로 "조삼모사"이다. 현금 흐름을 감안한 경제적 가치의 관점에서 보았을 때 朝三暮四 〈 朝四暮三 이니 참으로 사리에 밝은 원숭이들이라고 할 수 있다.

회계적 이익률의 종류

ROE – Return On Equity
(자기자본 대비 이익률)
ROA – Return On Asset
(자산총액 대비 이익률)
ROI – Return On Investment
(투자 대비 이익률)
ROC – Return On Capital
(현금제외 총자산 대비 이익률)

회수 기간법의 단점

6년째 140억원 적자가 발생하는 프로젝트라도 PP법으로는 투자안 채택쪽으로 결정할 수 있다?

☞ 100억원을 투자하여 1년째 20억, 2년째 30억, 3년째 40억원…으로 수익이 증가한다면, 100억원 투자한 원금을 되찾는 데는 3.2년이 걸리게 된다. 곧 3년째까지 총 90억원이 들어오고, 4년째 벌어들일 액수인 50억원의 1/5에 해당하는 10억원만 더 들어오면 원금을 찾는 것이다. 따라서 원금을 찾는 기간은 1년의 1/5인 0.2년을 계산하면 3.2년이 된다. 즉, PP=3.2년인 것이다. 그러므로 '사업을 시작해서 4년 안에 원금을 회수할 수 있다면 채택한다.'고 생각한다면 PP=3.2이므로 위 프로젝트를 채택하게 된다.

N . O . T . E

2) 화폐의 시간 가치를 고려한 방법(현금할인법)

□ 순현재 가치법(NPV Method)

모든 예상되는 현금 유입에서 모든 현금 유출을 차감하는 것이다. 단, 모조리 현재 가치로 바꾸어서 계산한다. 이때 판단 기준은 NPV가 0보다 크면 투자안 채택, 0보다 작으면 투자안 기각이다. 돈이 1원이라도 남으면 투자, 그렇지 않으면 기각인 것이다.

- NPV = 벌어들이는 돈의 현재 가치의 총합 - 지출하는 돈의 현재 가치의 총합
- NPV 〉 0 이면 투자안 채택, NPV 〈 0 이면 투자안 부결
- NPV = 0 인 경우에도 투자를 하는 이유는 프로젝트 수행을 통한 고용효과나 기술 습득 등으로 회사의 가치를 높일 수 있기 때문이다.

현금할인법
(Discounted Cash Flow)

화폐의 가치 평가 방법 중 가장 중요한 방법이다. 유일하게 화폐의 시간 가치를 고려하는 방법이기 때문에 가장 과학적인 방법이기도 하다.

N . O . T . E

순현재 가치법의 예

1000억원을 투자하며 1원이 남으면 과연 투자를 해야 할까? 말아야 할까?

☞ 어떤 프로젝트에 1000억원 정도 투자하면 1년 뒤 1200억원+1원의 수익이 발생한다고 할 때(할인율=20%) 1000억원을 투자하면 1원이 남는다. NPV법에 의하면 NPV가 0보다 크므로 당연히 투자해야 하겠지만 여기에 의문을 가지게 된다.
1000억원 투자해서 1원이 남는다? 과연 투자를 해야 할까, 말아야 할까? 대부분의 경우 리스스에 부담을 주는 상황이 아니라면 투자를 하는 것이 좋다. 왜냐하면 단 1원이 남더라도 투자를 해서 기업 활동을 하게 되면 고용 효과가 커지고, 기술 습득 등을 하게 되어서 기업 가치가 더 올라가게 되기 때문이다.

IRR(내부 수익률법)의 한계

IRR법은 단위기간당 수익률 개념이므로 비교가 편리하나, 다음과 같은 단점이 있다.
- 계산이 어려움 : 여러 기간에 걸쳐있는 경우 고차방정식을 풀어야 함
- 해가 여러개 : 고차방정식인 경우 여러 개의 해가 존재 할 수 있음
- 기간이 다른 경우 비교 어려움 : IRR이 높더라도 기간이 짧은 경우는 향후 투자에 따라 달라지므로 장기간의 IRR과 비교가 어려움.

자본 비용

투자자(채권자 및 주주)들이 제공한 투하 자본에 대한 비용이라는 개념으로, 외부차입에 의한 타인 자본 비용과 주주 등의 이해관계자가 제공한 자기 자본 비용의 가중 평균값(WACC)을 말한다. 자본 비용은 자기 자본 비용과 타인 자본 비용의 가중 평균값인데, 타인 자본 비용은 기업의 금융 비용을 근거로 쉽게 산출될 수 있지만 자기 자본은 기회 비용의 성격으로 실제로 척도되는 비용이 아니어서 재무제표상에 명시되어 있지 않다. EVA가 기업 가치의 극대화를 평가할 수 있는 유용한 경영 지표임에도 불구하고 널리 실용적으로 쓰이지 못한 주된 이유는 바로 자본 비용의 계산이 어렵기 때문이기도 하다.

※ 투하 자본 : 총자본 − 비업무용 투자 자산

※ WACC(Weighted Average Cost of Capital) : 가중 평균 비용이라고 한다. 이는 기업의 총자본에 대한 평균 자본 조달 비용을 말하는데, 자금 도달을 위해 외부에서 빌려온 타인 자본 비용과 자기 자본 비용에 대한 비용을 가중 평균해 산출한 비용이다.

□ 내부 수익률법(IRR–Internal Rate of Return)

어떤 투자안의 NPV가 0이 되게 하는 할인율(=내부수익률)을 구해서 시장에서 평가된 자기 회사의 자본 비용(할인율) 보다 크면 투자안 채택, 그렇지 않으면 기각한다는 것이다. 내부 수익률은 Cash Inflow의 현재 가치 합과 Cash Outflow의 현재 가치의 합이 같게 되는 할인율, 즉 NPV=0이 되게 하는 할인율이다.

□ 편익/비용 비율(BCR–Benefit Cost Ratio)

순현재 가치와 비슷한 개념으로, 어떤 프로젝트의 편익/비용 비율이 1보다 크면 그 프로젝트는 투자 가치가 있다고 판단하는 것이다.

□ 경제적 부가가치(Economic Value Added)

지금까지는 매출 우선, 이익 중심의 경영을 중시하였다. 그러나 이러한 양적 중심의 경영 방식은 고도성장기를 지난 현재와 같은 안정기에는 오히려 기업의 성장을 위협하게 되었다. 따라서 이러한 경영 환경의 변화에 대처하기 위해서는 기업 가치의 증대에 초점을 맞춘 장기적인 관점에서 경영 활동을 수행해야 한다. 이러한 기업 가치의 극대화라는 목표에 부합하는 경영 지표로서 최근 각광받고 있는 것이 경제적 부가가치(EVA : Economic Value Added)이다.

N . O . T . E

경제적 부가가치는 기업이 투자가의 요구 이윤(=기대투자수익률=Cut off Rate=자본 비용)을 넘어서 얼마 만큼의 '재무회계적 이익' 못지 않은 '경제적 수익'을 올렸는가를 가리키는 기업의 척도이다. 즉 경제적 부가가치는 회계상 공포된 세후 영업 이익에서 자본 비용을 차감한 잔액을 말하며, 현금 흐름의 현재 가치에 의한 투자 수익이 자본 비용을 초과하는 크기의 합계로 계산된다. 경제적 부가가치의 계산 방법은 다음과 같다.

□ EVA = 세후 영업 이익 − 자본 비용

EVA의 활용 예

손익계산서

영업 이익	이자 비용	법인세 차감전 순이익	법인세	법인세 차감 후 순이익
1000	(400)	600	180	420

대차대조표

자산	부채	자본
10,000	4,000	6,000

EVA 계산가정) 이자율 : 10%, 자기자본비용 : 15%, 법인세율 : 30%

영업 이익	법인세	세후 영업 이익	총자본비용	EVA
1000	(180)	820	1300	(480)

EVA = 세후 영업이익 − 총 자본비용
= 세후 영업이익 − (타인자본비용 + 자기자본비용)
= (영업 이익 − 법인세) − (이자비용 + 자본 × 자기자본비용)
= (1000 − 180) − (400 + 6000 × 0. 15) = −480

☞ 이러한 투자안을 선택하게 되면 회계상으로는 순이익이 420원이 발생하여 경영자 입장에서는 매력적인 투자안이 될 것이다. 그러나 주주의 입장에서는 이 투자안이 실행될 경우 EVA가 (−) 이므로 기업의 가치가 하락하여 기각되어야 마땅하다.
단순히 회계적 이익에서 법인세를 차감한 후 순이익을 기준으로 경영 성과를 평가하는 것은 자본 조달에 따른 자본 비용을 충분히 반영하지 못하므로, 주

N . O . T . E

주들의 투자가 충분히 보장받지 못하는 결과를 가져온다.
즉, 회계적 이익이 기업에 진정한 이익을 의미하는 것이 아니라, 경영에서 얻어지는 이익이 투자에 소요된 자본 비용을 초과할 때에만 진정한 경제적 이익이 발생했다고 할 수 있는 것이다.

1-4. 사전검토회의 : VRB (Value Review Board)

VRB는 수주사업에서의 사업 타당성 검토의 일환으로서, 단위 프로젝트의 제안 및 수주, 실행에 따른 수행원가 및 성공확률, 자원운용 및 수행역량에 따르는 위험성을 평가하여 수익성 감소를 줄이고 우수한 기회를 보다 잘 포착하기 위한 방법으로써 많이 도입되고 있다. 실제로 국내 S사에서는 프로젝트 현황 분석결과 1,000개 이상의 프로젝트중 95%를 원가-일정-품질 측면에서 성공시키더라도 5%인 50여개 프로젝트의 실패가 성공한 950여개의 프로젝트 성과에 필적한다고 보고한 바 있다.
수주형 산업에서는 프로젝트 수행을 통한 매출 증가, 수익성 달성과 향후 사업기회 증대 등을 목표로 프로젝트를 수주하게 된다. 그러나 최근 수주경쟁 심화에 따라 수익성 달성이 어렵고 향후 사업기회도 불투명해지자 기업들은 향후 사업기회의 포착을 위해서라도 최소한의 수익성을 확보하고, 또한 위험성의 사전 식별을 통한 제거와 기회손실 예방, 수익성 제고 등을 목표로 VRB, PRB(Project review board), 수주평가협의회, 수주검토위원회, 사전수주심의위원회, ORC(Opportunity Review Committee)등의 이름으로 사전 검토 회의를 강화하고 있다.

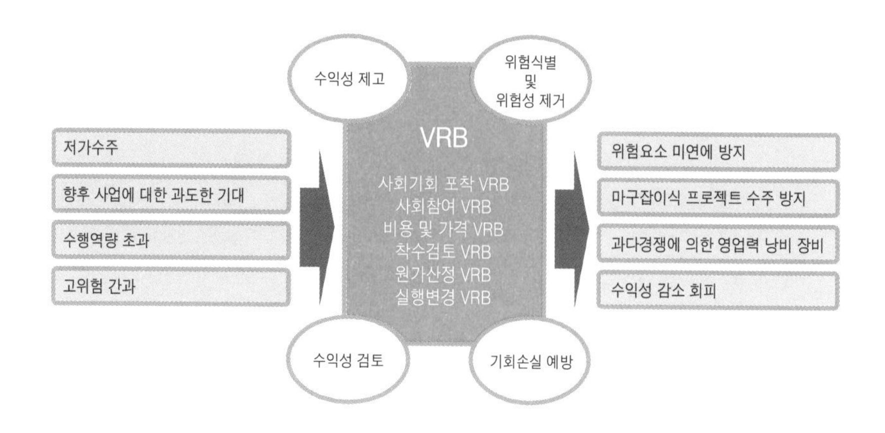

1-5. 정보화 계획 수립

N . O . T . E

조직의 장기적 전략 목표에 따라 수립된 장기 정보화 계획을 토대로 실제 프로젝트를 통해 수행할 업무를 명확히 하고 연간 정보화 계획으로 구체화하거나, 또는 업무 프로세스 개선이나 생산성 향상을 목적으로 수시로 발생하는 필요에 따라 수시 정보화 계획을 수립할 수 있다. 정보화 계획이란 사업의 필요성이나 타당성, 우선순위와 소요 예산, 예상 기간 등을 검토하고 관련부서와의 협의를 거쳐 사업화할 부분을 확정하고, 추진 계획안을 세워 관련 부서에 배포하기 위한 것이다.

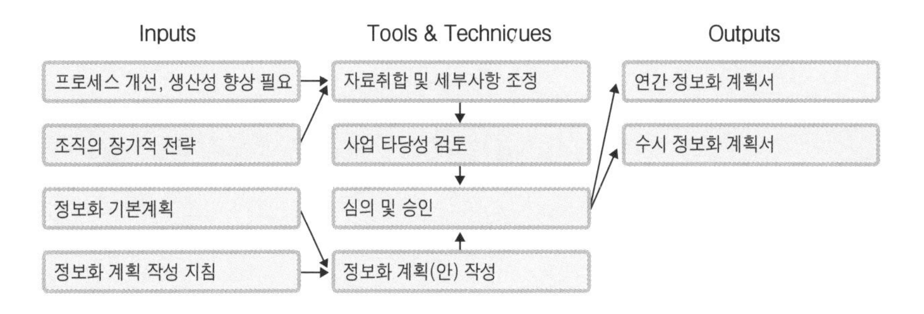

정보시스템 기본 설계

정보시스템 기본 설계에서는 수립된 정보화 계획에 따라 정보화 요구에 따라 범위 및 기능을 확정하고 필요한 자원 파악 및 소요기간, 소요예산을 산정하고, 이에 따라 용역 설계서를 작성한다. 설계의 주체는 발주를 진행할 부서에서 실제 사용하게 될 실무부서 담당자들과의 면담을 통해 진행하게 된다.
개발 요구사항의 분석 및 설계는 실무자들의 요구사항 및 수집, 예산 산정 및 조정, 범위확정의 절차를 갖는다. 이후 설계된 개발 요구사항의 구현을 위해 필요한 자원과 현재 조직에서 보유중인 유휴 인프라와의 gap 분석을 통해 H/W 장비의 구매도 범위에 포함하도록 한다. 소요예산 산정은 기능점수법이나 예비 견적을 통해 개발비용과 구매비용을 추정하며, 산정된 예산을 포함하여 용역설계서를 작성한다. 이때 작성된 용역 설계서는 제안을 위한 제안 요청서의 토대가 된다.

N . O . T . E

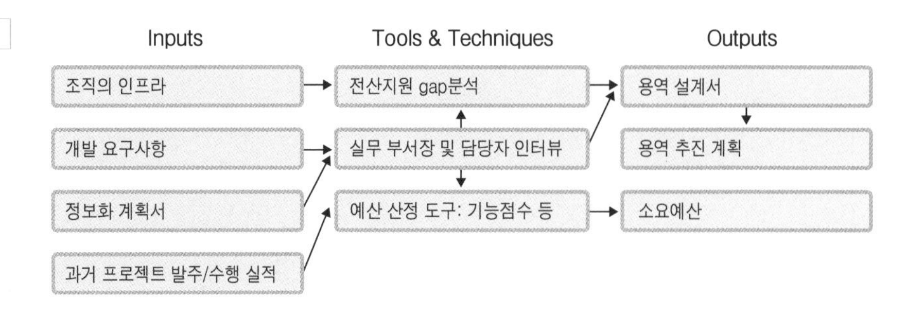

02 프로젝트 제안

2-1. 프로젝트 발주

프로젝트의 발주는 조직에서의 필요성을 내부적으로 충족시킬 수 없는 경우에 조직 외부로부터 제품이나 서비스 또는 결과물을 조달하는 것을 말하며, 실제로 수주산업에서의 발주PM이거나 발주업무를 담당하는 사람에게 필수적인 부분이다. 또한, 실제 프로젝트를 실행하게 될 실행PM 내지는 실행 조직 입장에서도 어떤 배경 및 필요성에 의해 프로젝트가 발생되었는지 아는 것이 프로젝트의 요구사항 분석 및 성공을 위해 필수적인 일이기

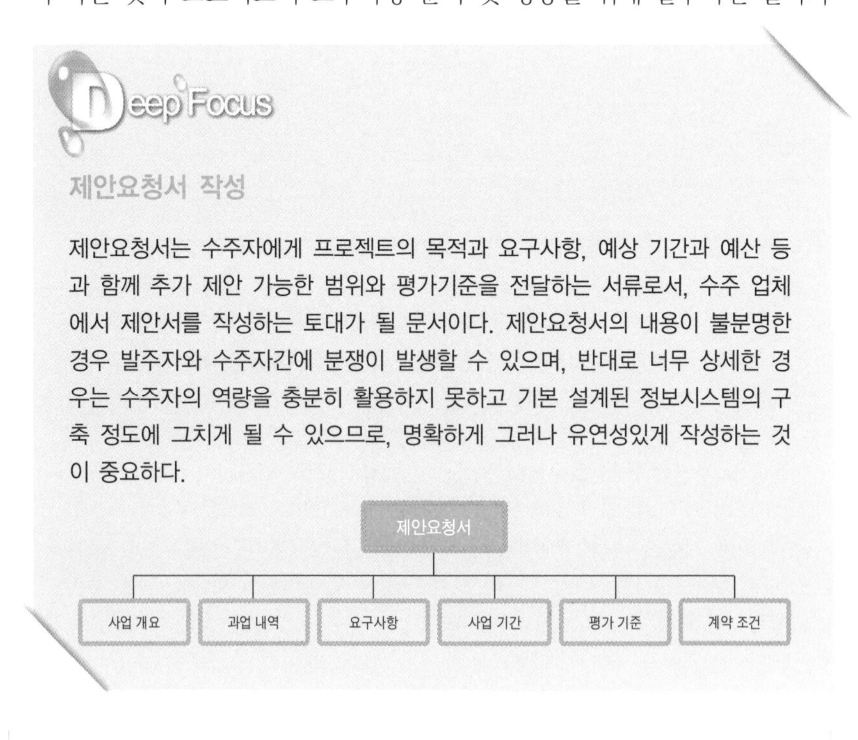

도 하며, 또는 고객사에서 어떤 필요성이 있을 수 있는지 사전에 판단함으로써 신규 프로젝트의 발주를 도와 고객 선도 및 원활한 사업 수주를 유도할 수도 있다.

2-2. 제안서 작성의 이해

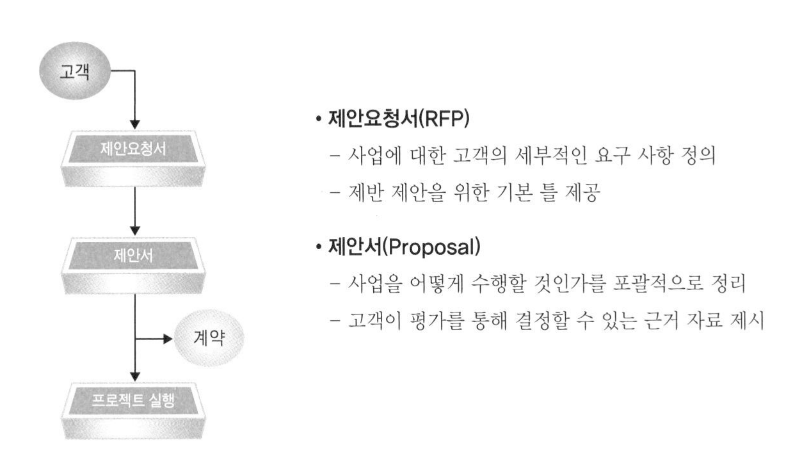

제안서는 사업자 선정을 위한 기술 평가 배점을 상향 조정하여 수주 경쟁을 심화시킨다. 또한 사업 수행 역량을 갖춘 사업자를 판별하는 것이 가능하고, 각 제안 업체별 핵심 구현 방안 및 사업 수행 역량의 검증을 통해 사업자의 역량에 대한 검증이 가능하다. 이와 함께 업체별 보유 역량과 장점을 강조하고, 경쟁사와의 차별화 요인을 강조하는 등 고객 설득을 위한 좋은 기회가 된다.

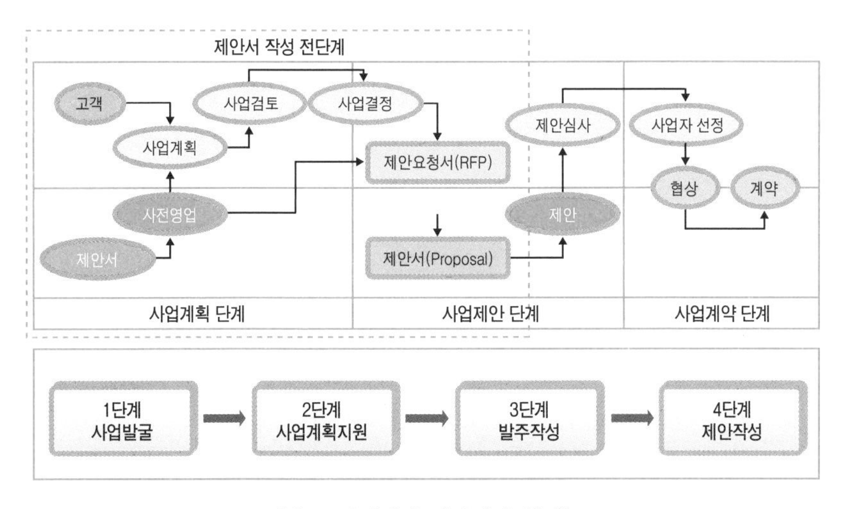

[수주 사업에서 제안서의 위치]

N . O . T . E

제안요청서(RFP)

발주 기업이 선별된 업체에게 구축 업체를 선정하기 위한 전 단계로서 전달된다. 사용자가 자사의 시스템에 대한 요구 사항을 체계적으로 정리한 문서이며, 공급 업체가 제안서를 작성할 때 기본적인 자료로 활용된다.
체계적으로 RFP를 작성하는가에 따라 제안서의 품질이 결정되며, 프로젝트의 성공 여부에도 큰 영향을 미친다.

N . O . T . E

제안서 작성의 3원칙

· 고객의 진정한 Needs에 대한 답변
· 성공적인 사업 수행을 위한 핵심 역량 강조
· 경쟁사 대비 차별화

제안서 작성의 원칙

제안서 작성은 고객의 요구에 대한 구체적 방안과 제안사의 사업 수행 능력을 문서로서 제시하는 과정이다. 제안서는 고객이 제시하는 사업을 효과적으로 수주하는 것이므로 다각적인 요소를 함께 고려하여야 한다.
제안서를 작성할 때는 우선, 고객 만족도를 최우선으로 삼아야 한다. 고객 제안 요청서의 요구 조건에 대한 고객의 최대 만족을 우선 순위로 하여 제안서의 내용을 작성해야 한다. 또한 해당 사업과 관련한 제안사의 보유 역량을 극대화하고, 그 내용을 제안서에 적절하게 표현하는 것이 필요하다. 이와 함께 수주를 받은 후 사업 수행을 위한 투입 자원(인력, 시간)을 고려하여 제안되는 사업의 구체적이고 현실적인 사업 범위를 결정하는 것이 필요하다.

2-3. 제안 작성 절차

	계획수립	전략수립	스토리보드	작성 및 검토	완성	제안발표
제안팀	• Tearning • 제안환경 • RFP 입수 • 표지/제안 디자인신청	• 사업에 대한 이해 • RFP 요구 사항 분석 • RFP 외 고객 핵심요구 사항분석 • 경쟁구도 파악 • 제한작성 전력 도출 • 차별화된 아이디어 도출 • 전략검토	• RFP 기준 목차준수 • 평가항목 반영 • 제안전략 반영	제안초안 완성 / 제안2차 완성 요약서 스토리보드 / 요약서 완성 발표전략 수립 / 발표자료 작성	• 검토결과를 반영한 제안서/요약서 완성 • 인쇄/제출	• 제안발표 자료완성 • 리허설
영업				• 제안서/요약서 완성본 Review		• 발표자료 검토 • 리허설 지도
지원	• 제안환경 지원		• 스토리보드 Review	• 제안서 초안 Review • 제안서/요약서 심사검토		

N . O . T . E

1단계 : 계획 수립

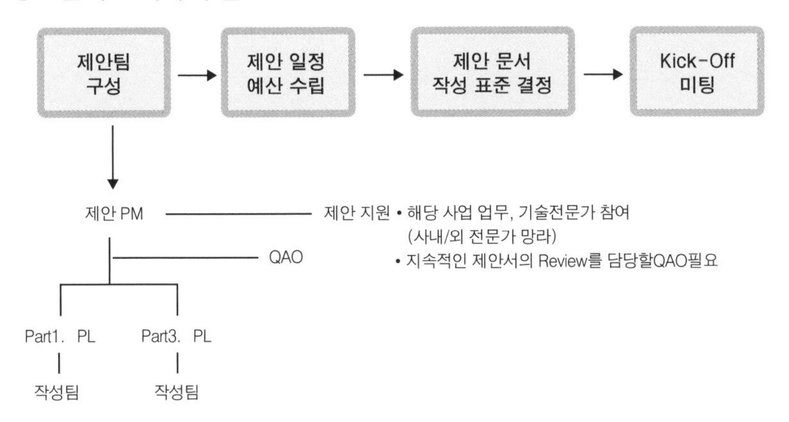

2단계 : 제안 전략 수립

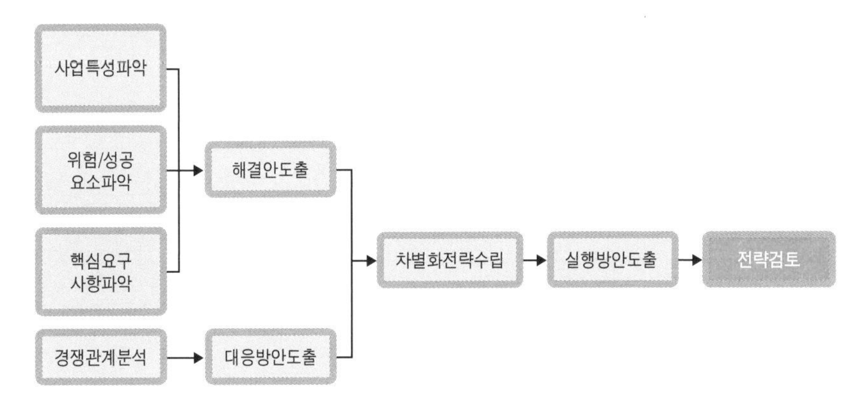

3단계 : 스토리 보드

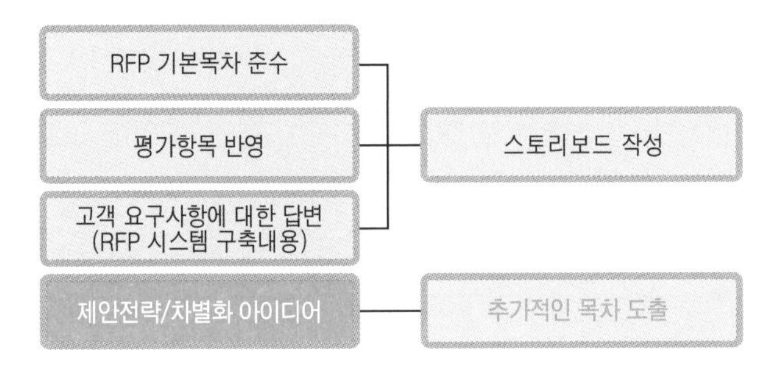

N . O . T . E

4단계 : 제안서 작성 및 검토

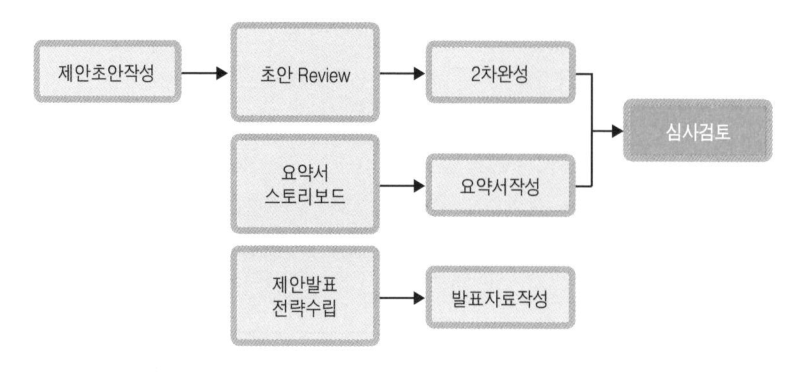

5단계 : 제안서 완성(Production)

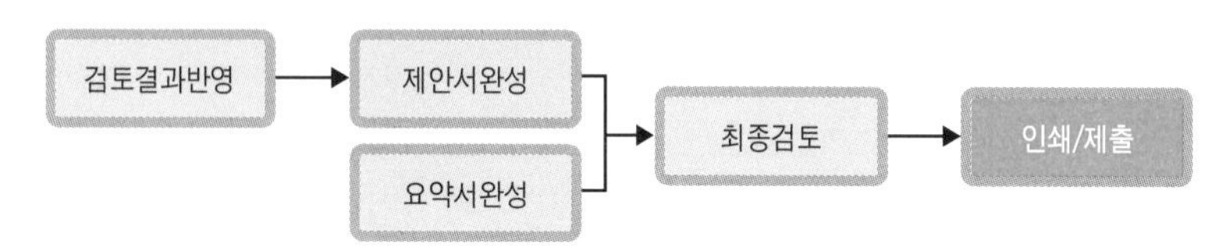

6단계 : 제안 발표

03 프로젝트 견적 사례 : IT프로젝트

3-1. 소프트웨어 사업대가 기준

소프트웨어 사업대가

정보통신부에서 고시하고 한국소프트웨어 산업협회에서 관리하는, 소프트웨어 사업에 대한 대가산정 기준

우리나라는 소프트웨어를 국가 산업으로 육성하고자 1987년 12월에 소프트웨어 개발 촉진법이 공포된 후 1989년 4월에 최초의 소프트웨어 개발비 산정 기준이 고시된 이래, 아래와 같이 산정 방식이 변화되어 왔다. 최신 사업대가 및 노임단가는 한국소프트웨어 산업협회(www.sw.or.kr)에서 '소프트웨어사업대가 기준 전문', '소프트웨어 사업대가의 기준 해설서', 'SW기술자 노임단가'를 통해 확인할 수 있다.

소프트웨어 산정 방식 변천사

N . O . T . E

시기	내 용
1987. 12	소프트웨어개발촉진법 공포 - 소프트웨어 개발과 유통을 촉진함으로써 소프트웨어 산업의 발전과 향후 수출전략사업으로의 육성을 목적으로 함
1988. 10	소프트웨어개발촉진법 시행령 공포 - 소프트웨어개발비 산정의 기준 근거 마련
1989. 4	소프트웨어 개발비 산정 기준 최초 고시(과기처) - 소프트웨어를 국가 전략 산업으로 육성하고자 함 - 본 수, 스텝 수를 기초로 한 산정 방식
1994. 1	개정 고시(과기처) - 기능 점수 모형 도입, 유지 보수 대가 기준 신설, 재개발 개념 도입 - 공정별 생산성 현실화(줄임), 상세 요구 분석 공정 추가, 사후 정산 개념의 도입
1996. 3	개정 고시(정통부) - 소요 공수 중심에서 스텝 수(물량) 중심의 산정 방식 도입
1997. 7	개정 고시(정통부) - 운영 환경 구축비, 데이타베이스 구축비, 자료 입력비, 정보 전략 계획 수립비 등의 산정 기준 추가(소프트웨어 → SI)
2000. 1	소프트웨어개발촉진법 → 소프트웨어산업진흥법 변경 고시
2004. 2	개정 고시(정통부) - 국제 표준(ISO 14143)의 규모 산정 방식을 기능 점수 방식으로 변경 - 엔지니어링 대가기준 체계를 기업 회계 기준으로 변경(통합 단가 도입) - 국제 표준(ISO 12207)의 엔지니어링 공정 체계 도입 - 보정 계수 체계 개선 및 계수 조정
2004. 9	개정 고시(정통부) - 적용목적 정의를 통한 상위법과의 일관성 확보 - 소프트웨어 개발규모 증감조정 및 개발비 사후정산 관련 조문 삭제
2005. 5	개정 고시(정통부) - 데이터구축방식에 따른 작업요소 기반의 데이터베이스 구축비 대가기준 개정
· · ·	개정 고시(과학기술정보통신부) - 소프트웨어 기술자의 등급 및 자격기준 추가 - 정보전략계획수립비, 평균복잡도, 기능점수당 단가, 코드라인당 단가 조정
2023. 12	개정 고시(과학기술정보통신부)

N . O . T . E

소프트웨어 사업 유형

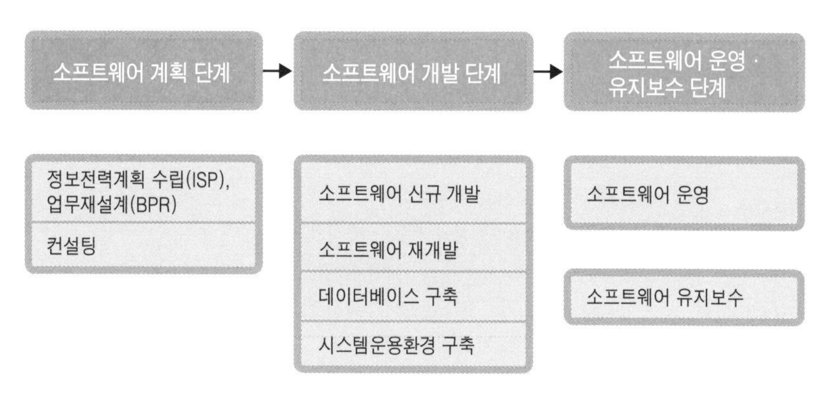

사업 유형별 소프트웨어사업대가 적용 기준

사업 유형	사업 수행 요소	적용 기준
정보전략계획 수립	정보전략계획 수립(ISP), BPR	정보전략계획수립비
소프트웨어 개발	소프트웨어 신규 개발	소프트웨어 개발비
	소프트웨어 재개발	소프트웨어 개발비
데이터베이스 구축	데이터베이스 구축	데이터베이스 구축비
시스템운용환경 구축	시스템 운용환경 설계/공사	시스템 운용환경 구축비
소프트웨어 운영 · 유지보수	추가/변경/삭제 등의 개선	소프트웨어 유지보수비
	어플리케이션, HW, NW 운영	

소프트웨어 사업대가 구성

구분	소프트웨어 개발비	시스템운용환경 구축비	데이터베이스 구축비	정보전략계획 수립비
비용산정 단위	기능점수 코드라인수	시스템운용환경조성비 (공사비)	원시자료유형별 데이터 량	컨설팅지수
비용 구성	①개발원가 ②이윤=개발원가 x 10%이내 ③직접경비 -시스템사용료 -개발도구 사용료 등	①시스템운용환경설계비 - 기본설계비 - 실시설계비 ②시스템운용환경조성비 (공사비)	①인건비 ②제경비=인건비x76%이내 ③이윤=(인건비+제경비) x10%이내 ④직접경비	컨설팅대가= $4,353,231 \times (\text{컨설팅지수})^{0.95}$ +10,000,000

N . O . T . E

소프트웨어 개발비 산정 절차

소프트웨어 개발비의 산정은 개발 규모에 의한 산정방법과 투입인력 수와 기간에 의한 산정방법으로 구분된다.

개발 규모에 의한 산정방법에서는 개발비가 개발원가, 직접경비, 이윤의 합으로 구성된다. 개발원가는 개발규모 산정 후 단가를 곱한 후, 개발 규모, 어플리케이션 유형, 개발언어, 품질 및 특성 보정치를 적용해 계산하는데, 소프트웨어 개발 규모 산정은 기능점수(FP)가 원칙이며, 특성상 코드라인수(LOC)방식이 적정한 경우는 LOC방식을 사용할 수도 있다.

개발 규모에 의한 산정시 개발비 = 개발원가 + 직접경비 + 이윤

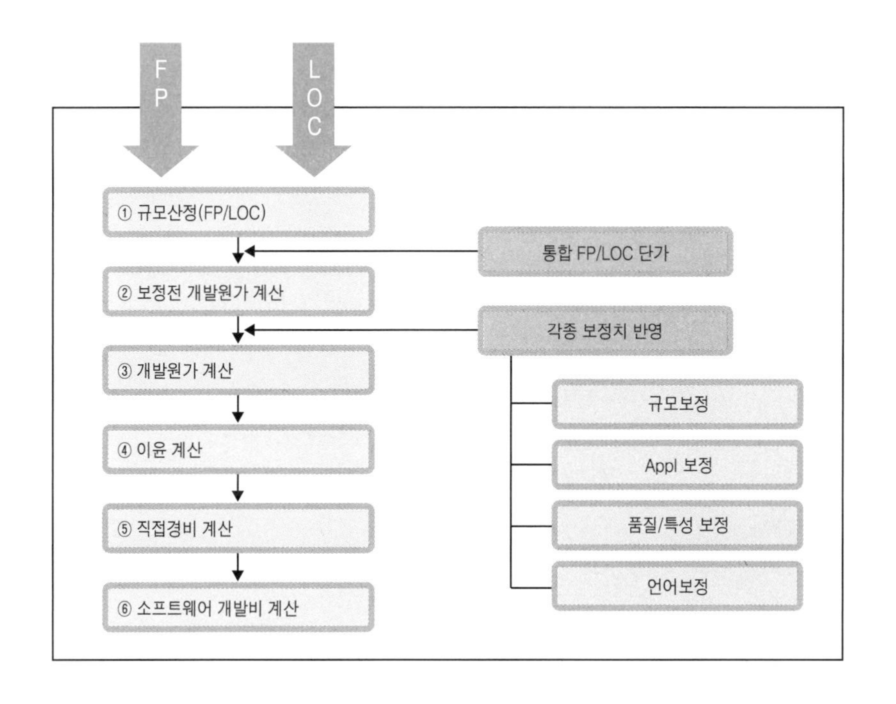

투입인력 수와 기간에 의한 산정방법에서는 엔지니어링 사업대가의 기준(과기부 공고)을 준용할 수 있다. 이 경우는 실비정액가산 방식의 적용이 원칙이며, 실비정액가산 방식에서는 대가가 직접인건비, 직접경비, 제경비, 기술료, 부가가치세의 합으로 구성되는데, 여기서 직접인건비를 소프트웨어기술자 등급별 노임단가를 적용하여 산정한다.

N . O . T . E

> 투입인력 수와 기간에 의한 산정시 개발비
> = 직접인건비 + 직접경비 + 제경비 + 기술료 + 부가가치세

3-2. 소프트웨어 규모 산정

본(本)

본은 업무의 세부 기능을 수행하는 데 필요한 소프트웨어 구조상의 기본 단위인 프로그램을 말하는 것이다. 본은 프로그램간의 결합도는 낮고 프로그램 내부 스텝간의 응집도는 높은 특징을 갖는다. 또한 독립적으로 컴파일 및 실행이 가능한 단위이며, 세부 업무 기능을 수행하기 위한 입력, 조회, 출력 등을 각각의 다른 프로그램 유형의 본으로 본다. 프로그램은 1개 이상의 모듈로 구성되고, 클라이언트- 서버 프로그램의 경우 결합되는 양쪽 프로그램을 1본으로 계산한다는 특징이 있다.

코드라인수(LOC: Line Of Code)

코드라인수는 프로그램 언어인 C, COBOL, FORTRAN, PL/1, ASSEMBLER, PASCAL, RPG, 4GL 등의 규약에 따라 각종 지시 명령을 기술한 최소 단위이다. 단문과 유사한 개념으로, 각 프로그램 언어별로 특수성이 있다. 코드라인수는 프로그램 실행문, 프로그램 선언문, 데이터 선언문 등을 포함한다. 단 주석(Comment)은 제외된다.

어플리케이션명	단위 프로세스 명	언어	코드라인수
교통신호통제시스템	빨간 신호에 대기중인 차량의 인식	C	330
교통신호통제시스템	방향지시등을 켜고 대기중인 차량의 인식	C	430
교통신호통제시스템	보행자 버튼의 활성화 상태 결정	C	230
교통신호통제시스템	기관차 통제시스템과의 상황 정보 교환 및 유지 관리	C	1,340
교통신호통제시스템	모든 신호등을 통제하는 컨트롤 박스 관리	C	1,453
교통신호통제시스템	비상용 차량 인식 및 관련 장비의 비상 상태 활성화	ASM	2,450
교통신호통제시스템	교통 신호 통제 장치에 정상 또는 비상 상태 전달	ASM	1,340
교통신호통제시스템	장비의 비정상 상태 감지 및 관련 장비에 상태 전달	ASM	1,860

기능점수모형(Function Point Model)

변형된 Function Point법에 의하여 계산되는 소프트웨어 규모 측정 단위로서, 사용자 관점에서 소프트웨어 규모를 기능점수로 측정해 주는 방법이다. 기능점수모형은 사용자가 쉽게 이해할 수 있는 의미 있는 측정 수단으로서, 개발 기술과 무관하게 일관된 규모 측정이 가능하고, 설계가 되지 않아도 측정이 가능하며, 경제적인 가치를 평가할 수 있다는 장점이 있다. 그러나 측정에 전문성과 훈련이 필요하다는 단점이 있다.

단위 프로세스명	FP 유형	RET/FTR	DET	복잡도	가중치 (UFP)
수입 신고 정정 현황 조회	EQ	1	9	L	3
수입 신고 정정 내역 조회	EQ	1	20	A	5
타세관 세액 정정 담당자 지정	EI	2	4	L	3
세액 경정 대상 파일 로딩	EI	2	5	A	4
일괄 경정 파일 등록 내역 조회/변경	EQ	3	43	H	6
일괄 경정 파일 등록 내역 조회/변경	EI	3	41	H	6
일괄 경정 등록	EI	6	12	H	6
일괄 경정 파일 등록 내역 조회	EQ	1	12	L	3
세액 경정 신청 일괄 심사	EI	3	14	H	6
상계 내역 등록	EI	10	7	H	6
상계 내역 조회	EQ	2	11	A	4
통합 고지 등록 및 고지서 발행	EQ	2	21	H	7

N . O . T . E

기능점수(Function Point)

IFPUG(International Function Point Users Group)에서 제시하는 소프트웨어 규모산정 방법

CFPS (Certified Function Point Specialist)

IFPUG 에서 인정하는 국제공인 기능점수 규모산정 전문가 자격증

Summary

POINT 1 프로젝트 선정

- 조직에서 프로젝트는 내부/외부로 나누어 볼 수 있다. 내부는 주로 생산성 향상과 경쟁력 제고를 위한 프로젝트이며, 외부는 수익성을 위한 것이다.
- 기업은 프로젝트로 인한 위험을 줄이고 성과를 극대화하기 위하여 사전에 타당성 분석을 진행하여야 하며, 그 기준은 다음과 같다.
  - 시장에서의 성공가능성(Market feasibility)
  - 내부적 준비성(Internal readiness)
  - 재정적 성공가능성(Financial feasibility)
  - 설계 성공가능성(Design feasibility)

- EVA(Economic Value Added :경제적 부가가치)란, 기업이 투자가의 요구 이윤(=기대투자수익률=Cut off Rate=자본 비용)을 넘어서 어느 만큼의 '재무회계적 이익' 못지 않은 '경제적 수익'을 올렸는가를 가리키는 기업의 척도이다.

- 사전검토회의는 수주 프로젝트에서 사업 타당성 분석의 일환으로, 위험성을 평가하여 수익성 감소를 줄이고 우수한 기회를 보다 잘 포착하기 위한 방법이다.

POINT2 프로젝트 제안

- 발주자는 프로젝트 필요 및 요구사항을 정리하여, 제안요청서를 발송한다. 제안요청서는 수주자에게 프로젝트의 목적과 요구사항, 예상 기간과 예산 등과 함께 추가 제안 가능한 범위와 평가기준을 전달하는 서류이다.
- 제안서는 프로젝트 목표물의 핵심 구현 방안을 구체화하고 및 제안사의 사업 수행 역량을 검증한다. 또한 제안사 보유 역량을 평가하고 경쟁사의 차별화 요인을 파악할 수 있다.
- 제안 작업은 ①계획 수립 ②제안 전략 수립 ③스토리보드 ④제안서 작성 및 검토 ⑤제안서 완성 ⑥제안 발표의 순서로 이루어진다.

Key Word

- 제안요청서(RFP)
- 정보화 투자 평가
- 델 파이 분석
- EVA, FV, PV

:: Template – 제안 평가 조견표(일부)

대항목	중항목	평가요소	해당 목차	페이지
조직 관리 기술	일정계획	개발단계/기간설정의 적정성 최종목표 달성가능성	Ⅳ.2 추진일정계획	Ⅳ-21~24
	관리 방법론	문서화계획 및 조직/인력관리	Ⅳ.3.2.3.6 문서관리	Ⅳ-42~46
			Ⅳ.3.2.3.5 인력관리	Ⅳ-40~41
		중간산출물제작 및 비용집행계획	Ⅳ.3.2.3.6 문서관리 (산출물내역 및 제출시기)	Ⅳ-45~46
			Ⅳ.3.2.3.9 비용집행계획	Ⅳ-52~53
		형상 및 위험관리	Ⅳ.3.2.3.4 형상관리	Ⅳ-38~39
			Ⅳ.3.2.3.3 위험관리	Ⅳ-36~37
		프로젝트 지연대비방안 및 진척관리	Ⅳ.3.2.3.2 진척관리	Ⅳ-34~35
	개발 조직	개발팀 편성체계	Ⅳ.4.2 사업수행조직	Ⅳ-55~56
		개발참여요원 수	Ⅳ.5.3.1 투입인력규모	Ⅳ-61
		개발참여요원 자질 (학력, 경력, 자격증 등)	[별첨1]참조	
		인적구성의 적정성	Ⅳ.5.1 인력선발 및 배치방안	Ⅳ-59
		투입인력확보방안	Ⅳ.5.1 인력선발 및 배치방안	Ⅳ-59
		기술수준	Ⅳ.5.3.2 참여인력총괄표	Ⅳ-62
지원 기술	시험 운영	시험운영의 방법	V.1.3.2 시험운영절차	V-10
		시험운영의 내용	V.1.1 시험 및 시험운영 방안	V-1
			V.1.3.1 시험운영 전략	V-9
			V.1.3.3 시험운영 지원조직	V-11
		시험운영의 일정 및 조직	Ⅳ.2 추진일정계획	Ⅳ-21~24
	교육 훈련	교육훈련의 방법	V.2.2 교육훈련방안	V-13
		교육훈련의 내용	V.2.6. 교육훈련내용	V-17
			V.2.7. 교육과정 및 일정	V-18~21
		교육훈련의 일정 및 조직	V.2.7. 교육과정 및 일정	V-18~21
			V.2.4. 교육훈련조직	V-15
		분야별 사용자지침서 제공계획	V.2.6. 교육훈련내용	V-17
	유지보수 및 기술이전 방안	유지보수방법	V.3.5 유지보수 절차	V-26
			V.3.6 유지보수 원격지원	V-27
		에러수정방안	V.3.7 유지보수 방안	V-28~31
			V.3.5 유지보수 절차	V-26
		기능수정 및 확장방안	V.3.7 유지보수 방안	V-28~31
		성능향상방안	V.3.7 유지보수 방안	V-28~31
		성능조율방안 및 사후방안	V.5.2 시스템 운영방안	V-47~57
		유지보수 및 기술이전 조직	V.3.3 유지보수 조직	V-24
		발주자와의 협력관계(사후관리의 연속성)	V.4.7 기술이전 조직	V-39

Project Management

PART 04

프로젝트 착수

Project Management Situation

차PM과 팀원들이 고객인 임사장님과 관련자들을 모시고 프로젝트 착수 회의를 하고 있다.

차 PM 이번 S항공 신정보시스템 구축에 참여할 수 있도록 해주셔서 대단히 감사 드립니다. 반드시 납기 내에 성공적으로 프로젝트를 완수할 것을 약속 드립니다.
임사장 국내 SI분야 최고인 S사에서 저희 시스템 구축에 참여하여 주셔서 감사 드립니다. 한가지 당부드릴 말씀이 있는데, 이번에 구축할 시스템은 당사의 핵심 정보 시스템으로서, 이 시스템이 중단된다면 당사의 모든 업무가 중단됩니다. 그만큼 중요한 시스템이므로, 한치의 오차 없이 가동될 수 있는 시스템 구축을 부탁 드립니다.
차 PM 사장님께서 말씀하신 것과 같이 정확하며 신뢰성이 강한 시스템을 구축하도록 최선의 노력을 다하겠습니다.

그 후 차PM과 팀원들이 내부 회의를 진행하고 있다.

차 PM 이번 프로젝트는 우리가 반드시 성공시켜야 하는 시스템입니다. 그러나 우리는 이번 시스템에 대한 경험이 없는데다가, 원가, 납기, 품질면에서 많은 위험이 도사리고 있습니다. 우리 모두가 프로젝트를 성공시키기 위해 일심 단결해야 합니다.
김영호 차PM님은 이번 프로젝트의 성공 확률을 어느 정도로 보십니까?
차 PM 현재는 50%이지만 우리가 열심히 노력한다면 반드시 성공할 것입니다.
최민희 그럼 우리는 지금부터 무엇을 해야 될까요?
차 PM 우선, 프로젝트 관리 계획서를 만들고 시스템 개발 원가를 산정해 봅시다. 개발 원가를 산정하기 위해 업무 범위를 세분화하여 모두 함께 파악해 봅시다.
팀원들 예, 알겠습니다.

Check Point

- 프로젝트 헌장은 무엇입니까?
- 프로젝트 관리 계획서는 어떻게 작성해야 합니까?
- 프로젝트 관리 소프트웨어의 기능은 무엇입니까?

N . O . T . E

헌장(Charter)의 사전적 정의

A document issued by a sovereign, legislature, or other authority, creating a public or private corporation, such as a city, college, or bank, and defining its privileges and purposes. 시나 대학과 같은 공공기관이나 회사에서 발행한 권리나 목적을 기술한 문서

프로젝트 헌장(Project Charter)

프로젝트의 착수 근거가 되는 공식적인 문서. 프로젝트 스폰서의 결재를 받은 기안문의 형태로, 프로젝트의 배경 및 개요, 기본정보, 계약사항을 포함할 수 있고, PM을 임명하는 문서이기도 함.

1 프로젝트 헌장

1-1. 프로젝트 헌장

프로젝트 헌장은 프로젝트에 대한 개략적인 설명과 범위를 정의한 문서로서, 프로젝트 외부에 있는, 통상 PM보다 권한이 높은 상위 관리자(Sponsor)에 의해 작성된다. 프로젝트 헌장은 프로젝트 관리자(PM)를 임명하고 적절한 권한을 부여하여 자원과 예산을 할당 받을 수 있게 하는 것으로서, 프로젝트의 목적과 목표를 명시한 것이다.

프로젝트 헌장의 목적

- 상위 차원에서의 프로젝트의 목적과 주요 산출물 및 마일스톤을 명시한다.
- 팀 구성원과 고객의 프로젝트 대한 이해도를 높이고, 프로젝트에 대한 합의를 이끌어 낸다.
- 이해관계자와 스폰서를 인식하여 프로젝트 의사 소통을 원활히 한다.
- 위험이나 이슈를 조기에 언급하여 프로젝트 성공률을 높인다.
- 프로젝트 성공 여부에 대한 측정 기준을 제시한다.

1-2. 프로젝트 헌장의 구성 요소

프로젝트명

명시적이고 간략하게 기술하며 다른 프로젝트 명과 중복되거나 혼동되어서는 안된다.
ex) A은행 프로세스 관리 솔루션 구축

프로젝트 미션

프로젝트를 통해 달성하려는 전략적 비젼이며, 2줄 이내로 기술한다.
ex) A사의 현 시스템을 차세대 E-Procurement 솔루션으로 대체하여 효율적 구매 시스템을 구축한다.

프로젝트 목적

프로젝트 미션을 산출물 내지 달성 대상으로 구체화 한 것으로, 2~4줄 정도로 작성하는 것이 적당하다. 넘버링을 통해 여러 개를 기술할 수 있으며, 높은 차원의 관점에서 프로젝트의 성공 여부를 파악할 수 있다. 프로젝트를 통해 달성하고자 하는 효과에 대한 요약서로 측정이 가능하다.

ex) 향후 11개월 내에 소프트웨어 개발 비용을 35% 줄이며, 개발 프로젝트당 재작업률을 15% 이내로 들어오게 한다.

프로젝트 범위

프로젝트에서 무엇을 달성해야 하는지를 기술하며, 무엇을 달성하지 않아야 하는지에 대해서도 필요에 따라 기술한다. 주요 산출물과 그것에 대한 간략한 설명, 개발시 사용해야 하는 기술 및 기법에 등을 포함한다. 프로젝트 수행 절차 및 작업이 프로젝트 미션과 목표에 부합하는지에 대한 경계를 제시한다.

ex) 데이터 웨어하우스(DW)의 구축

1. 아키텍처적으로 검증받은 DW에 소비자의 자사 제품 구매시 발생하는 데이터를 저장한다.
2. 데스크탑 환경에서 DW에 접근할 수 있는 사용자중심의 접근방식을 제공한다.
3. 사용자에게 DW를 통해 모든 데이터를 조회할 수 있는 능력을 제공한다.

N . O . T . E

데이터 웨어하우스(DW)

1980년대 중반 IBM이 자사 하드웨어를 판매하기 위해 처음으로 도입했던 개념으로서, 사용자의 의사 결정에 도움을 주기 위해 다양한 운영 시스템에서 추출, 변환, 통합하고 요약한 데이터베이스를 말한다. 운영 시스템과 달리 고객과 제품, 회계와 같은 주제를 중심으로 데이터를 구축한다. 모든 데이터가 일관성을 유지하여 데이터 호환이나 이식에 문제가 없으며, 동시에 장기적으로 유지될 수 있다.

프로젝트 매니저

프로젝트를 수행할 해당 프로젝트 매니저를 지정한다.

프로젝트 완료일

프로젝트 완료나 주요한 중간 산출물의 완료 일자를 지정한다.

ex) 컨퍼런스는 강남구 리츠칼튼 호텔에서 2025년 3월 12일부터 15일까지 열린다.(프로젝트명 - 2025년 PMP 정기 컨퍼런스 개최)

고객 인수 기준

고객의 최종 산출물 인수에 대한 승인을 판단하기 위한 기준을 제시한다. 프로젝트 팀원들에게 고객이 무엇을 원하는지를 명시하여 최종 산출물에 정확히 반영할 수 있도록 돕는다. 모호한 문구는 사용하지 않으며 측정 가능하게 내용을 기술한다.

N . O . T . E

ex) 1. 컨퍼런스는 최소 120명 이상이 참석한다.
2. 국내 PMP의 40% 이상이 컨퍼런스에 참석한다.
3. PMP 컨퍼런스에 대한 홍보를 통해 PMP의 중요성을 부각시킨다.
4. 종료 후 받은 컨퍼런스 구성, 부교재, 내용 등에 한 만족도가 75점 이상이어야 한다.(프로젝트명 – 2025년 PMP 정기 컨퍼런스 개최)

결재

프로젝트와 관련한 주요 Stakeholder들에게 헌장에 대한 승인을 얻는다.

그 밖의 필요에 따라 기술되는 요소들

프로젝트 배경, 팀 구성, 제한 조건, 가정, 타 프로젝트 대비 우선 순위, 위험, 마일스톤, 제출보고서 정의 및 보고 대상, 관련 프로젝트, 현재 상황, 대안 분석, 예산, 자금 출처

1-3. 프로젝트 헌장의 의의

프로젝트 헌장은 프로젝트의 공식적인 첫 출발점이다. 그러므로 이해당사자들이 프로젝트를 이해하고, 프로젝트가 실제로 착수되기 전에 프로젝트 상위 관리자(sponsor)와 자신들의 요구 사항을 논의할 수 있는 기회를 프로젝트에서 제공해야 한다. 또한 프로젝트 진행 과정 중 되도록 앞 단계에서 이해당사자들의 요구 사항(requirement)과 기대치(expectation)을 반영하는 것이 프로젝트 헌장의 변경을 최소화하고 성공적으로 프로젝트를 이끌 수 있는 중요한 요인이 된다. 이와 같이 제작된 프로젝트 헌장은 관련된 조직이나 개인에게 공표되어야 한다.

02 프로젝트 관리 계획

2-1. 프로젝트 관리 계획서

프로젝트 관리 계획서는 세부적인 계획들을 정의, 준비, 통합, 조정하기 위해 필수적인 활동들을 정의한 문서이다. 프로젝트 관리 계획서에는 필요한 모든 보조 계획들을 정의하고 통합 및 조정하는데 필요한 조치들을 포함하며, 이는 프로젝트의 복잡한 정도나 적용 영역에 따라 달라질 수 있다. 변

N . O . T . E

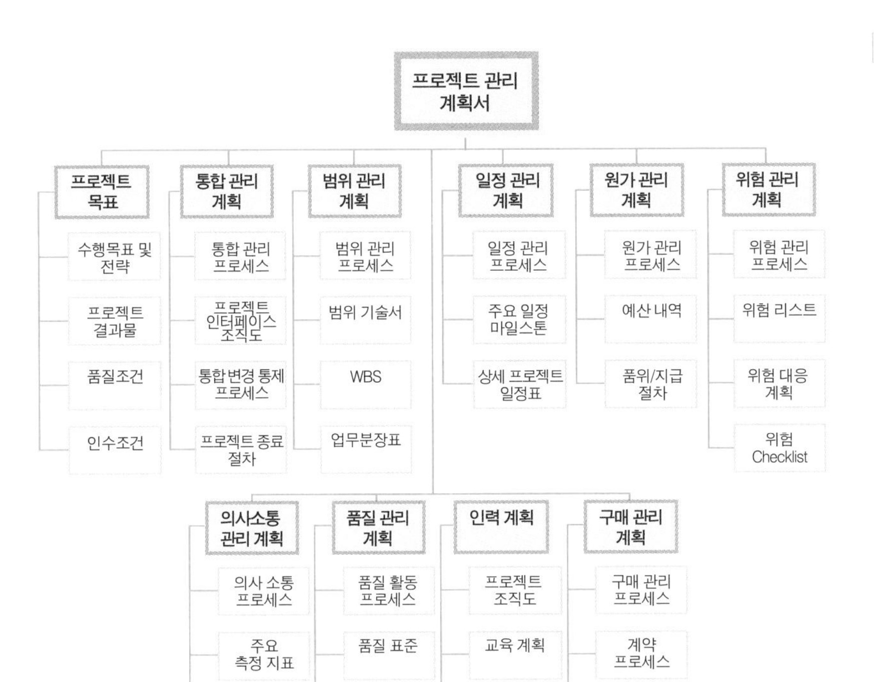

경이 필요할 경우에는 통합 변경 통제 프로세스를 통해서 개정되고, 프로젝트를 수행하거나 감시 및 통제 종료 방법을 정의하고 있다.

프로젝트 관리 계획서의 목적은 "프로젝트의 결과물을 목표한 기간 내에 정해진 예산 안에서 높은 수준의 품질을 가지고 달성하기 위한 모든 활동의 표준 절차"를 정하는 것이다.

- 중복되거나 누락된 업무 방지
- 프로젝트 기간 준수
- 승인된 예산내의 지출
- 높은 수준의 품질 유지
- 프로젝트 목표 달성을 위한 일관성 있는 개별 업무 활동
- 위험 사건의 최소화
- 의사소통의 기준
- 용어 및 기준 지표에 대한 정의

N . O . T . E

2-2. 프로젝트 관리 계획서 구성

프로젝트 관리 계획서는 프로젝트가 정해진 목표를 향해 나가는 과정에 대한 절차서라고 할 수 있다. 따라서 프로젝트 생명주기 동안의 모든 영역에 대한 활동계획을 담고 있어야 하며 프로젝트의 목표를 달성하기 위한 역할, 책임, 절차, 수행활동, 템플릿, 기준지표에 대한 정의서 역할을 하게 된다.

계획 프로세스 그룹의 산출물 집합

- 프로젝트 팀에 의해 선정된 프로젝트 관리 프로세스
- 선택된 프로세스의 구현 단계
- 프로세스를 완수하는데 사용할 도구와 기법 설명
- 프로세스 간 의존도 및 상호작용을 포함하여 특정 프로세스를 프로젝트 관리에 사용할 프로세스 선정 방법 및 필수 입력물과 산출물의 선택 방법
- 변경사항 감시 및 통제 방법
- 형상 관리(Configuration management) 수행 방법
- 성과 평가 기준선 적용 및 관리 방법
- 이해당사자 사이의 의사소통 필요성 및 기법
- 현 현안 및 중단된 의사결정을 해결하기 위한 내용, 범위, 시간에 대한 주요 관리사항 검토
- 프로젝트 관리 계획서는 간단하게 작성할 수도 있고, 하나 이상의 보조 계획을 포함할 만큼 복잡할 수도 있다.

포함 가능한 보조 계획서

- 프로젝트 범위 관리 계획서
- 일정 관리 / 원가 관리 / 품질 관리 / 프로세스 개선 / 인력 관리 / 의사소통 관리 / 위험관리 / 구매 관리 계획서

그 외 가능한 구성요소

- 마일스톤 목록
- 자원 현황 달력
- 일정 기준선, 원가 기준선, 품질 기준선
- 위험 등록부

3 프로젝트 관리 소프트웨어

N . O . T . E

3-1. 프로젝트 관리 소프트웨어

PMIS(Project Management Information System)

PMIS, 혹은 프로젝트 관리 도구란 효율적인 프로젝트 관리를 위한 도구 전체를 말하며, 보통은 프로젝트관리 자동화를 도와주는 툴을 뜻한다. 혹은 좁은 의미로 프로젝트의 일정 또는 범위, 원가 등을 계획 및 통제할 수 있도록 하는 상용화된 솔루션을 의미하기도 한다.
넓은 의미의 PMIS는 일정 소프트웨어, 형상관리시스템, 정보 취합 및 분배 시스템, 프로젝트 웹 인터페이스, 프로젝트 관리 문서 작성 툴, 실행과 감시 및 통제 도구, 향후 예측, 기록관리 등 특정 업무에 국한되지 않은 통합적인 기능을 수행하기 위하여 사용된다. 이러한 PMIS는 솔루션에 의한 것 보다는 소식의 프로세트 관리 절차를 표준화하기 위해 조직에 맞는 시스템을 개발해서 사용하는 것이 일반적이다.

PMIS

사내 포탈의 프로젝트 관리시스템, 위험관리 시스템, 예산 계획대비 실적관리화면 등

PMS (Project Management Software)

PMIS의 좁은 의미인 PMS는 프로젝트의 계획, 감시, 통제를 위한 자동화된 소프트웨어로서, 원가산정, 일정관리, 의사소통, 협업, 형상관리, 문서관리, 기록관리, 위험분석 등을 수행하기 위해 사용된다. Project management system의 PMS는 프로젝트 관리 프로세스와 도구, 기법, 방법론, 자원, 절차 쪽에 초점이 맞추어진 표현이라면 project management software는 솔루션을 통한 방법을 의미한다고 보아야 한다.

Gartner의 2020년 자료에서는 프로젝트 및 EPM 어플리케이션들을 다음페이지의 그림과 같이 비교하였다. 윗쪽에 위치할수록 기술력이 높은 업체이며, 우측에 위치할수록 선도하는 제품이다. Microsoft Project, P6, Planview등이 세계적으로 많이 활용되는 프로젝트 관리솔루션들이다.

N . O . T . E

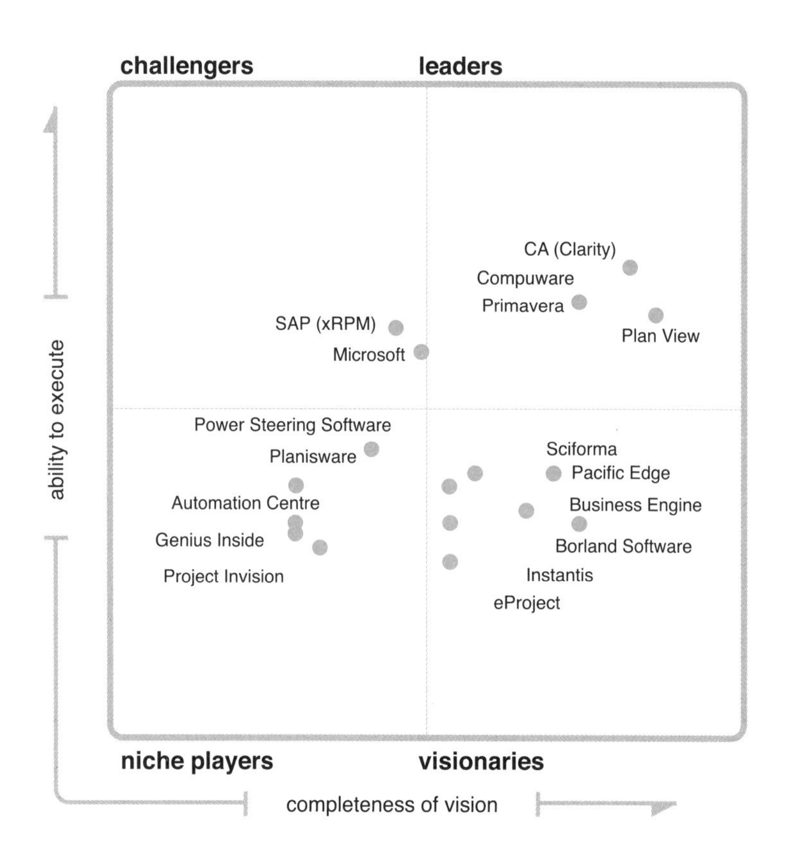

3-2. 프로젝트 관리 소프트웨어 주요 기능

- 계획 수립

프로젝트 성공을 위하여 계획의 작성이 중요하다. 실제로 프로젝트의 9개 관리영역 중 4가지 영역이 계획을 위한 것을 감안하면 계획이 얼마 중요하게 다루어 지고 있는지 알 수 있다. 프로젝트 관리 소프트웨어는 보다 현실에 충실하고 변경이나 위험에 대비한 유연한 계획을 수립하도록 지원한다.

- 일정 관리

프로젝트의 성패를 가름하는 중요한 요소 중 하나는 일정이다. 프로젝트 관리자는 언제나 납기를 맞추기 위해 노력하는데, 이를 위해 간트차트(Gantt Chart)나 마일스톤(Milestone) 등의 툴을 이용한다. 프로젝트관리 소프트웨어는 이러한 것을 충실히 구현하고 부가적으로 주요공정(CPM)등의 일정 분석기능을 제공해야 한다.

N . O . T . E

- 진척 관리

프로젝트는 많은 시간과 자원을 투입하여 목표를 달성하는 것이기 때문에 업무 진행상황을 모니터링하고 조정하는 것은 프로젝트 관리자에게 있어 필수 업무이다. 프로젝트관리 소프트웨어는 이를 위해 계획 대비 실적 뿐만 아니라, EVA(Earned Value Analysis)를 통한 현재 상황에 대한 정확한 뷰와 예측정보를 통해 프로젝트 관리자가 프로젝트 진척상황에 대해 정확하게 판단하도록 해야 한다.

- 자원 관리

프로젝트 관리자는 가용 자원을 확보하고 이를 적절한 업무에 배치하여 효과적으로 운용하고자 한다. 이를 하나의 통합된 페이지에서 목록화하고 전체 프로젝트관리 계획 및 상황에 유기적으로 연결하여 관리하도록 지원해야 한다. 이는 곧 자원의 생산성 측정과 향상을 위한 정보로 사용된다.

- 비용 관리

보통 프로젝트 관리자는 프로젝트에 할당된 비용의 전체적 운용에 관한 내용만 관리할 뿐 자세한 것은 재무/회계 부서의 업무이다. 하지만 계획과 자원 그리고 진척을 통합한 자료로 분석되어 나오는 비용에 관한 데이터는 프로젝트가 올바른 방향으로 가고 있는지에 대한 구체적 데이터로 프로젝트의 성공의 중요한 요소이다.

- 보고서 작성

경영진을 비롯한 핵심 이해관계자들은 프로젝트 상황을 보고 받고 앞으로의 상황을 논의하려고 한다. 이를 위한 보고서 작성은 프로젝트 관리자의 핵심업무이지만 이해관계에 따른 요청 데이터가 서로 틀리기 때문에 쉽지 않은 작업이다. 프로젝트관리 소프트웨어는 프로젝트 데이터를 이용하여 보고서를 효율적이고 쉽고 빠르게 작성할 수 있게 하는 기능이 필수적이다.

- 데이터 분석

프로젝트는 그 자체가 일정, 진척, 원가, 위험, 자원 등의 수많은 데이터를 갖고 있다. 이 데이터를 분석하여 대처하는 것은 성공적인 프로젝트를 위해 필수적이다. 프로젝트관리 소프트웨어는 이들 데이터를 분석하고 필요한 정보로 변경하여 의미 있는 데이터로 생성하는 기능을 제공해야 한다.

N . O . T . E

- 위험 관리

프로젝트에 영향을 끼치는 발생 가능한 모든 긍정/부정적 사건이 위험사건이다. 따라서 프로젝트 관리자는 위험사건의 발생확률과 영향력을 관리하기 위한 역량을 가지고 있어야 한다. 프로젝트관리 소프트웨어는 위험사건을 식별하고 분석하며 통제하는데 효과적인 기능을 갖추어야 한다.

- 의사소통

이해관계자들을 효과적으로 관리하기 위해 가장 기본이 되는 것은 이를 수행하는 이들 간의 의사소통이라 할 수 있다. 프로세스에 기반한 프로젝트 관리 소프트웨어는 하나의 적절한 툴로 작용하여 의사소통을 지원하는 툴로서의 역할을 수행해야 한다.

- 다수 프로젝트관리

프로젝트관리 소프트웨어의 통합성은 프로젝트 관리자가 다수의 프로젝트(프로그램)을 관리하는 것을 가능하게 하며, 또한 서브 프로젝트나 외주업무까지 관리가 가능하게 한다. 프로젝트 관리자는 다수 프로젝트를 실시간으로 통제하고 계획 및 핵심 이해관계자의 요구를 반영한 관리업무를 수행할 수 있다.

3-3. 프로젝트 관리 소프트웨어의 선정

PMS 선정은 두 가지 관점이 있다. 조직에서 PMS를 선정할 때, 첫째는 프로세스 또는 조직체계를 얼마나 반영할 수 있느냐는 것이다. 프로젝트 관리는 다양한 분야의 여러가지 업종에서 모두 필요하다. 도입되는 솔루션을 조직이 따라 조직변경이 수반된다면 조직 내 다른 업무혁신과 함께 도입되기가 쉬우므로 적시 사용이 어려울 수 있다. 둘째는 실제 필요성에 얼마나 적합하냐는 것이다. 일정 중심으로 관리할 것인지, 진척도 위주로 관리할 것인지 등을 말한다. 셋째, 경우에 따라 원하는 기능이 구현되어 있지는 않으나 확장가능한 형태인 경우는 기존 시스템과 어떻게 연동할 것인지, 기술적인 어려움은 없는지 고려해야 한다. 넷째, 무엇보다도 프로젝트 관리자의 입장에서는 사용하기가 얼마나 편하냐는 것이 중요한 문제일 것이다. 다양한 보고서가 지원되는지, 사내에 축적된 템플릿이 있는지 등이다. 마지막으로 가격도 중요한 요소이다. 그 외에 프로젝트가 다양한 만큼 솔루션들도 나름의 특색이 있는데 MSProject는 IT 프로젝트에 좀더

N.O.T.E

잘 맞고, P6는 건설 프로젝트에 더 잘 맞는다는 등이지만, 기본적으로 프로젝트의 특성은 업종에 관계없이 유사하므로 어떤 솔루션을 선택해도 별무리는 없다.

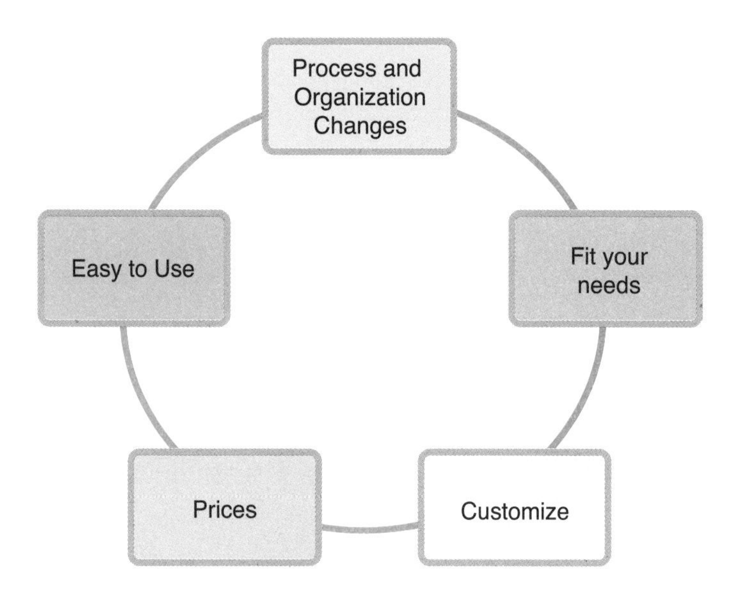

[PMS 선정 5대 요소]

Summary

POINT 1 프로젝트 헌장

● 프로젝트 헌장은 프로젝트에 대한 개략적인 설명과 범위를 정의한 문서이다.
프로젝트 상위관리자(Sponsor)에 의해 작성되며, 프로젝트 관리자(PM)의 임명과 권한 부여와 프로젝트의 목적과 목표를 명시한다.

POINT2 프로젝트 관리 계획서

● 프로젝트의 결과물을 목표한 기간 내에 정해진 예산 안에서 높은 수준의 품질을 가지고 달성하기 위한 모든 활동의 표준 절차서이다.

POINT3 프로젝트 관리 소프트웨어

● 효율적인 프로젝트 관리를 위한 도구 전체를 말하며, 보통은 프로젝트관리 자동화를 도와주는 툴을 뜻한다. 혹은 좁은 의미로 프로젝트의 일정 또는 범위, 원가 등을 계획 및 통제할 수 있도록 하는 상용화된 솔루션을 의미하기도 한다.

Key Word

- 프로젝트 헌장
- DW
- PMIS
- PMS
- 프로젝트 관리 계획서

다음과 같은 프로젝트 관련 진행 상황을 읽고 프로젝트 헌장을 만드시오.

소프트웨어 및 IT 산업 전반에 컨설팅을 제공하는 MAIS Group 은 2주 후에 창립 5주년을 맞는다. 5주년을 기념하고 이 기회에 좀더 시장에 회사를 홍보하기 위해서 창립 5주년 기념 행사를 2025년 3월 20일부터 이틀 동안 삼성동 인터컨티넨탈 호텔에서 개최하기로 하였다.

기념 행사의 일환으로 “소프트웨어 산업 경쟁력 강화” 포럼을 개최하여 아시아에 있는 각 소프트웨어 업계의 리더들을 초청하여 이틀 동안 ‘주요 경쟁력 강화 분야’ 와 ‘성공스토리’ 에 대한 토론을 진행하게 된다.

이 행사는 고객과 잠재 고객에게 MAIS Group이 어떤 기업이고 어떤 일을 하는지를 알리는 것이 주요한 목적이며, 부가적으로는 기존 고객들에게 MAIS Group이 업계의 전문가 그룹이라는 확신을 주고 신규 비즈니스를 창출하는 것이다.

이 행사와 관련한 주요 이해 관계자들은 다음과 같다.

최　성 – CEO, MAIS Group
김영준 – 부사장, MAIS Group
박영필 – 홍보부장, MAIS Group

행사 준비를 위한 최초 미팅은 3월 3일 개최되어야 하고, 목표하는 참석자의 수는 75명 정도이다. 이 중 70%는 고객이며, 나머지 30%는 언론인으로 이루어지는 것이 바람직하다. 해외 참석자를 위해 파트너사인 ‘K항공’ 이 항공편을 제공할 것이며, 인터컨티넨탈 호텔에서 이틀 동안의 숙소가 제공된다.

Case Study #2

다음과 같은 프로젝트 관련 진행 상황을 읽고 프로젝트 헌장을 만드시오.

지방에 건립될 예정인 가나미술관에서는 최초 계획된 부분 중 아직 진행되지 않고 있는 부분과 계획에는 포함되어 있지 않았으나 필요한 것으로 인식되는 부분에 대하여 신규 프로젝트로 발주하기로 하였다.

종합정보시스템 구축 사업의 주요 목적은 미술관의 소장품과 소장품 정보 및 작가와 작품의 정보들을 통합적으로 관리하는 한편, 미술관을 홍보하기 위한 홈페이지 및 홈페이지 관리 체계의 개발을 주요 내용으로 하고 있으며, 그 이외에도 운영목적을 위한 설비 및 시스템의 구축을 포함하고 있다.
제안작업에 부족한 일손을 돕기 위해 투입되었던 당신은 프로젝트 수행 경험은 많으나 이쪽분야 사업 수행 경험이 없다. 사내 유사 프로젝트를 진행했던 김PM과 지역 업체의 도움을 얻어 제안을 진행하다가, 프로젝트가 수주됨에 따라 여러 가지 여건상 PM으로 임명되어 프로젝트를 진행하게 되었다.

현재 미술관 개관일 까지는 7개월이 남았으나 아직 프로젝트 사무실 및 팀원도 확보되지 않은 상태로, 프로젝트의 착수부터 종료까지 이끌어가야 한다. 가나미술관에서는 김수정 공사담당을 실무 책임자로 임명하였으며, 당신은 아직까지 그 이외의 인수책임자들과는 아직 인사도 제대로 나누지 못한 상태이다.

:: Template

프로젝트 헌장			
프로젝트명		프로젝트코드	
실행 조직		실행PM	
수행 기간	OOOO.OO.OO ~ OO.OO	초기 예산	
발주 조직		발주PM	
프로젝트 개요			
프로젝트 목적 프로젝트 범위			
배경 및 기대효과			
주요 이해관계자			
요구 및 기대사항			
가정 및 제약조건			
결재			

:: Template

프로젝트 관리 계획서 목차 예시

1. 프로젝트 개요
1.1 프로젝트 목표
    1.1.1 프로젝트 목적과 범위
    1.1.2 프로젝트 목표
    1.1.3 프로젝트 산출물/결과물
    1.2 제약 조건
        1.2.1 종료 기준
        1.2.2 품질 기준
    1.3 주요일정
        1.2.1 주요 작업 일정
        1.2.2 주요 예산 일정
2. 조직 구성
    2.1 외부 연결 조직도
    2.2 프로젝트 팀 조직도
    2.3 역할과 책임
    2.4 작업 승인 프로세스
3. 프로젝트 관리 계획
    3.1 주요 기준선
    3.2 프로젝트 범위
    3.3 프로젝트 일정
    3.4 프로젝트 원가
    3.5 프로젝트 진척 관리
    3.6 프로젝트 통제
5. 프로젝트 수행 활동
4. 품질 관리
    4.1 품질 관리 계획
    4.2 품질 관리 조직
    4.3 품질 보증 활동
5. 위험 관리
    5.1 위험 관리 계획
    5.2 위험 식별
    5.3 위험 분석
    5.4 위험 대응 계획
    5.5 위험 통제
6. 프로젝트 종료

첨부-A. 표준 용어 정의
첨부-B. 범위 기술서
첨부-C. WBS(Work Breakdown Structure)
첨부-D. 상세 일정표 (Activity 수준)

Project Management

PART 05

프로젝트 계획

Chapter 05 범위

Project Management Situation

차PM과 팀원들이 프로젝트 범위를 검토하는 회의를 하고 있다.

차 PM 이번 S공항 신정보 시스템 구축 프로젝트의 범위는 파악하기 어려운 부문이 많이 있습니다. 공항 프로젝트를 처음 수주했기 때문에 제안서 작성시 미처 파악하지 못했던 부문이 많을 것으로 예상됩니다.
김영호 그럼, 어떤 방식으로 프로젝트 범위를 파악해야 할까요?
차 PM 우선적으로 Top-down 방식으로 전체 업무를 나누어보고, 세부 업무는 Bottom-up 방식을 사용하여 파악해 봅시다.
최민희 고객과의 확인은 어떤 방법으로 진행할까요?
차 PM 우선 WBS를 만들고 WBS를 기준으로 고객과 업무 범위에 대한 확인 작업을 실시합시다.

〈며칠 후〉

차 PM WBS 작성을 통한 업무 범위 확인 결과 각자 담당한 업무는 어떻게 확인되었습니까?
김영호 제가 맡은 업무 범위는 제안 시 파악했던 내용과 상당한 차이를 보이고 있습니다. 고객 요구 사항은 우리가 생각했던 것보다 복잡하고 광범위합니다.
최민희 저도 마찬가지입니다. 제가 맡은 부분의 협력 업체를 통해 확인한 결과 초기에 파악했던 내용에서 30%정도 많은 것 같습니다.
차 PM 예상은 했었지만 심각한 상태군요…. 이제 파악한 업무 중 반드시 수행해야 하는 부문과 고객과 협의하여 조정 가능한 부문을 나누어 봅시다. 그와 동시에 각자의 맡은 부문의 업무에 대한 실질적인 세부 내용을 좀더 정밀하게 파악하여 WBS에 반영해 주시길 바랍니다.
팀원들 예, 알겠습니다.

회의실에서 차PM이 생각하고 있다.

차 PM 역시 생각했던 그대로군…. 납기, 원가, 품질을 지키려면 업무 범위 조정이 반드시 필요할 텐데, 고객이 수용해 줄까?

Check Point

- 프로젝트에서 범위(Scope)는 무엇입니까?
- 범위의 변경은 프로젝트에서 어떤 영향을 끼치는가?
- Work Breakdown Structure(WBS)란 무엇입니까?
- WBS를 작성하는 절차는 어떻게 됩니까?
- WBS 분할 수준의 적절성을 판단하는 기준은 무엇입니까?

N . O . T . E

01 범위 계획의 단계

1-1. 범위(Scope)

PMBOK에서의 범위관리 정의

Project Scope Management includes the processes required to ensure that the project includes all the work required, and only the work required, to complete the project successfully. Project scope management is primarily concerned with defining and controlling what is and is not included in the project.
즉 어떤 일을 해야 할 것이냐 뿐 아니라, 어떤 일을 하지 않아야 하느냐도 중요한 문제이다.

프로젝트 계획 단계에서 가장 먼저 하는 일은 범위를 확정하는 일이며, 범위는 중요한 역할을 한다. 범위란 프로젝트가 제공해야 하는 제품이나 서비스의 총집합으로, 프로젝트 계획 수립 및 통제의 출발점이다. 프로젝트 계획의 실현 가능성과 구체성은 범위에 따라 좌우되며, 범위 변경은 여타 관리 영역(일정/자원/비용 등)에 영향을 미친다.
범위 계획의 프로세스는 범위 계획, 범위 정의, WBS 작성으로 이루어진다. 수행된 범위의 검증 및 변경관리는 변경관리 부분과 프로젝트 종료 부분에서 다시 다루도록 한다.

1) 범위 계획 : 프로젝트 범위의 정의, 검증, 통제 방법과 WBS의 작성, 정의 방법을 기술하는 범위 관리 계획서를 작성한다.

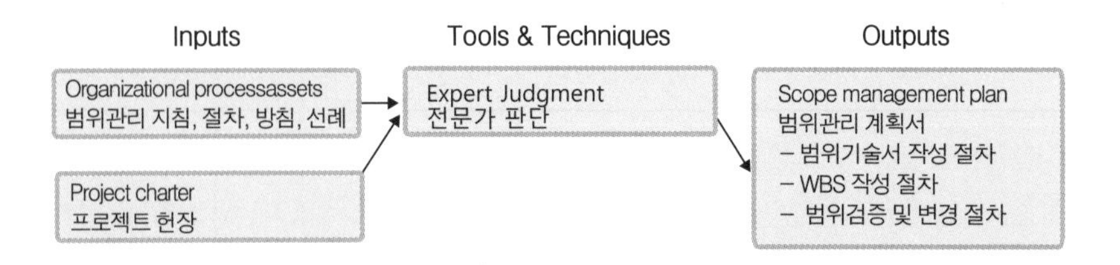

2) 범위 정의 : 상세한 프로젝트 범위 기술서를 작성하여 향후 주요 결정의 근거로 삼는다.

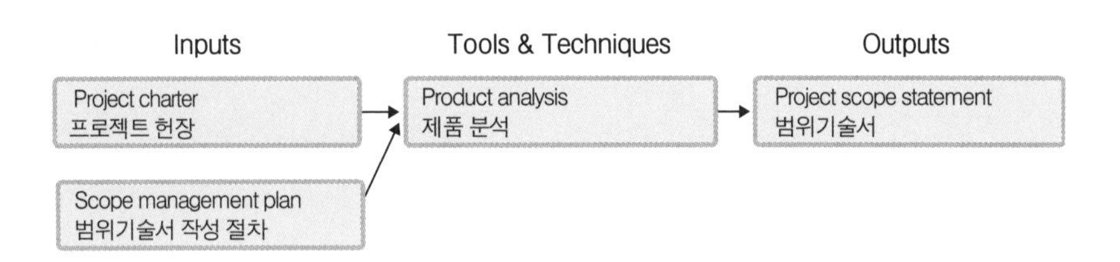

3) WBS 작성 : 주요 프로젝트 인도물 및 작업을 작고 관리 가능한 단위로 나눈다.

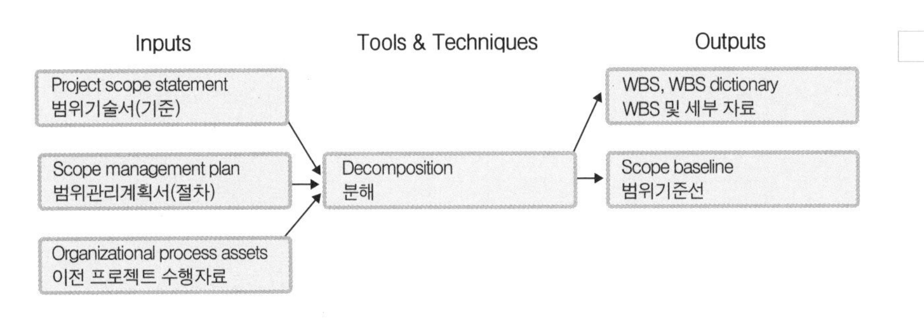

N . O . T . E

프로젝트 업무 범위 설정의 중요성

프로젝트 업무 범위의 명확화는 프로젝트 수립과 통제의 기본이다. 업무 범위를 정의해야 해당 업무를 수행하는 기간과 해당 업무를 수행할 수 있는 자원 및 원가를 추정할 수 있다. 또한 정의된 업무를 수행하기 위한 조직 구조도 업무범위의 정의에 따라 달라질 수 있다. 다시 말하면 프로젝트 계획이 실천 가능하고 구체성을 가지느냐의 여부는 바로 이 업무범위가 명확하고 세분화되어 정의되었느냐에 달려있다고 할 수 있다. 따라서 프로젝트를 수행하는 도중 업무 범위를 변경하면 프로젝트의 다른 관리 영역도 영향을 받는다. 예를 들어, 업무 범위의 증가는 당연히 자원과 일정 변경을 유발시킨다.

한편, 범위 관리의 기본 방향으로는 세 가지가 있다. 우선, 프로젝트 성공에 꼭 필요한 일만으로 범위를 구성하여 범위를 최소화해야 한다. 또한 실행 단계에서의 범위 변경은 작업 중단, 계획 재수립, 재작업 등의 결과를 유발할 수 있으며, 프로젝트 원가의 상승과 시간의 손실을 초래할 수 있기 때문에 범위 변경을 최소화해야 한다. 이와 함께 고객의 지나친 요청에 의해 수행되는 불필요한 업무(Gold Plating)를 방지하기 위해 노력해야 한다.

2 범위 계획

2-1. 범위기술서(Scop e Statement)

범위 기술서

프로젝트가 무엇을 만들어낼 것인가에 대해 요약한 설명서로서, WBS보다 상위 레벨의 문서이다.

범위기술서는 프로젝트 착수 단계에서 도출된 프로젝트 헌장과 여러 제약사항들에 대한 분석을 바탕으로, 프로젝트 범위에 대한 의사 결정과 이해

N . O . T . E

최종 제품/서비스 설명의 예

강의 출결 자동시스템 구축 프로젝트의 경우 : 강의 시작 전 학생들이 판독기에 학생증을 가져가면 등록 여부를 확인하고, 강의실 입실을 허가한다. 강의 종료 후 퇴실 시 한번 더 판독 절차를 거쳐서 해당 학생이 강의를 끝까지 정상적으로 마쳤는지의 여부를 확인 후 출석으로 인정한다. 그 결과는 학적 관리 서버에 전송된다.

관계자(Stakeholder)간의 상호 이해를 위한 문서화된 기준 문서이다. 범위기술서는 프로젝트 매니저가 작성하며, 프로젝트 수행 조직과 고객 사이의 프로젝트의 범위에 대한 합의의 기준, 프로젝트와 관련된 의사 결정의 기준, 프로젝트의 종료 여부를 판단하는 기준을 마련하는 것이 그 목적이다.

범위기술서는 프로젝트 미션, 최종 제품/서비스 설명, 프로젝트 목적, 프로젝트 산출물, 그 밖의 필요에 따라 기술되는 요소들로 구성된다. 우선, 범위기술서에서는 프로젝트에 주어진 명확한 미션을 제시하고, 프로젝트가 생산하는 제품이나 서비스에 대한 요약 설명을 해야 한다. 또한 프로젝트를 수행하는 목적, 프로젝트를 성공적으로 완수하기 위해서 달성해야 하는 정량적이고 측정 가능한 요소들을 제시해야 한다. 이 외에 프로젝트 성공 평가 기준, 우선 순위, 요구되는 인적 · 물적 자원, 예산, high-level 일정, 마일스톤 등이 기술되어야 한다.

범위기술서와 SOW, WBS와의 차이

- SOW(Statement of work)는 일정, 원가, 품질에 대한 요구 사항 및 고객, 사용자들을 명시한 포괄적인 문서
- WBS(Work breakdown Structure)는 범위 기술서에 정의된 High Level의 정보를바탕으로 구체적인 업무 범위를 설정

Sample - Scope Statement

- Description

• Supporting Documentation

The following documents are applicable to this Statement of Work and are attached as appendices:

N . O . T . E

- Standards

- Goals
  The project intends to meet the following goals:
  Cost, Schedule, Milestone, Resource, Quality, Other

- Dependencies

- Responsibilities
  The responsibilities for the activities and work products of this project are identified below:

Activities
"Customer" Responsibility
"Provider" Responsibility

Work Products
"Customer" Responsibility
"Provider" Responsibility

- Completion Criteria
We will measure the successful completion of this project by the followingcriteria:

[범위 기술서의 예제 - 영문]

3 범위 정의

3-1. WBS(Work Breakdown Structure)

WBS란 프로젝트 전체의 업무 범위를 정의하기 위해 산출물 중심으로 프로젝트 요소들을 그룹핑한 것이다. 반복되는 분할을 통해 더 작고, 더 관리하기 쉬운 크기로 나누어진 프로젝트의 산출물을 체계화한 문서이다. 이는

N . O . T . E

Scope Creep

고객이 합의한 계약서상에 명시되어 있지 않는 기능을 추가로 요청하여 업무 범위가 늘어나게 되는 것

WBS 파악시 유의 사항

WBS에 명시적으로 기술되지 않은 액티비티는 묵시적으로 하지 말아야 하는 액티비티이다.

프로젝트 팀이 작성하는 것으로, 프로젝트에서 가장 중요한 문서이다.
WBS는 프로젝트 업무 범위에 대해 외부적으로는 PM과 고객 간, 내부적으로는 PM과 상위 매니저 간의 계약이며, 원가, 일정, 자원 등 다른 계획을 위한 초석이 된다. 또한 고객의 계약 외 추가 업무 요구(Scope Creep)가 발생할 시 고객을 설득시킬 수 있는 증거물로 사용된다.
WBS는 계층적 분할, 산출물 중심의 액티비티 그룹핑, 프로젝트 계획시 처음 작성하며 프로젝트 전반에 걸친 중요한 문서라는 특징을 갖는다.

한편, WBS 작성에는 몇 가지 조건이 있다. 즉, 보는 사람에 따라 다르게 해석되지 않도록 명확해야 하며, 누락되거나 지나치거나 겹치는 부분이 없이 완전해야 한다. 또한 프로젝트 범위는 실행되기 이전에 모든 이해관계자의 의견을 수렴하여 합의되어야 한다. 기간과 비용을 정확히 추정하고, 담당자를 명확히 지정하며, 성과물을 현실적으로 평가할 수 있도록 관리가 쉬워야 한다.

3-2. WBS 작성 절차

WBS를 작성하기 위해서는 우선, 범위기술서(Scope Statement)를 바탕으로 프로젝트의 목적을 인식한다. 이후 프로젝트 목적을 달성하기 위한 기능적 요구 사항을 정의하고, 기능적 요구 사항을 달성하기 위한 주요한 액티비티를 정의한다. 다음에는 관리를 용이하게 하고 액티비티의 누락을 방지하기 위하여 계층적 분할을 실시하고, 액티비티들을 조직화하고 그룹핑한다. 마지막으로 주요 액티비티를 원가와 일정이 산출 가능하고 개인이나 조직에게 할당할 수 있으며, 진척도를 관리할 수 있는 수준까지 분할한다.

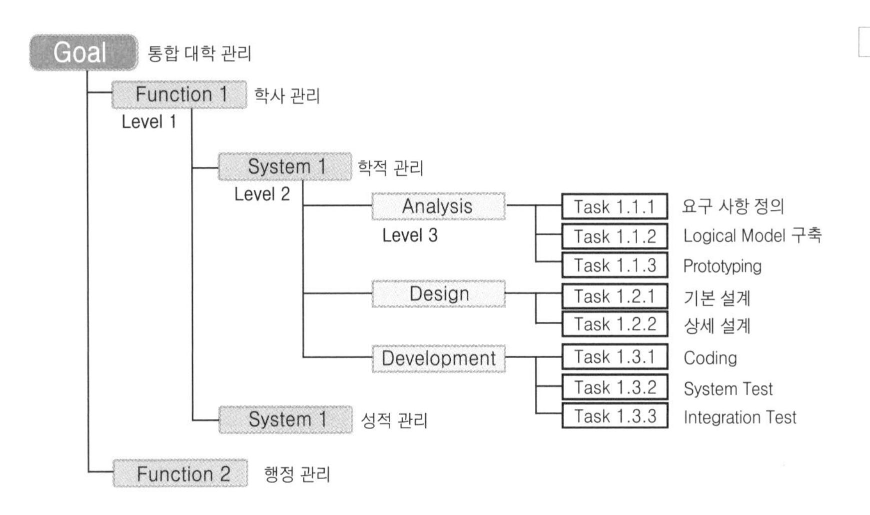

[대학종합관리시스템 WBS]

N . O . T . E

3-3. WBS 분할(Decomposition)

WBS가 적절한 레벨로 분할이 되는 것과 WBS 전체를 통하여 분할 레벨에 일관성을 가져가는 것은 중요한 일이다. WBS 분할이 갖춰야 할 조건은 다음과 같다.

Level	계층적 분해	설명
1	Project	프로젝트
2	Deliverable	주요 인도물
3	Subdeliverable	주요 인도물을 구성하는 인도물
4	Lowest subdeliverable	최종 상세 인도물
5	Cost account	담당자 지정과 통제를 위한 work package 그룹화
6	Work package	수행 작업

개별적으로 의미가 있는 독립적인 분할

WBS는 개인이나 프로젝트 팀의 특정 수행 조직에게 할당하며, 다른 액티비티와 맞물리지 않고 독립적으로 수행 가능한 수준으로 분할이 되어야 한다. 액티비티는 타 액티비티의 수행 상태와 밀접하게 연관되는 것이 당연하지만, 자체적으로 수행할 시에는 충분히 독립적인 것이 바람직하다.

Many tree But no Forest

WBS를 분할할 때 액티비티만 연속적으로 나열한 WBS를 가끔 볼 수 있다. 그러나 동일한 성격과 필요성에 따라서 그룹핑을 하고 단계를 내리는 것이 관리 측면에서 유용하다. 프로젝트 관리자는 나무를 관리하는 것도 중요하지만 나무들이 모여 이루어지는 숲의 형태를 검사/관리하는 일이 더욱 중요하다.

N.O.T.E

Work Package

해당 업무의 담당자를 할당할 수 있을 정도로 작게 나눈 WBS의 최소 단위이다. Earned Value Management 기법을 사용하는 조직에서는 특히 그렇게 부른다. 통상 WBS의 최하위 단계에 위치한다. 워크 패키지의 도출은 일정을 설계하는 업무가 된다.

수행 기간 및 예산 산출 가능

액티비티는 명확한 수행 기간을 가져야 한다. 그렇지 않다면 프로젝트 기간이 늘어나서 납기를 맞추지 못할 것이 자명하다. 여기서 수행 기간과 관련하여 한가지 고려해 볼 요소는 바로 품질 기대치이다. 품질 기대치가 높으면 기간이 길어지는 것이 보통이기 때문이다. 따라서 해당 액티비티를 할당 받은 작업자가 납기를 맞추기 위해 품질 기대치를 고려하지 않는다거나 축소하는 경우를 방지하기 위해서 수행 기간을 정할 때 품질 기대치에 대해서 명시해 주는 것이 좋다.

명확히 이해 가능한 산출물 명시

무엇을 최종적으로 완료하면 종료되는지에 대해서 모호하게 액티비티를 분할/정의해서는 안된다. 또한 반드시 작업자가 명확히 이해가 가능한 산출물을 명시해야 한다. 산출물은 설계서, 의사 결정, 사양, 문서, 테스트 등 여러 가지 것들이 될 수 있다.

수행하는 사람이 익숙하게 분할

WBS에 액티비티명을 분할/정의할 때 작업자가 쉽게 이해 가능하게 정의하는 것이 좋다. 즉, 비슷한 성격의 이전 프로젝트에서 정의한 WBS명을 사용한다든지 하는 것이 좋다는 것이다. 반복적인 사용으로 검증을 거쳐 표준화하게 되면 작업자가 할당 받았을 때 액티비티명만 보고도 무엇을 해야 하는지 명확하게 기준이 선다. 또한 과거 프로젝트의 자료와 경험을 활용하여 기간을 줄이고 양질의 산출물을 낼 수 있다.

3-4. WBS 작성시 유의 사항

WBS의 분할은 일반적으로 단위 Work Package는 80시간(2주) 내외의 기간을 가지도록 분할하는 것이 바람직하다. 또한 각 Work Package별로 일정과 원가의 추정이 가능할 때까지 하여야 한다.
WBS의 구성 요소는 유니크한 ID(넘버링 체계)를 가지는 것이 바람직하며, 이를 code of account 라고 한다.

3-5. 산출물과 액티비티

산출물(Deliverable)은 액티비티(Activity)의 결과로서 생성된다. 산출물

N . O . T . E

의 예로 리포트, 디자인, 교육시킨 작업자, 소프트웨어 설계서, 도면 등이 있다. 이에 대응하여 액티비티의 예로는 리포트 작성, 디자인 설계, 작업자 교육, 소프트웨어 설계서 작성, 도면 스캔 등을 들 수 있다.

3-6. 작업 패키지(Work package)의 적정 수준

1) 너무 개괄적으로 분해된 것은 아닌가?

① 작업의 기간, 공수, 비용을 산정할 수 있는가?

② 작업 간의 연관관계를 찾을 수 있는가?

③ 작업에 담당자를 지정할 수 있는가?

2) 너무 자세하게 분해된 것은 아닌지?

① 작업이 WBS에 포함될 필요가 있는가?

② 작업이 단순한 체크리스트나 To-Do list인지 아니면 일정 공수가 투여되는 실질적인 작업인지?

③ 프로젝트 수행 통제 중에 이 작업들에 대해 모두 관리가 가능한지?

3-7. 작업 패키지 적정 수준 평가 법칙

1) 1%~10% 법칙

프로젝트의 규모를 고려한 적정 작업 패키지 수준 평가 방법

Ex. 3개월 기간의 프로젝트 → 90일의 달력 상의 기간 → business day 65일
적정 작업 패키지 수준 : 0.65일(65일의 1%) ~ 6.5일(65일의 10%)

2) 1 reporting period의 법칙

① 작업 지연에 대한 위험을 최소화하기 위한 방법

② 프로젝트의 최소 감시 주기 이내로 분해해야 함

Ex. 최소 감시 주기 → 주간 보고, 작업의 기간을 3주로 정의 → 첫 번째, 두 번째 주간 회의 시에는 '진행 중' 이라는 보고만 받게 되고, 계획 상의 종료 날짜가 지난 후에야 성과를 평가 할 수 있음 → 위험 요소 증가

N . O . T . E

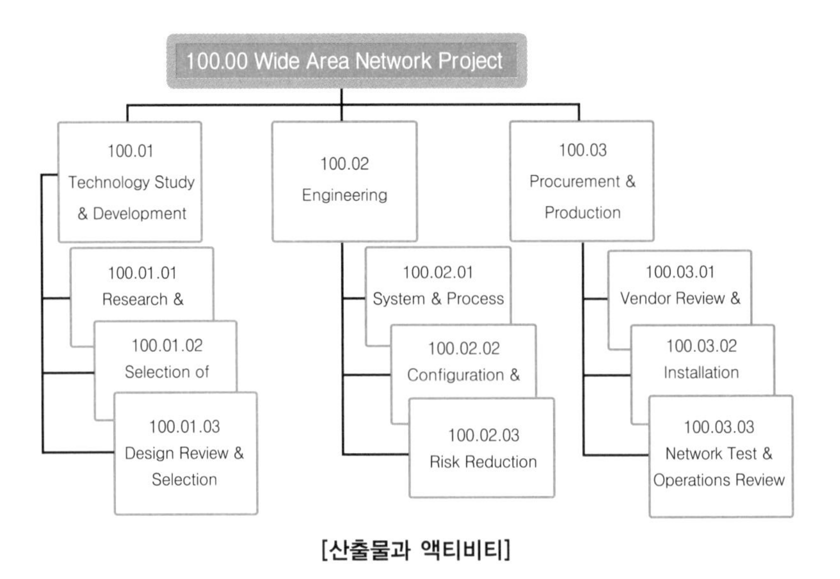

[산출물과 액티비티]

3-8. 인도물과 액티비티

인도물(deliverable)은 액티비티(activity)의 결과로서 생성된다.

1) 인도물의 예
- 리포트
- 디자인
- 교육시킨 작업자
- 소프트웨어 설계서
- 도면

2) 액티비티의 예
- 리포트 작성
- 디자인 설계
- 작업자 교육
- 소프트웨어 설계서 작성
- 도면 스캔

N . O . T . E

	WBS CODE	작업 이름
1	**CS1**	⊟ **한국대학교학사관리시스템개발**
2	**CS1.1**	⊟ **분석**
3	**CS1.1.1**	⊟ **현황평가**
4	CS1.1.1.1	현행업무분석
5	CS1.1.1.2	현행시스템분석
6	CS1.1.1.3	인터뷰실시
7	**CS1.1.2**	⊟ **요구사항정의**
8	CS1.1.2.1	기능요구사항정의
9	CS1.1.2.2	기술요구사항정의
10	CS1.1.2.3	타시스템인터페이스요구사항정의
11	CS1.1.2.4	시스템기본요건정의
12	CS1.1.2.5	시스템화범위및우선순위결정
13	**CS1.1.3**	⊟ **컨텐츠정의**
14	CS1.1.3.1	컨텐츠목록작성
15	CS1.1.3.2	컨텐츠조사수집
16	**CS1.1.4**	⊟ **신논리모델구축**
17	CS1.1.4.1	프로세스모델링
18	CS1.1.4.2	데이터모델링
19	CS1.1.4.3	이벤트모델링
20	CS1.1.4.4	인수테스트기준정의
21	**CS1.1.5**	⊟ **보안방안정의**
22	CS1.1.5.1	보안정책수립
23	CS1.1.5.2	보안계획서작성
24	**CS1.1.6**	⊟ **기술구조정의**
25	CS1.1.6.1	웹환경정의
26	CS1.1.6.2	최적아키텍처정의
27	**CS1.1.7**	⊟ **프로토타이핑**
28	CS1.1.7.1	페이지표준정의
29	CS1.1.7.2	페이지템플리트작성
30	CS1.1.7.3	프로토타입구축
31	CS1.1.7.4	프로토타이핑검증

[MS Project에서의 WBS 작성]

Summary

POINT 1 범위 계획

- 범위(Scope)는 프로젝트가 제공해야 하는 제품이나 서비스의 총집합으로 프로젝트 계획 수립 및 통제의출발점이다.
- 프로젝트 계획의 실현 가능성과 구체성은 범위에 따라 좌우되며, 범위 변경은 여타 관리 영역(일정/자원/비용 등)에 영향을 미친다.
- 범위 기술서(Scope Statement)는 프로젝트 범위에 대한 의사 결정과 이해관계자(Stakeholder)간의 상호 이해를 위한 문서화된 기준이다. 작성자는 프로젝트 매니저이다.

POINT2 범위 정의

- WBS(Work Breakdown Structure)는 프로젝트 전체의 업무범위를 정의하기 위해 산출물 중심으로 프로젝트 요소들을 그룹핑한 것이며, 작성자는 프로젝트 매니저이다.
- WBS 작성시 통상 단위 Work Package는 80시간(2주) 내외의 기간을 가지도록 분할하는 것이 바람직하다.
- WBS의 분할은 각 Work Package별로 일정과 원가가 추정 가능할 때까지 하여야 한다.
- Scope Creep 란 고객이 합의한 계약서상에 명시되어 있지 않는 기능을 추가로 요청하여 업무 범위가 늘어나게 되는 것을 말한다.
- WBS가 적절한 레벨로 분할이 되는 것과 WBS 전체를 통하여 분할 레벨에 일관성을 부여하는 것은 중요한 일이다.

Key Word

- 범위기술서(Scope Statement)
- Scope Creep
- 산출물(Deliverable)
- WBS(Work breakdown Structure)
- SOW(Statement of Work)
- 액티비티(Activity)

다음 내용을 읽고 WBS를 작성하시오.

통합 금융회사인 KX Financial은 '요금 청구서 발행 시스템 통합' 프로젝트에 10억원의 예산을 할당하였다. 경영자들은 9개월 내에 완료하기를 바라고 있다. 당신은 회사의 내부 시스템 구축을 담당하는 프로젝트 매니저이다. 프로젝트 팀은 고객 관리, 영업, IT에서 각각 2명 이상 차출하여 구성된다.

프로젝트의 주요 목적은 모든 보험, 대출, 투자 등 모든 요금 청구(Billing)를 하나의 시스템으로 통합시키는 것이다. 그리하여 고객은 KX Financial로부터 한 장으로 통합 청구서를 받게 될 것이며, 인터넷상으로 자신의 청구서 정보를 조회할 수 있다. 또한 웹과 전자 결제 시스템으로 다양한 금융 기관에서 편리하게 사용 요금을 지급할 수 있다.

현재 몇 가지의 다양한 요금 청구 시스템이 사용되고 있는데, 그 중 대다수가 IBM Mainframe이다. 새로 인수합병한 자회사들은 자신의 요금 청구 시스템을 사용하고있으며, 이 시스템들의 데이터는 앞으로 통합적으로 운영되어야 한다. 그러나 당신은 아직 다양한 시스템에서 온 데이터를 통합시키는 것에 대한 기술적 가능성이 불투명하다고 판단한다.
신규 시스템의 하드웨어와 소프트웨어 비용은 아직 산출되지 않았으나, 요금 청구 담당자와 영업 부서 직원들이 신규 시스템의 사용을 위해 1,000대의 PC를 구매해야 할 것이다. 동시에 외부 IT 컨설팅 회사에서 내부 IT직원들과 함께 소프트웨어 컨버젼 작업을 할 것이다.

당신의 스폰서인 CFO(Chief Financial Officer)는 납기 내 프로젝트 종료를 강조한다. 이는 경쟁 업체가 유사한 시스템을 구축하여 고객에게 제공하기 시작하였기 때문이다.

:: Template : 범위기술서

프로젝트 명 : ______________ 프로젝트 ID# : ______________

프로젝트 매니저 : ______________ 날짜 : __________ 버전 : __________

■이 문서의 목적

이 문서에서 명시하고자 하는 바는 다음과 같다.

- 프로젝트 목적의 명시
- 프로젝트 범위에 대한 경계 설정
- 가정과 위험 요소의 정의
- 업무 수행을 위한 전반적인 접근 방향
- 비즈니스의 영향과 고객에게 돌아가는 혜택

■배경

[프로젝트 목적]

프로젝트의 목적은 다음과 같다 :

■범위

[범위 내]

-

[범위 외]

-

[가정]

-

[제한 조건]

-

[위험 요소]

-

[관계]

-

■접근 방법

■비즈니스 프로세스에 미치는 영향

■고객에게 돌아가는 효과

Chapter 06 일정

Project Management Situation

고객사의 회의실에서 차PM과 고객A가 대화 중이다.

차 PM 이번 프로젝트 범위는 아시는 바와 같이 상당히 광범위하여 일정 수립 시 많은 주의가 필요합니다. 저희가 수립한 일정은 여기 보시는 바와 같습니다.
고객A 일정 수립하시느라 고생이 많으셨습니다. 그런데 아무래도 분석/설계 단계의 일정을 좀 더 앞당겨야 할 것 같습니다.
차 PM 분석/설계 단계를요?
고객A 네. 그리고 종료 2개월 전에는 시스템 개발을 마치고 안정화 테스트를 실시하셔야 할 것 같습니다.
차 PM 저희가 분석/설계 일정을 길게 산정한 이유는 철저한 설계 작업만이 개발 기간을 단축시킬 수 있기 때문입니다. 그리고 2개월의 안정화 기간 확보는 현재로선 불가능합니다. 저희 계획으로는 1개월 정도가 적당할 것 같습니다.
고객A 2개월간의 안정화 기간은 반드시 수용해 주시길 바랍니다. 그 부분이 반영 되어야만 일정 계획을 승인해 드릴 수 있습니다. 내용을 보강한 후에 다시 회의를 하도록 합시다.
차 PM 네, 알겠습니다.

고객사의 회의실에서 차PM과 팀원들이 회의를 하고 있다.

차 PM 2개월간의 안정화 기간을 확보하기 위해서는 시스템 개발 기간을 1개월 단축해야 하는데…. 뭐 좋은 방법이 없을까요
최민희 제가 생각하기에는 1개월의 공기 단축은 불가능합니다. 다른 방법으로 접근해야 할 것 같습니다.
차 PM 흐음…. 다른 방법이란 무엇을 말하는 건가요
최민희 병행 처리를 하면 어떨까요 시스템 전체 개발 종료 후 안정화 테스트를 실시하는 것이 아니라, 이미 개발된 부분부터 우선적으로 안정화 테스트를 실시해 나간다면 개발 중에 안정화 테스트를 실시 할 수 있어 2개월의 안정화 기간을 확보할 수 있을 것입니다.
차 PM 좋은 방안인데! 그 방안을 반영하여 일정 계획을 다시 수립해 봅시다!
팀원들 예, 알겠습니다.

두 사람이 서류를 들고 나간 뒤 차PM이 고민스러운 얼굴로 혼자 중얼거린다.

차 PM 안정화 테스트 병행 처리에 대해서 고객이 어떻게 반응할까? 반드시 설득해야 하는데….

Check Point

- 프로젝트 일정은 어떻게 산출합니까?
- 마일스톤(Milestone)은 무슨 용도로 사용합니까?
- 주요 공정(Critical Path)는 어떻게 도출합니까?
- 산정(Estimation)시 프로젝트 팀원들을 포함시켜야 합니까?
- 일정 산정에 대한 최종 책임은 누가 집니까?

N . O . T . E

01 일정 관리 계획

1-1. 일정 관리(Time Management)

일정 관리란 프로젝트가 납기 내에 완료할 수 있도록 보증하는 것이다. 범위 관리가"무엇(What)" 을 정의하기 위한 것이었다면, 일정 관리는"언제(When)" 와"어떻게(How)" 를 정의하기 위한 것이다. 일정 관리는 범위 관리 및 원가 관리와 밀접하게 통합된다.
프로젝트 일정을 세울 때는 나름대로의 프로세스를 갖고 진행해야 한다. 그런데 여기에서 우선, 프로젝트 업무 범위를 명확히 하는 것이 프로젝트 수립과 통제의 기본임을 명심해야 한다. 일정 관리 프로세스는 크게 5단계로 나누어지며, 각 단계의 내용은 다음과 같다.

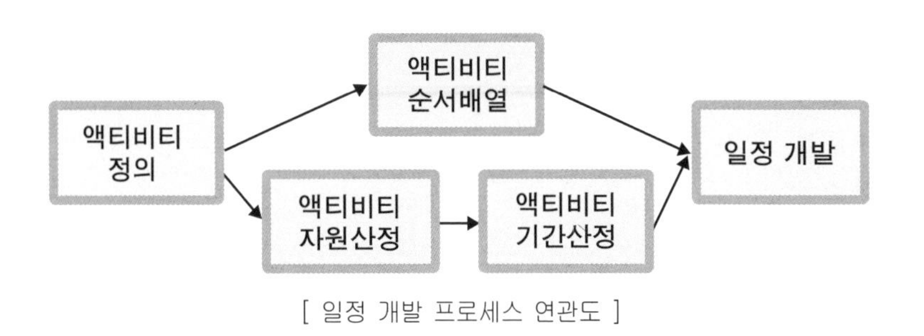

[일정 개발 프로세스 연관도]

1) 액티비티 정의 : 다양한 프로젝트 인도물을 생산하기 위해 필요한 액티비티들을 식별한다.

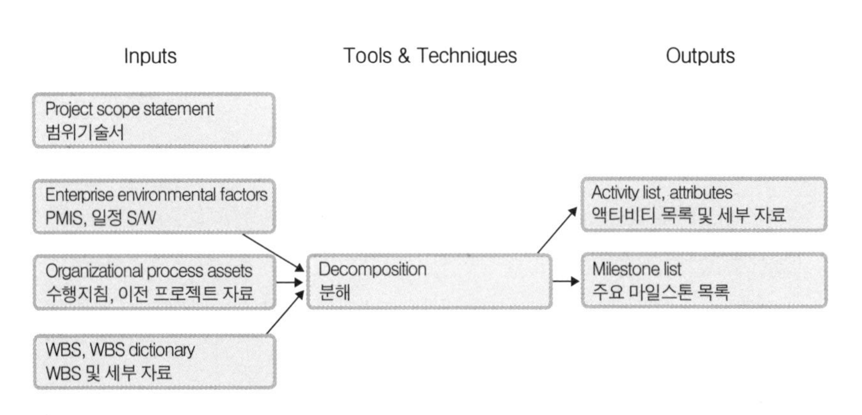

2) 액티비티 순서 배열 : 액티비티 간의 종속성을 식별하고 문서화한다.

N . O . T . E

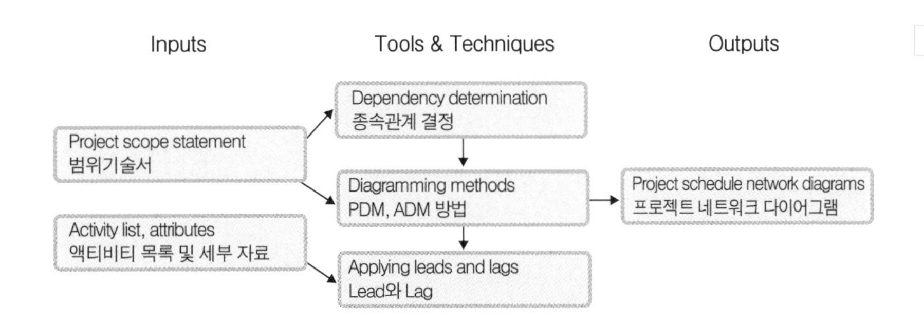

3) 액티비티 자원 산정 : 각각의 액티비티 수행을 위해 필요한 자원 종류와 양을 산정한다.

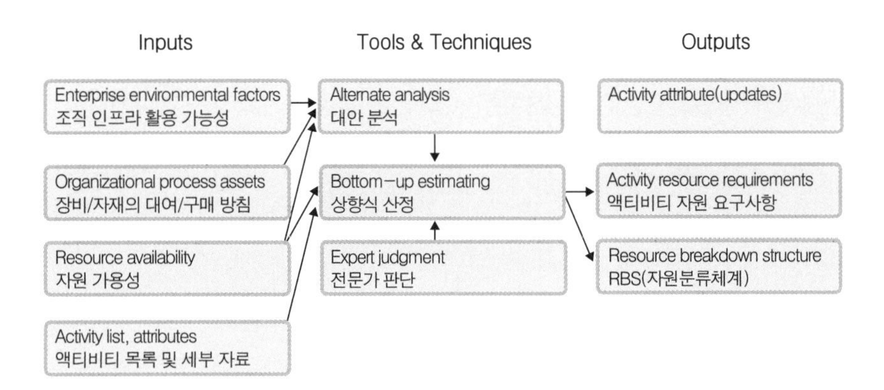

4) 액티비티 기간 산정 : 각각의 액티비티 완수에 필요한 업무 기간을 산정한다.

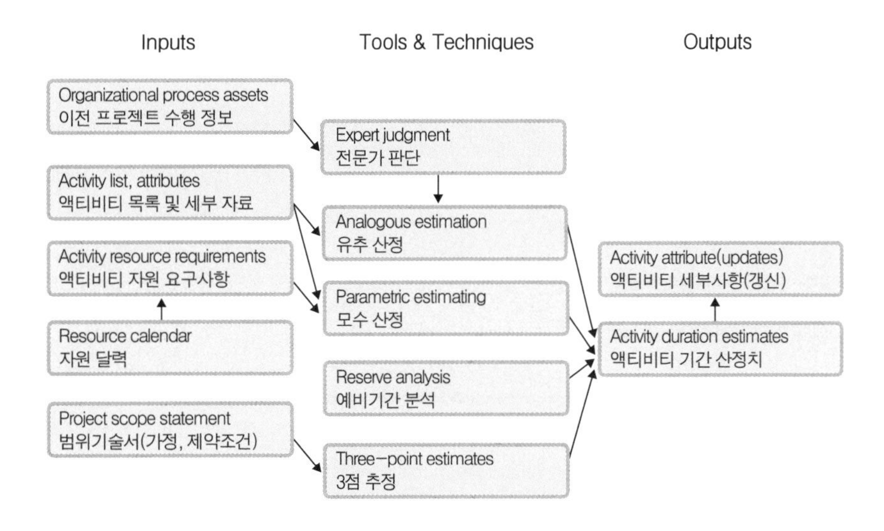

N . O . T . E

5) 일정 개발 : 액티비티들의 순서와 기간, 필요한 자원, 제약조건을 분석하여 프로젝트 일정을 작성한다.

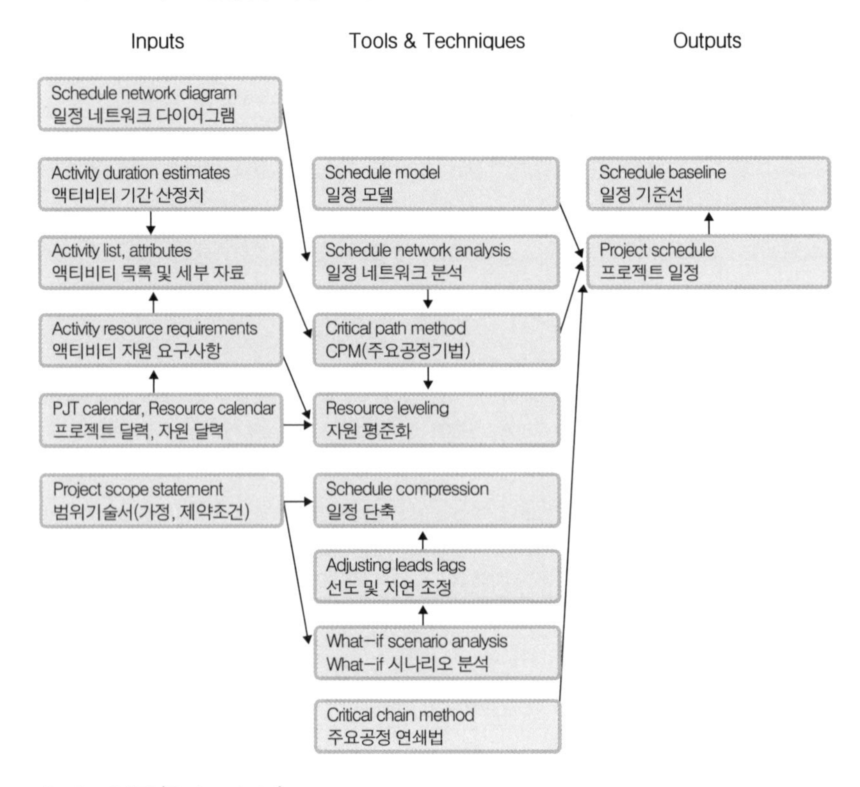

1-2. 일정(Schedule)

일정 관리 계획에서'일정' 이란 포괄적인 의미를 갖는다. 우리가 흔히 Schedule이라고 부르는 일정은 다양한 역할을 지닌다. 일정의 역할은 다음과 같다.

- 프로젝트의 시작과 종료 시점 설정

해당 액티비티의 시작과 종료일, 액티비티 간의 연관 관계(Dependency), 마일스톤(Milestone)을 설정한다.

- 프로젝트 외부에서 발생하는 액티비티와의 조율

하나의 프로젝트는 조직의 다른 프로젝트들과 연관 관계가 있다. 따라서 해당 프로젝트가 다른 프로젝트 및 조직의 업무와 맞물리는 일정 장애 요소가 있는지를 파악하고 해결해야 한다. 또한 휴가와 공휴일 같은 일정 요소도 외부 요소로서 고려되어야 한다.

N . O . T . E

프로젝트 내부의 액티비티 간 연관 관계 설정

WBS에는 액티비티 간의 연관 관계가 기술되어 있지 않다. 그러나 프로젝트 일정은 이런 액티비티 간의 연관 관계가 설정되어야 산출해 낼 수 있다.

수행 기간과 자원의 할당

수행 기간 동안에 액티비티별로 자원을 적절한 수준으로 할당하여 진행한다.

잠재 일정 장애 요소 및 자원 할당 문제 파악

주요 자원 요소들(Key Resource)을 파악해야 한다. 이는 사람, 장비, 기계 등이 될 수 있으며, 필요시에 적절히 할당되는 것을 보장해야 한다. 특히 Critical Path상에 있는 액티비티에 할당되는 자원에 대해서는 특별한 주의를 기울여야 한다.

위험 요소의 파악

일정에 따라 액티비티 진행 여부를 확인하여 위험 요소를 파악한다.

1-3. 일정 기준

일정 작성은 공정의 수행 기간과 우선 순위를 반영하여 작성한다. 일정 작성 기준에는 시작 날짜 기준법(Forward Path)과 완료 날짜 기준법(Backward Path)이 있다.

- **시작 날짜 기준법** : 프로젝트의 시작일을 명시하고, 액티비티의 기간과 연관 관계를 통하여 종료 날짜를 도출하는 방법이다. 액티비티의 속성은 최대한 시작을 빨리 하는 형태로서, 액티비티의 빠른 시작일(Early Start Date)과 빠른 종료일(Early Finish Date)을 알 수 있다.
- **완료 날짜 기준법** : 프로젝트의 종료일을 명시하고, 액티비티의 기간과 연관 관계를 통하여 시작 날짜를 도출하는 방법이다. 속성은 종료일을 맞추기 위해 액티비티를 최대한 늦게 시작하는 것으로서, 늦은 시작일(Late Start Date)과 늦은 종료일(Late Finish Date)를 알 수 있다.

한편, 여유 시간(Float/Slack)은 공정 수행 시 공정간 가질 수 있는 최대 대기 시간으로, 전체 여유 시간(Total Float)과 시작 여유 시간(Free Float), 프로젝트 여유 시간(Project Float)이 있다.

N . O . T . E

- **전체 여유 시간** : 프로젝트 전체의 납기일에 영향을 주지 않고 가질 수 있는 여유 시간을 말한다. [TF = LF – EF(늦은 종료일 – 빠른 종료일)]
- **시작 여유 시간** : 후속 액티비티의 빠른 시작 시간(Early Start Date)에 영향을 주지 않고 가질 수 있는 여유 시간을 말한다. [FF = $ES_{successor}$ – EF(후속 공정의 빠른 시작일 – 빠른 종료일)]
- **프로젝트 여유 시간** : 프로젝트 전체가 지정된 프로젝트 종료일을 지연시키지 않고 가질 수 있는 여유 시간을 말한다.

2 공수 산정(Effort Estimation)

2-1. 산정 기법

공수의 단위

일반적으로 공수를 맨-먼스(man month)나 맨-아워(man hour)로 얘기하는데, 무의식 중에 사용하는 이 용어에 공수의 단위가 들어 있음을 볼 수 있다.
"기간 = 공수 / 수행 인원"이라는 공식의 양변에 "수행인원"을 곱하면(간단한 산수다.) "공수 = 기간×수행인원"이 된다. 기간의 단위는 "hour", "month", "year"이고 수행 인원의 단위는 "명수(man)"이므로 공수의 단위는 man×hour, man×month가 되는 것이다.

산정이란 프로젝트 관리에서 어려운 기술 중의 하나로, 작업자가 실제적으로 수행하는 것과 관련이 있기 때문에 중요하다.
산정은 프로젝트 팀원, 즉 실제 작업자에 의하여 이루어져야 한다. 산정은 실제 수행을 통해 시행 착오를 거치지 않고서는 익힐 수 없는 기술이기 때문이다. 산정은 실제 수행 단계로 넘어가기 전에 리뷰 되어야 하며, 작업자가 직접 산정한 납기일, 비용을 지키지 못하였다고 비난만해서는 안 된다.
산정은 프로젝트의 성격 자체가 새로운 방법으로 새로운 제품 또는 서비스를 제공하는 것이기 때문에 쉽지 않다. '어떻게 산정할 것인가' 에 대한 문제는 프로젝트를 계획할 때마다 고민하게 되는 문제이지만 특히 비슷한 프로젝트가 전에 수행된 적이 없는 완전히 신규인 프로젝트, 액티비티의 산출물을 정확히 정의 내릴 수 없는 프로젝트(예 : R&D), 프로젝트 팀원이 업무에 대한 산정의 경험이 미약한 경우에는 더욱 어렵게 된다.

산정 작업시 PM과 작업자와의 관계

프로젝트 매니저가 팀원에게 할당 받은 액티비티가 얼마나 걸릴 것인지 예기하라고 하면 쉽게 답을 내리지 못하면서 PM에게 산정해주기를 바라는 것을 종종 볼 수 있다. 이는 산정치와 실제 결과가 달라지는 것에 대한 비난을 염려해서인데, 산정치의 정확도 이전에 작업자가 자신이 할당받은 액티비티에 대해 책임을 지고 산정하게 하는 것이 중요하다.
만약, PM이 산정에 대한 결과로 작업자들을 비난하기 시작한다면 작업자들은 산정자체에 여유분(Padding)을 더욱더 많이 고려하게 될 것이다. 이렇게 될 경우 전체적으로 프로젝트의 총 산정 기간 및 액수가 늘어나게 되고 신뢰도가 떨어지는 산정치를 얻게 된다
즉, PM이 작업자를 대하는 태도에 따라 결과는 긍정적일 수도, 부정적일 수도 있다. 따라서 PM은 팀원들이 산정하는 것에 대해 거부감이 사라질 시기에 얼마나 잘되었는지를 체크해 주어야 한다. 또한 PM으로서의 산정에 대한 전문적인 경험을 가지고 지속적으로 팀원들이 향상될 수 있게 조언자로서 도움을 주도록 해야 한다.
보통 산정과 실제 결과치를 가지고 체크하는 경우가 많은데, 그보다 산정 자체를 가지고 액티비티 수행 전에 무엇을 고려하지 않았는지, 어떠한 산정의 방법을 사용하였는지, 가정과 제약 조건은 어떻게 되는지에 대하여 함께 얘기해 보는 것이 좋다.

N.O.T.E

2-2. 산정 요소들 간의 Trade off

공수 산정 요소의 주요 변수는 기간, 생산성, 투입 인력이다. 프로젝트 환경에 따라 Trade off의 세 가지 변수들은 제한 요소(Constraint)로 고정된다. 예를 들면 A 프로젝트에서 납기의 우선 순위가 가장 높아서 '기간'이 고정되어 있을 때, 공수를 줄이거나 투입 인력을 늘림으로써 기간을 줄일 수 있다. 또한 이들 요소들은 각 요소의 변경에 따라 나머지 요소들이 영향을 받는다. 예를 들면 투입 인력이 늘면 기간이 단축된다든지, 생산성이 향상되면 투입 인력을 줄여도 된다든지 하는 것이다.
공수는 하나의 액티비티를 완료하기 위해 필요한 인적 자원의 투입 시간이고, 기간은 완료를 위해 필요한 물리적 시간이다. 공수는 규모를 생산성으로 나눈 것으로, 이는 규모가 일정할 때 생산성이 높아지면 공수가 적게 발생하는 것을 의미한다. 수행 기간은 공수를 투입 인력으로 나눈 것으로, 이는 투입 인력이 증가할수록 수행 기간이 단축되는 것을 의미한다.

Trade off

Trade off(상충 관계)란 두 개의 정책 목표 가운데 하나를 달성하려고 하면 다른 목표의 달성이 늦어지거나 희생되는 양자 간의 관계이다. 선택에는 Trade off가 뒤따른다.
P.A. 새뮤얼슨, R.M. 소로는 물가와 실업률의 대응 관계를 나타내는 필립스 곡선(Phillips curve)을 트레이드 오프 곡선이라고 부르며, 경제 정책에 따라 완전 고용을 목표로 하면 인플레이션은 피할 수 없고, 물가 안정을 목표로 하면 실업은 피할 수 없다고 주장한다. 이 경우 완전 고용과 물가 안정은 Trade off 관계에 있다.

N . O . T . E

기간 산정의 예

시스템 디자인을 하는 데 필요한 공수가 48시간이고, 투입 인력이 3명이라면 시스템 디자인이라는 액티비티를 완료하는 데 소요되는 시간은?
기간 = 공수 / 수행 인원 = 48시간 / 3명 = 16시간, 즉 이틀이 걸린다.

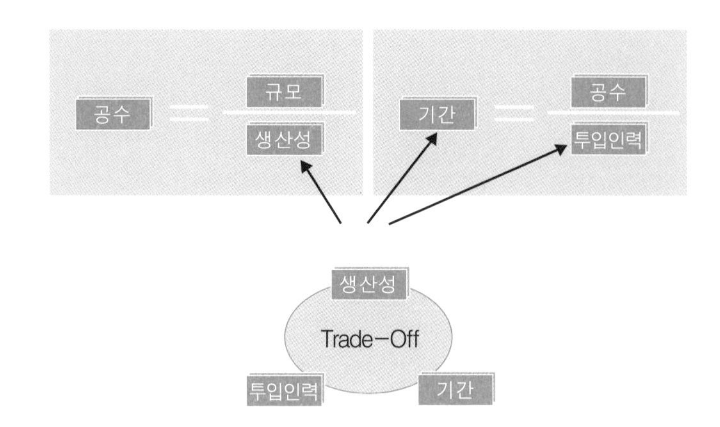

- **규모(Size)** : 프로젝트 또는 액티비티의 최종 산출물의 개발 규모
- **공수(Effort)** : 프로젝트 또는 액티비티를 완료하기 위해 필요한 인적 자원의 총 투입 시간
- **기간(Time)** : 프로젝트 또는 액티비티를 완료하는 데 소요되는 물리적 시간
- **비용(Cost)** : 프로젝트 또는 액티비티를 완료하는 데 드는 비용
- **생산성(Performance)** : 단위(Unit)이라고도 하며 단위 시간당 업무 수행 능력

1,000step 의 규모를 가진 액티비티에 50 step/day의 생산성을 가지는 인력을 4명 투여하면 몇 일이 걸리는가?

- 규모 : 1000 step
- 생산성 : 50step/man×day
- 공수 = 규모 / 생산성 = 20man×day
- 기간 = 공수 / 투입 인력 = 5 day

2-3. 산정에 영향을 주는 외부적 요소

산정에 영향을 주는 외부적 요소는 개인적 성격, 3점 추정, 외부로부터의 압력을 들 수 있다. 그러나 어떠한 경우라도 산정에 대한 최종 결정은 작업자가 하게 해야 한다. PM은 이러한 외부적 요소들을 조율해주는 역할을 담당한다. 산정에 영향을 주는 외부적 요소를 자세히 살펴보면 다음과 같다.

개인적 성격(Personality Factor)

사람들은 비관적이거나 낙관적인 성격을 천성적으로 가지게 된다. 이 성격이 산정에 영향을 주게 되므로 프로젝트 매니저는 이를 고려해야 한다.

3점 추정

신규로 프로젝트 팀을 구성하여 팀원들에게 산정치를 요구하게 될 때에는 개개인의 낙관/비관 정도를 파악하기가 힘들다. 이러한 경우 하나이상의 산정치를 요구한다.

- Optimistic : 낙관적으로 보고 작업을 둘러싼 환경이 순조로울 경우
- Most likely : 현실적으로 기대되는 예상치
- Pessimistic : 비관적으로 보고 작업을 둘러싼 환경이 어려운 경우

외부로부터의 압력

외부의 산정치를 받아들여 작업 담당자에게 적용하여 산정치화 하면 안 된다. 이와 같은 외부의 희망치(Wishful thinking)는 작업자의 실제 산정치와 분리해야 한다.

2-4. 공수 산정 방법

공수를 산정하는 방법에는 이전 프로젝트에서의 경험을 바탕으로 한 방법, 프로젝트 DB와 방법론 활용, Function Point, 마지막으로 PERT(Program Evaluation and Review Technique)가 있다.

이전 프로젝트에서의 경험을 바탕으로 공수 산정

이전에 비슷한 프로젝트를 수행해본 경험이 있을 경우 그 경험을 바탕으로 공수를 산정한다.

프로젝트 DB, 방법론 활용

여러 번의 프로젝트 수행으로 구축된 DB나 방법론을 활용할 수 있다. 방법론은 해당 개발 환경에서 필요한 액티비티와 산출물, 수행 기간 등에 대하여 자동적으로 가이드 라인을 제공하며, 프로젝트 DB에서 이전 유사 프로젝트에서의 산정과 실제 사례를 검색하여 활용할 수 있다.

N . O . T . E

3점 추정(Three-Point estimates)

3점 추정법은 PERT의 기간추정 기법을 말한다.

외부로부터의 압력의 예

- 상위매니저
  "2주 내로 이 일을 끝낼 수 있지?"
- 영업 부서
  "고객과 3,000만원 이내로 완료하기로 합의했습니다."

N . O . T . E

Function Point

소프트웨어의 규모를 외부 입력, 외부 출력, 논리적 내부 파일, 외부 인터페이스, 외부 질의 5가지 유형으로 나누어 점수를 구한 후 프로젝트 특성에 적절한 가중치를 선택, 곱하여 각 요인별 기능 점수를 계산, 산출하여 예측하는 기법이다. 소프트웨어의 정보 영역과 복잡도의 주관적인 평가의 계수적 측정을 통한 실험적 관계를 통해 얻어진다.
어플리케이션이 사용자에게 제공하는 기능을 수치화하여 소프트웨어의 규모를 측정하는 것으로, 시스템 규모만 측정하며 어플리케이션 기능, 개발, 기술, 생산성은 고려하지 않는다.

※ Function 계산 방법
Function을 계산하는 방법은 IFPUG (International Functional Point Users Group)에 의해 기술되어 있다.
(http://www.ifpug.org)

Function Point

Function Point와 생산성 측정 지표를 바탕으로 공수를 계산할 수 있다. Function Point는 비즈니스 요구 사항과 관련한 소프트웨어의 개발을 수행하는 데 필요한 기능들을 계량화한 것이다.

PERT(Program Evaluation and Review Technique)

앞서 언급된 3점 추정으로써, 비관치, 낙관치, 실제 가능치를 고려하여 공수를 산정하는 방법이다. 산정에 대한 경험이 부족하거나 개인적 요소를 보정하고자 할 때 사용한다. PERT는 액티비티 수행 기간 추정에 확률 개념을 반영한다는 점에서 CPM과 구분된다.

액티비티 기간 추정의 정확도를 향상시키기 위해 초기 산정에서 위험 정도를 고려할 수 있다. 이를 위해 3점 추정에서는 보통치(most likely), 낙관치(optimistic : best-case), 비관치(pessimistic : worst-case)에 근거한다. 원래 3점 추정은 PERT 방법론에서 기간 추정법만 가져와 부르는 이름이며, 기간 뿐 아니라 자원/예산 산정에도 활용 가능하다.

Performance Evaluation and Review Technique(PERT)

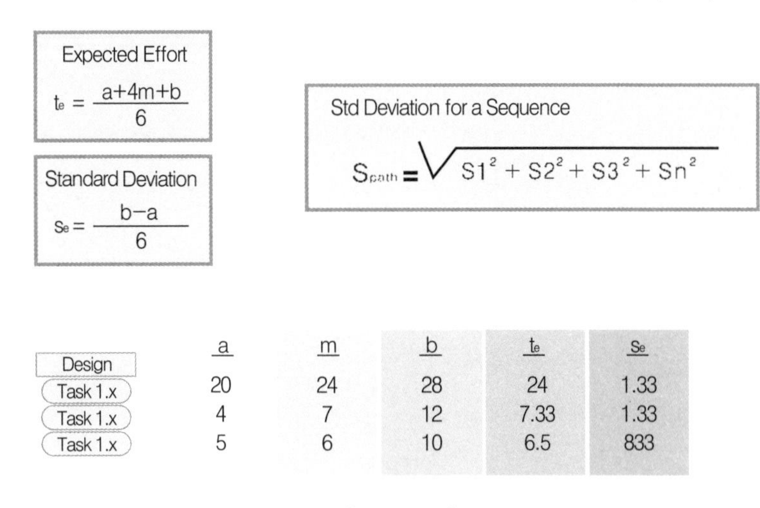

	a	m	b	t_e	S_e
Design					
Task 1.x	20	24	28	24	1.33
Task 1.x	4	7	12	7.33	1.33
Task 1.x	5	6	10	6.5	833

[산정 도표]

- **평균 공수(Expected Effort)**

  t = (낙관치 + 4 × 실제 가능치 + 비관치) / 6

- **개별 공수 표준 편차(Standard Deviation)**

  S = (비관치 − 낙관치) / 6

N . O . T . E

3점 추정에서는 보통치의 4배 가중 평균한 예상치를 산정함과 동시에, 비관치와 낙관치의 차이를 6으로 나누어 표준편차로 활용한다. 즉, 3가지 값으로 새로운 추정값을 결정하는 것이 아니라, 추정값에 대한 확률 분포를 도출하는 것이다. 실제 활용에 있어서는 추정치들이 확률분포로 표현되므로, 프로젝트의 종료일도 확정치로 나오는 것이 아니라 확률곡선으로 표현되고, 그러면 특정 일자보다 적게 소요될 확률을 구하기 위해 Monte Carlo Analysis(몬테카를로 분석) 방법을 사용한다.

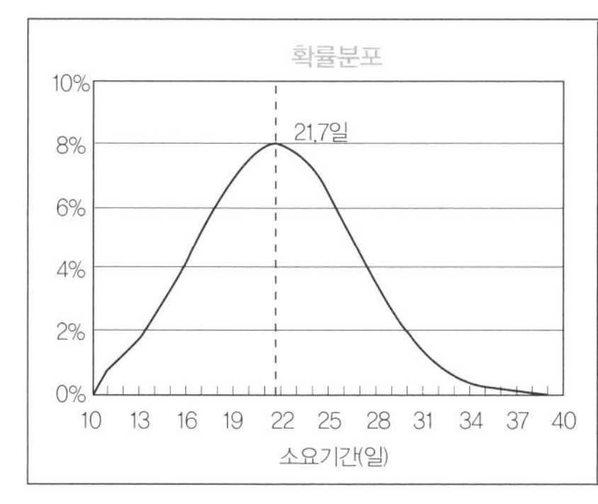

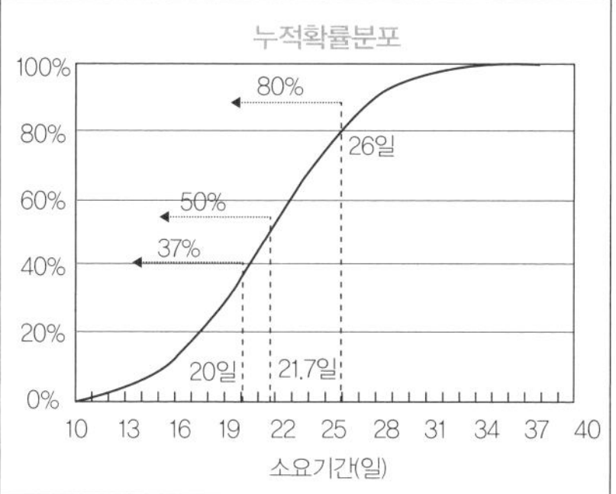

산정에 있어서의 표준 편차의 의미

고등학교 수학시간에 배운 통계 분석에서 표준편차의 의미를 기억하는가. 굳이 골치 아팠던 옛 기억을 꺼내기 싫다면 군대에서 실탄 사격했던 기억을 생각해보자.

탄착군이 형성되고 표적에서 떨어진 사수와 표적에 가깝지만 탄착군이 형성되지 않은 사수 중 누가 더 칭찬을 받았던가. 그렇다. 표준 편차가 작은 것이 평균이 실제 값에 가까운 것보다 더 바람직하다. 표준 편차가 작아질수록 산정 신뢰도가 높아지게 되고, 평균(t)과 실제 값의 차이(bias error)를 보정해 주면 실제 값에 가까운 정확한 산정이 되는 것이다.

조직의 프로세스 개선에 통계적 방법을 사용할 때에도 마찬가지이다. 정규분포표에서 넓게 퍼진 산모양보다 뾰족한 산모양의 분포도를 먼저 만드는 것이 프로세스를 통제 가능하게 만드는 일차적인 절차이다.

N . O . T . E

3 일정 관리 Tool

3-1. 마일스톤(Milestone)

마일스톤(Milestone)은 일상 생활에서 자주 쓰이는 용어이다. 프로젝트의 일정 관리에서 마일스톤은 다양하게 이용된다.
마일스톤은 프로젝트 기간 중 주요 달성, 완료 표시이다. 구체적으로 프로젝트 일정상 발생하는 주요한 이벤트 중심이며(액티비티는 해당하지 않음), 주요한 중간 산출물의 달성일을 뜻한다. 또한 고객이나 상위 관리자가 보고 받아야 하는 주요 사안을 표시하고, 프로젝트 일정에 영향을 끼치는 외부 요인의 완료일이다. 마일스톤은 할당된 기간이 없으며(Duration = 0), 일반적으로 마일스톤을 중심으로 일정에 대한 토대를 작성한 후 세부 일정을 작성한다. 일정표 상에서 '◇' 형태로 기술되며, 프로젝트 상의 중요한 날짜에 대한 주요 Stakeholder(상위 관리자, 고객, 기능 부서장 등)와의 의사 소통에 사용된다.

마일스톤의 의미

마일스톤의 사전적인 의미는 '초석'이다. 즉 프로젝트에서 근간이 되는 주요한 이벤트이다. 이벤트는 액티비티와 달리 기간이 없으므로 자원도 할당할 수 없다. 그러나 기간이 없다는 말을 사전적으로 받아들이면 안 된다. 'Key Deliverable의 완료'와 같은 마일스톤은 문장에서 느낄 수 있는 바와 같이 시간축 상에서 점(Point)으로 나타난다. 하지만 '중간 진행 상황의 보고'와 같은 마일스톤은 상식적으로 보고를 올리고 프리젠테이션하고 피드백을 받는 등의 실제 시간이 소요된다. 물론, 이를 액티비티로 기술할 수 있으나, 다른 액티비티와 비교했을 때 기간이 짧고 사안이 중요하다는 점에서 마일스톤으로 기술하는 것이 옳다.

마일스톤의 종류

마일스톤의 종류에는 의사 결정, 중간 완료 예정일, 데드라인, 배송일, 이벤트, 마지막으로 프로젝트 종료일이 있다. 각각에 대한 자세한 내용은 다음과 같다.

- 의사 결정

Go/No-Go, Go-left/Go-Right

- 중간 완료 예정일(Target Date)

중간 완료 예정일은 중간 산출물의 완료 일자이다. 상위 액티비티 그룹에서는 하나 정도의 중간 산출물 완료 예정일을 두어서 진척을 관리하는 것이 좋다.

- 데드라인(Do-or-Die Date)

말 그대로 지켜지지 않으면 안 되는, 강한 제약을 가지는 일자이다. 외부와 계약상에 명시된 날짜 등이 이에 속한다.

N . O . T . E

- 배송일(Deliveries)
프로젝트 외부 액티비티가 완료되어 내부로 들어오는 날짜이다.

- 이벤트(Ceremonies)
짧은 기간 동안 진행되는 공식적인 행사이다. '신규 사이트의 오프닝 행사' 등이다.

- 프로젝트 종료일(Project End Date)
프로젝트 최종 종료일이다.

마일스톤 설정법

마일스톤을 설정할 때는 크게 4단계를 거쳐 완성된다. 각 단계에 포함되는 과정은 다음과 같다.

주요 마일스톤 예(SI PJT)

착수, 사업수행계획서 승인, 착수보고회, 분석워크샵, 설계종료, 중간감리 시작, 중간보고회, 개발 종료, 최종감리 시작, 검수, 완료보고회

Step1. 프로젝트의 시작과 종료일의 결정
- 프로젝트 시작일은 각 조직들마다 정의가 틀리지만 통상적으로 프로젝트 팀이 계획 단계를 시작하는 날짜이다.
- 프로젝트 종료일은 스폰서에 의하여 승인된 예상 종료일이다.

Step2. 프로젝트 계획서가 승인되어질 날짜 기록
- 프로젝트 계획서 작성 기간과 고객으로부터의 승인 기간을 고려하여 기록한다.

Step3. 프로젝트에 할당된 데드라인 날짜 추가
- 프로젝트 주요 액티비티의 최종 수행일을 기록한다.

Step4. 부가적 마일스톤의 추가와 완료일 할당
- 프로젝트상에서 주요한 중간 산출물의 완료일이다.
- 10개 정도의 마일스톤을 추가하여 관리한다. 너무 많은 마일스톤의 설정은 관리를 어렵게 한다.

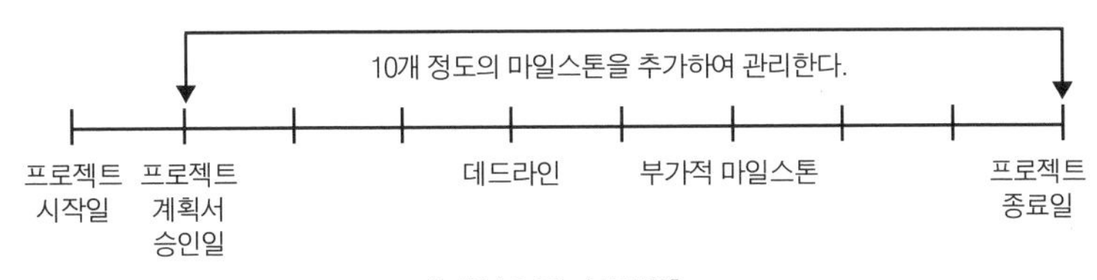

[마일스톤 설정법]

N . O . T . E

간트 차트(Gantt Chart)

액티비티를 막대그래프로 표시한 차트로서, 실제 계획된 업무량 중 얼마만큼 진행되었는지 표시된다.

3-2. 간트 차트(Gantt Chart)

간트 차트(Gantt Chart)는 Bar Chart라고도 하며 진척도 보고나 통제용으로 주로 쓰인다. 프로젝트의 시작과 종료 기간을 한눈에 보는 데는 매우 유용하지만, 액티비티 간의 연관 관계는 보여주지 않는다.
상위 관리자나 고객에게 진척도를 보고할 시에는 간트 차트보다 주로 마일스톤 차트를 많이 사용한다. 간트 차트는 모든 액티비티가 기술된 자세한 도표이기 때문에 프로젝트 팀 내에서 진척도에 대한 의사소통 시 주로 사용한다.

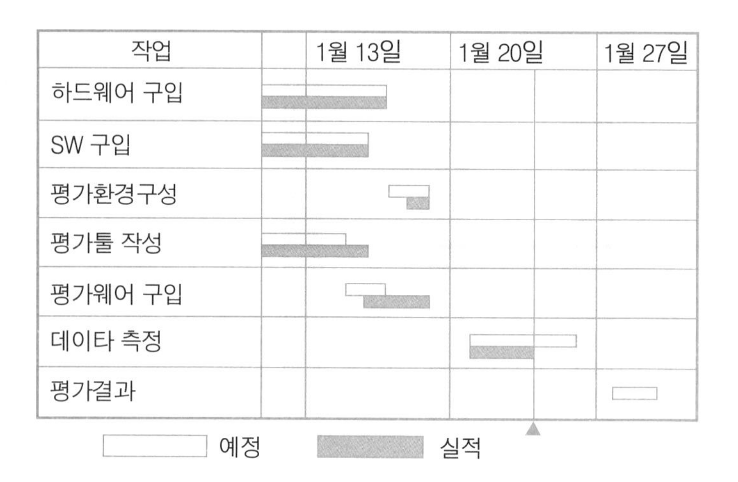

[간트 차트의 예 – 평가 시스템 구축 일정]

3-3. 프로젝트 네트워크 다이어그램 (PND : Project Network Diagram)

- 자주 사용하는 프로젝트의 네트워크 다이어그램은 PDM과 ADM의 두 가지가 있으며, 조건부 분기를 포함하는 CDM(Conditional Diagramming Method)도 있다.
- 전통적인 PND는 화살표에 액티비티를 표현하는 AOA(Activity On Arrow) 방식이었으나, ADM의 몇 가지 단점(그리기가 어렵고, 연관관계 제약이 있음)과 PDM의 장점(작성하거나 수정하기 용이함)으로 인하여 AON(Activity On Node)인 PDM이 더 선호되고 있다.
- 두 가지를 비교해 보면 다음과 같다.

N . O . T . E

구분	Precedence Diagramming Method	Arrow Diagramming Method
특징	액티비티가 노드에 위치(AON) Box 표기법 사용	액티비티가 화살표에 위치(AOA) I-J 표기법 사용
연관관계	FS, SS, FF, SF의 4가지 표현 가능	FS(Finish-to-Start)만 표현가능
dummy	존재하지 않음	dummy activity (=arrow) 존재
구조 식별	어렵다	쉽다
작성 및 변경	쉽다	어렵다
PERT/CPM적용	어렵다	쉽다

예) 표와 같은 작업 연관관계를 ADM과 PDM으로 나타내면

작업	선행작업	기간
A		4
B	A	3
C	A	5
D	B	2
E	B,C	1
F	D,E	3

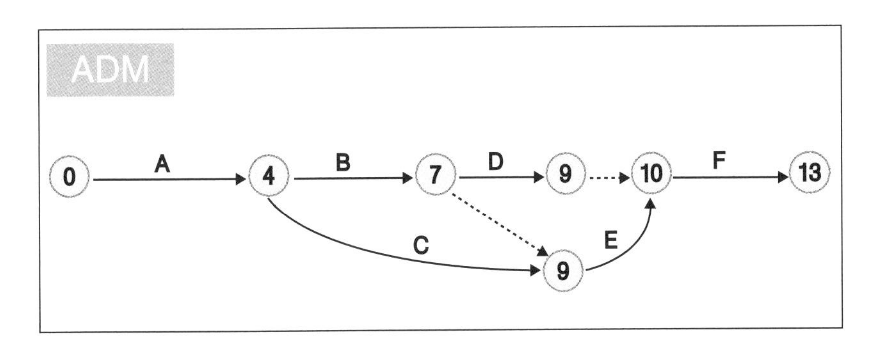

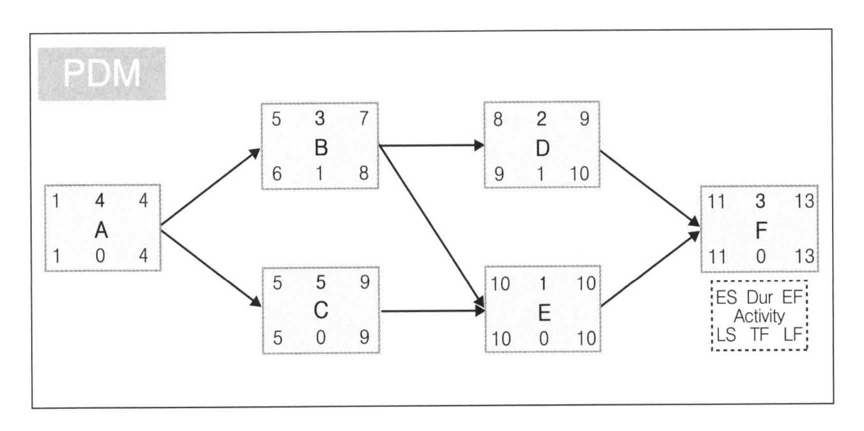

N . O . T . E

node

프로젝트의 시작과 끝을 나타냄

Activity

작업이란 용어에 특별한 뉘앙스를 담을 표현으로, 프로젝트의 주요 활동을 말한다. WBS를 개요 수준 방식으로 계속 분해하여 결국 책임성과 적임성을 고려한 자원 배정의 기준이 되는 작업이다. 비슷한 의미의 Task란 말이 있는데, 이는 업무 특성을 기준으로 분해한 방식이므로, Task보다는 Activity가 하위 개념이다. Activity는 다시 한번 분해하면 work package, 즉 단 하나의 자원이 배정된 특정 업무가 된다.

불연속적 주요 경로

프로젝트 일정 계획은 유연하고 동적으로 작성해야 한다(Dynamic Scheduling). MS Project를 사용할 때 많은 사람들이 하는 실수가 시작일과 종료일을 액티비티에 지정해 주는 것이다. 이는 액티비티에 일정 제약 조건을 발생시켜서 선/후 액티비티의 기간 변경시에 주요 경로를 깨뜨리고, 불연속적으로 만드는 결과를 발생시킨다. 불연속적인 주요 경로가 여러 개 나타나면 일정을 효과적으로 관리하기 쉽지 않다.

일점 추정(One-point estimate)

주요 경로에서는 액티비티의 수행 시간을 하나의 값으로 예측하여 가장 많이 발생하는 경우의 추정치인 보통치(Most likely estimates)를 사용한다.

4 주요 공정(Critical Path)

4-1. 주요 공정(Critical Path)

주요 공정법(CPM ; Critical Path Method)은 프로젝트 관리 계획 및 통제 기법으로서, 1956년부터 1958년까지 미국 듀퐁사의 건설 계획 추진에 적용되었다. 주요 공정(critical path)은 내장된 여유 시간을 가지고 있지 않은 일련의 업무와 작업들을 말하는데, 주 공정 내의 어떤 작업이 기대한 것보다 더 오래 걸린다면, 프로젝트 수행에 소요되는 전체 기간이 늘어나게 된다.

주요 공정(critical path)은 프로젝트 납기일에 영향을 미치는 일련의 액티비티의 집합이다. 주요 공정법은 프로젝트의 시작과 끝을 나타내는 원모양의 노드(node)와 노드간을 연결하는 화살표 모양의 액티비티로 구성된 형태로 나타낼 수 있다.

여러 경로 중에서 가장 긴 수행 기간이 필요한 경로를 주요 경로라고 하며, 프로젝트 수행 기간은 주요 공정의 수행 기간과 같다.

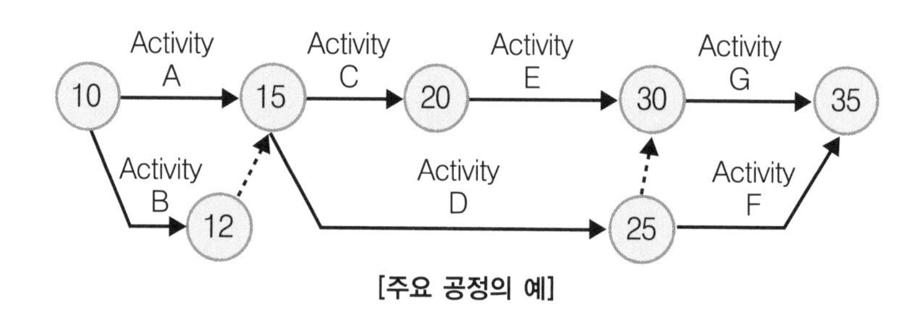

[주요 공정의 예]

※ 위 그림에서 확인할 수 있는 Critical path는 2개이다.

① A-C-E-G : 여유 시간이 없는 critical path로 이 경로에 따라 소요되는 25일은 본 프로젝트의 공기가 됨.

② A-D-F : A-C-E-G와 마찬가지로 25일이 소요되며, 여유 기간이 없는 critical path임.

주요 공정(Critical Path)에는 여유 시간(Float)이 없다. 주요 경로는 프로젝트 시작에서 종료까지 연속적으로 하나가 나타나지만, 일정에 제약 조건이 존재할 경우에는 끊어져서 여러 개가 나타난다.

N . O . T . E

프로젝트 납기 단축이 필요할 때에는 주요 경로상에 있는 액티비티에 우선 순위를 둔다. 즉 공기를 단축하려면 주요 경로상의 활동들에 소요되는 활동 일수를 줄여야 한다.

4-2. 주요 공정법의 특징 및 활용

주요 공정법은 자원 제약을 고려하지 않고 각 작업들의 이론상 가장 일찍 시작하고 종료할 수 있는 날짜와 가장 늦게 시작하고 종료해도 되는 날짜를 찾는 것이다. 따라서 작업들의 산정된 기간에 변동이 없는 한, 주요 공정법에서 도출된 프로젝트 예상 종료일보다 빠른 날짜에는 끝낼 수 없다. 일정계획시 산출된 날짜가 끝내야 하는 날짜보다 앞선다면, 자원 히스토그램을 확인하여 초과 할당된 자원을 가용 및 관리 가능한 수준으로 맞추는 것이 성공확률을 높이고 원가를 절감하는 방법이다. 반대로 산출된 날짜가 끝내야 하는 날짜보다 나중에 있다면, 범위 조정 등으로 일정에 맞는 계획을 세우거나, 자원 추가 투입 또는 병행처리로 종료 일정을 조절할 수 있다.

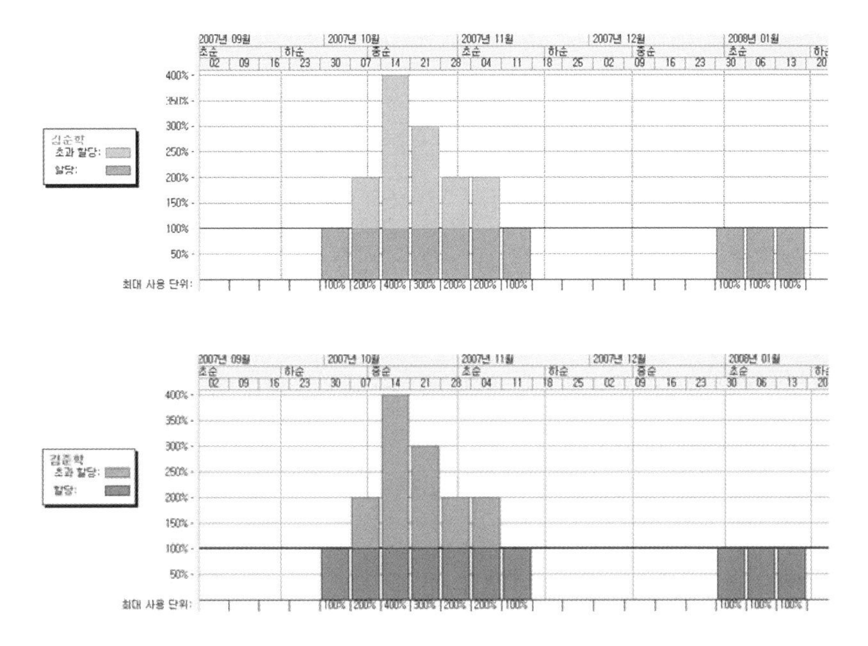

[MS Project에서의 자원 그래프]

N . O . T . E

주요 공정의 중요성

주요 공정은 "Critical Path"라는 명칭에서 알 수 있는 바와 같이 납기에 치명적인 영향을 미치는 액티비티 경로를 말한다.
맞물려 있는 일정, 원가, 품질 사이의 Trade-off(이율 배반성) 의사 결정은 프로젝트에서 종종 나타난다. 개인이나 조직에 따라 중요도는 다르겠지만, 기본적으로 3개의 영역의 중요도는 동일하다. 일정 측면에서 보았을 때 프로젝트 매니저는 중요도를 주요 공정상에 먼저 두고 집중적으로 관리해야 한다. 그리고 주요 공정에 대한 예방과 대안 계획을 세워서 프로젝트 납기가 늦어지지 않도록 관리해야 한다.

연관관계 사용 빈도

FS : 90% 이상
SS,FF : 5% 내외
SF : 거의 사용되지 않음

4-3. 연관 관계(Dependency)

연관 관계는 두 개의 액티비티에서 시작일과 종료일 사이의 관계이며, 액티비티 상호 간의 논리적 관계이다. S-S 관계, S-F 관계, F-S 관계, F-F 관계의 네 종류가 있다. 자세한 내용은 다음과 같다.

• F-S 관계(Finish-to-Start)

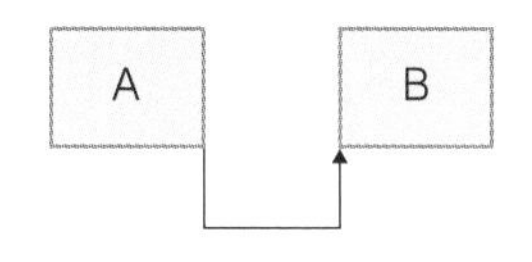

기초공사가 끝나야 건물 건축을 시작할 수 있다.

• S-S 관계(Start-to-Start)

바닥 청소가 시작되어야 타일 설치를 시작할 수 있다.

• S-F 관계(Start-to-Finish)

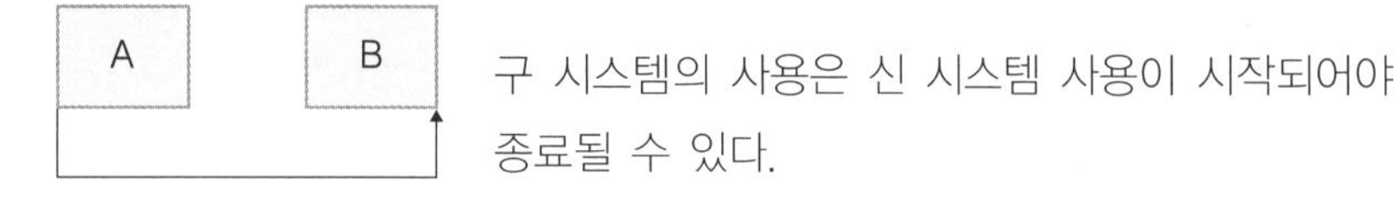

구 시스템의 사용은 신 시스템 사용이 시작되어야 종료될 수 있다.

N . O . T . E

• F-F 관계(Finish-to-Finish)

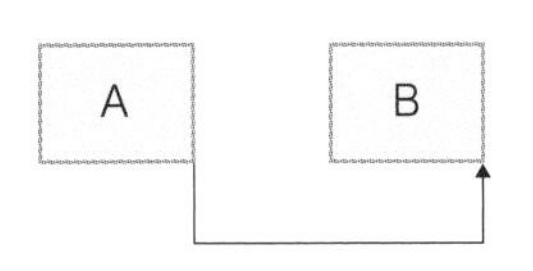

검수가 완료되어야 검수테스트를 종료할 수 있다.

연관 관계를 이해할 때 지연(Lag)/선행(Lead)을 관련시켜 알아두어야 한다. 지연과 선행은 다음과 같다.

• 지연(Lag)

작업 종료 후 후행 작업 시작을 위해 기다려야 하는 시간
예) 건축 공사에서 콘크리트 타설작업이 완료되면, 콘크리트가 양생하는데 걸리는 시간만큼 기다려야 다음 작업을 시작할 수 있다.

• 선행(Lead)

작업 종료 이전에 후행 작업이 시작되어 두 작업이 Overlapping된 시간
예) 기간 단축의 목적으로 액티비티가 종료되지 않았는데 후행 액티비티가 시작되는 경우이다.

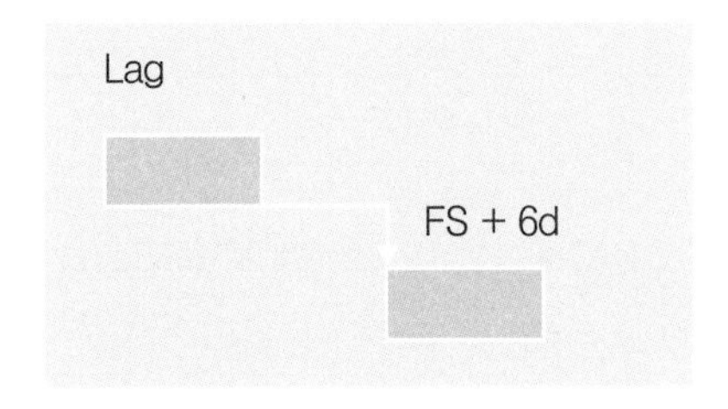

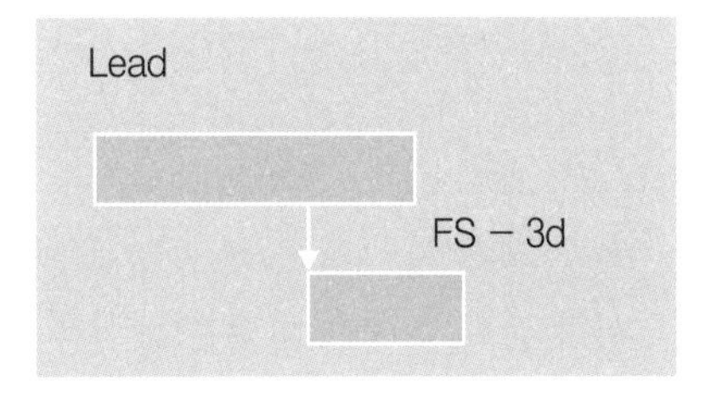

[지연] [선행]

4-4. 주요 공정(Critical Path) 도출법

주요 공정을 도출하려면 네 가지의 단계를 거쳐야 한다. 각 단계의 내용은 다음과 같다.

Step1. WBS Activity에서 전후 관계 목록을 작성한다.

주요 공정 도출법

몇 개의 액티비티만으로 이루어진 프로젝트에서는 네트워크 다이어그램 상에 일정을 기술하고 가장 시간이 많이 걸리는 경로를 직접 파악하는 방법이 훨씬 효과적일 수 있다.
액티비티가 많은 대형 프로젝트에서는 여유 시간을 계산하여 구하는 것이 바람직하지만, 이 경우에도 많은 계산이 필요하므로 쉽지 않다. 따라서 MS Project와 같은 Scheduling Tool을 사용하여 쉽게 계산할 수 있다.

N . O . T . E

선행작업(Predecessor)

해당 작업 시작 전에 완료되어야 하는 작업. 후속작업(Successor)형태가 식별이 용이하나, 실제 관계상 Predecessor가 의미상 명확해 더 자주 사용됨

액티비티	코드	기간	선행작업
SW선정	SS	4	
HW선정	SH	3	
SW설치	IH	5	SH
HW설치	IS	2	SS, IH
스크립트작성	DS	8	SS
모듈테스트	TM	12	IS
시스템테스트	TS	8	DS
시스템릴리즈	AS	1	TM, TS

Step2. 네트워크 다이어그램을 작성한다.

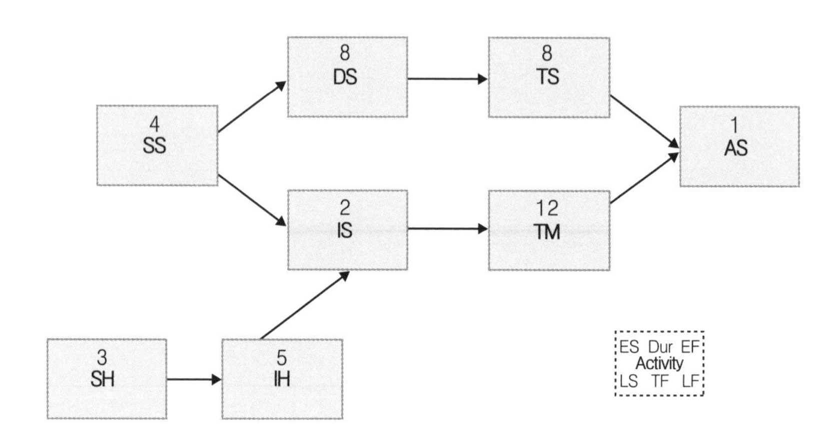

Step3. ES, EF를 도출한다.

- 전진 계산(Forward Pass) : 프로젝트의 시작부터 종료까지 액티비티 간 시작 날짜와 종료 날짜를 계산하는 것으로, ES와 EF가 산출된다.

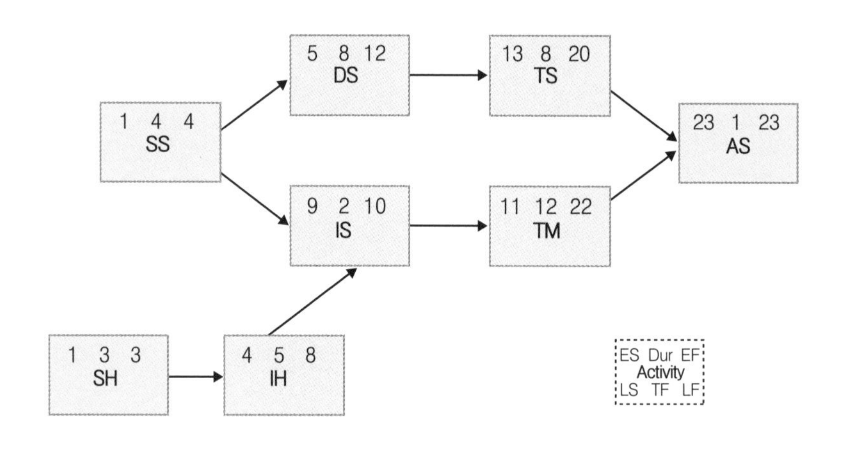

N . O . T . E

- ES = 빠른 시작 날짜 = $EF_{predecessor}$ + 1 = 이전 공정의 빠른 종료일 하루 후
- EF = 빠른 종료 날짜 = ES + 기간 − 1

Step4. 프로젝트 종료일을 도출한다.
- 빠른 종료 날짜 중 최종 날짜가 프로젝트 종료일이다.

Step5. LF, LS를 도출한다.
- 후진 계산(Backward Pass) : 앞서 구한 프로젝트의 종료일부터 프로젝트 시작 방향으로 액티비티간 종료 날짜와 시작 날짜를 차례로 계산하는 것으로, LF와 LS가 산출된다.

- LF = 늦은 종료 날짜 = $LS_{successor}$ − 1 = 후속 작업의 늦은 시작일 하루 전
- LS = 늦은 시작 날짜 = LF − 기간 + 1

Step6. 여유 시간을 도출한다.
- 빠른 시작/종료일과 늦은 시작/종료일의 차이를 구해 여유시간을 산출한다.
- TF = 늦은 시작 날짜 − 빠른 시작 날짜
 = 늦은 종료 날짜 − 늦은 시작 날짜

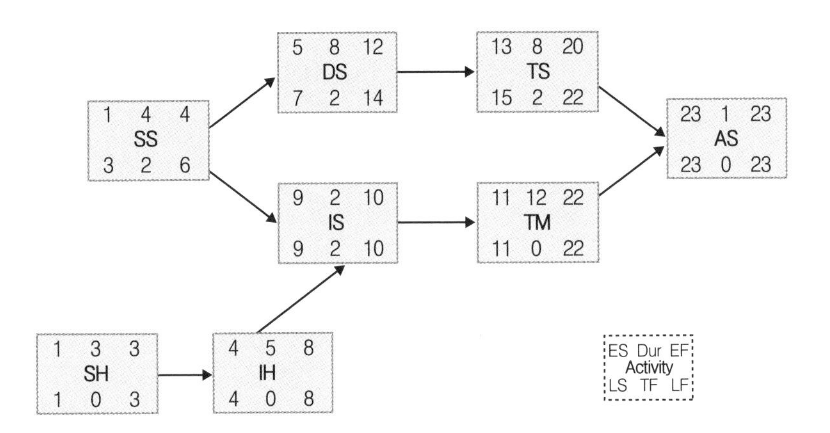

N . O . T . E

코드	기간	ES	EF	LF	LS	TF
SS	4	1	4	6	3	2
SH	3	1	3	3	1	0
IH	5	4	8	8	4	0
IS	2	9	10	10	9	0
DS	8	5	12	14	7	2
TM	12	11	22	22	11	0
TS	8	13	20	22	15	2
AS	1	23	23	23	23	0

Step7. 여유 시간이 0인 일련의 액티비티를 도출한다.
SH → IH → IS → TM → AS

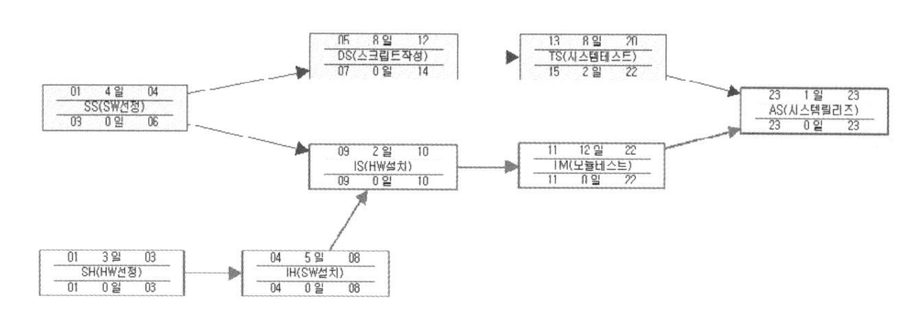

[MS Project에서의 PERT/CPM]

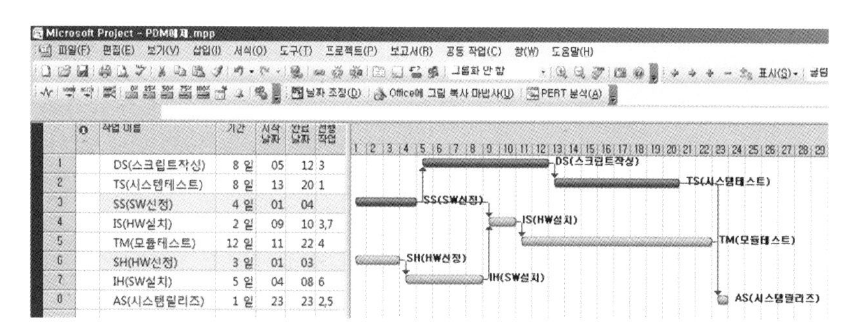

[MS Project에서의 PND, 날짜계산]

자원 평준화와 주요공정 연쇄법

Resource Leveling은 특정 기간에 과부하된 자원을 해결하는데 비해, critical chain method는 프로젝트 전체 기간동안 희소자원이 있는 경우 사용에 적합하다.

4-5. 자원 평준화(Resource Leveling)

주요 공정법으로 계산된 일정은 프로젝트 기간중 특정 기간동안 프로젝트의 가용 자원보다 많은 자원을 요구할 수 있는데, 자원 평준화는 이러한 과부하된 자원을 적절하게 배치하여 가용한 수준으로 만드는 것을 말한다. 주요 경로에 할당된 자원을 조정할 경우는 주요 경로의 소요기간 증가로

N . O . T . E

프로젝트 종료 예정일이 지연되며, 따라서 일정 지연을 막기 위해서는 초과 할당된 자원중 비 주요경로에 할당된 부분부터 조정해야 한다. 프로젝트 관리 툴을 사용하면 초과 할당된 자원을 쉽게 확인할 수 있고 자원 평준화 기능을 활용할 수 있기도 하나, 많은 경우 자원 평준화를 통해 프로젝트 기간은 최초 예상보다 늘어나게 되기 때문에 활용하지 않기도 한다. 하지만 자원 평준화를 수행하지 않은 프로젝트 계획은 과부하된 기간중의 작업은 정상적으로 종료될 수 없음을 이해하고, 전체 기간동안 가용한 수준 이내로 유지토록 하여야 한다.

4-6. 주요공정 연쇄법(Critical Chain Method)

제한된 자원에 맞게 프로젝트 일정을 변경하는 기법으로 결정론(deterministic)과 개연론(probabilistic)적인 접근 방법을 혼합했다. 처음에는 프로젝트 스케줄 네트워크 다이어그램을 일정 모형에 관련된 연관관계와 정의된 제약으로 일정 모형 내에서 액티비티 기간에 대해 비보수적인 산정을 한다. 주요 경로가 계산되고 나면, 가용 자원이 투입되고 자원 제한적인 일정이 결정된다. 그 결과로 인해 주요 경로가 변경되기도 한다. Critical Chain Method는 계획된 액티비티 기간에 초점을 유지하기 위해 작업이 없는 일정 액티비티인 기간 버퍼(duration buffer)를 추가한다.
버퍼 일정 액티비티가 결정되면, 계획된 액티비티가 가장 늦은 시작/종료일로 정해지고, 네트워크 경로의 총 여유시간을 관리하는 대신 Critical Chain Method는 계획된 일정 액티비티에 적용할 버퍼 액티비티 기간과 자원 관리에 집중한다.

Summary

POINT 1 일정 관리 계획

- 일정 관리는 프로젝트가 납기 내에 완료 할 수 있도록 보증하는 것이다. 범위 관리가 "무엇(What)"을 정의하기 위한 것이었다면, 일정 관리는 "언제(When)와 어떻게(How)"를 정의하기 위한 것이다.
- 일정 관리는 범위 관리 및 원가 관리와 밀접하게 통합된다.

POINT2 일정 관리 Tool

- 마일스톤(Milestone)은 프로젝트 일정상 발생하는 주요한 이벤트 중심으로 그려지며, 프로젝트 상의 중요한 날짜에 대한 주요 Stakeholder (상위 관리자, 고객, 기능부서장 등)와의 의사소통에 사용된다.

POINT3 주요 공정(Critical Path)

- 지연(Lag)은 작업 종료 후 후행 작업 시작을 위해 기다려야 하는 시간을 말하며,선행(Lead)은 작업 종료 이전에 후행 작업이 시작되어 두 작업이 Overlapping 된 시간을 말한다.
- 주요 공정(Critical Path)은 내장된 여유 시간을 가지고 있지 않은 일련의 업무와 작업들을 말하는데, 프로젝트 납기일에 영향을 끼치는 일련의 액티비티의 집합이다.
- 주요 공정(Critical Path)에는 여유 시간(Float)이 없다.

POINT4 공수 산정(Effort Estimation)

- 산정은 프로젝트 팀원에 의해 이루어져야 한다.
- 산정은 실제 수행을 통해 시행 착오를 거치지 않고서는 익힐 수 없는 기술이다.
- PERT(Program Evaluation and Review Technique)는 비관치, 낙관치, 실제 가능치를 고려한 3점 추정 방식을 사용하여 공수를 산정하는 방법이다. 산정에 대한 경험이 부족하거나 개인적 요소를 보정하고자 할 때 주로 사용한다.

Key Word

- 일정 관리(Time Management)
- 간트차트(Gant Chart)
- S-S, S-F, F-S, F-F
- 산정(Estimation)
- 마일스톤(Milestone)
- 주요 공정(Critical Path)
- 지연(Lag) / 선행(Lead)
- PERT

프로젝트에서 수행할 업무의 목록이 식별되면, 산정된 업무의 수행 소요 기간과 업무들간의 연관관계를 고려해, 산정된 전체 프로젝트 수행 기간과 각각의 작업 수행 일정을 수립하게 된다.

Microsoft Office Project를 활용하여 아래의 내용을 바탕으로 일정계획을 수립하여야 한다.

1) 프로젝트 기간 : 1월 1일 ~ 7월 31일(7개월)
2) 근무형태 : 월~금 주간 및 토요일 오전 근무
3) 공휴일 : 국가 공휴일

현재 산정된 일정은 다음과 같다.

작업 이름	수행기간	선행작업	연관관계
프로젝트 관리			
착수	1달		
통제	전체기간		
종료(검수)	마지막달		
프로그램(S/W)개발			
분석			
현황평가	1달		
요구사항 정의	1주	현황평가	종료후 시작
신논리 모델 구축	1주	요구사항 정의	50% 완료후 시작
컨텐츠 정의	0.5주	신 논리 모델 구축	종료후 시작
사례조사	2주	현황평가	종료후 시작
설계			
컨텐츠 설계	2주	요구사항 정의	종료후 시작
페이지 설계	3주	컨텐츠 설계	50% 완료후 시작
시스템 설계	1달	페이지 설계	종료후 시작
테스트 설계	1.5주	시스템 설계	종료 2주전 시작
개발			
웹페이지 제작	2.5달	시스템 설계	종료 2주전 시작
코딩 및 단위테스트 실시	2달	웹페이지 제작	시작 2주후 시작
테스트 실시	2주	코딩 및 단위테스트 실시	종료후 시작
구현			
구현계획 수립	1주	테스트 실시	종료후 시작
릴리이즈	1주	구현계획 수립	종료후 시작
시스템사용 교육	2주	구현계획 수립	종료후 시작

작업 이름	수행기간	선행작업	연관관계
시범운영	1달	시스템사용 교육	종료후 시작
종료			
프로젝트 종료	1달	종료(검수)	동시에 시작
작품 및 작가DB구축			
사전준비	1달		
자료분류	2달	사전준비	종료후 시작
자료제작	3달	자료분류	시작 1달후 시작
자료입력	2달	자료제작	종료 1달전 시작
검수	0.5달	자료입력	종료후 시작
기반인프라구축			
설계승인	0.5달		
발주	1달	설계승인	종료 1달후 시작
납품설치 및 통합	2달		
발주	종료 1달후 시작		
교육	0.5달	납품설치 및 통합	종료 1달후 시작
품질보증 활동			
보증계획수립	0.5달		
품질보증활동	전체기간		
테스트	마지막2달		
사후관리시작	마지막날		
이행			
시범운영	1달	릴리즈	종료후 시작

Chapter 07 예산

Project Management Situation

고객사의 회의실에서 차PM과 팀원들이 회의를 하고 있다.

차 PM 프로젝트의 정확한 예산을 수립하기 위해 각자 자신이 맡은 업무의 투입 공수와 하드웨어, 소프트웨어 구매 비용, 외주비, 경비 등을 산정해야 합니다. 우선 각 업무별 책임자들은 해당 업무 개발 팀원들에게 업무 수행에 필요한 공수를 산정토록 합시다.
김영호 할 일이 정말 많네요. 언제까지 산정을 완료해야 합니까?
차 PM 가능한 빠르고 정확하게 산정해 주시길 바랍니다. 이미 프로젝트가 진행 중이기 때문에 실행 예산을 가능한 빨리 확정해야 합니다. 이번에 우리 팀의 능력을 한번 보여줍니다!
팀원들 예, 알겠습니다.

휴게실에서 차PM과 박부장이 심각하게 문서를 보며 이야기를 나누고 있다.

차 PM 저희가 예산을 산정한 결과 예상했던 것과 같이 최초 수주 계약시 산정했던 원가를 초과하고 있습니다. 그래서 당초 예상했던 이익률을 확보하기 어려울 것 같습니다.
박부장 어려운 부탁이네만 이익률을 지킬 수 있도록 수주 원가를 실행 예산이 초과하지 않도록 해 주길 바라네. 만일 이익률이 내려가 적자로 프로젝트가 종료된다면 회사에 큰 문제를 야기하게 되네. 노력해 주길 바라네.
차 PM 죄송합니다. 지금 상황에서 예산으로는 수행이 힘들 것 같습니다.
박부장 이를 어쩌나…. 자네를 믿고 있었는데…. 이번 프로젝트가 수행 결과가 회사 경영에도 많은 영향을 준다는 것을 잊지 말길 바라네.
차 PM 정말 어려운 상황이지만, 수주 원가와 실행 예산의 차이를 최대한 줄이도록 노력해 보겠습니다.
박부장 그럼, 잘 부탁하네. 회사의 앞날이 자네 손에 달려 있네.

Check Point

- 예산 관리(Project Cost Management)는 어떻게 해야 하는가?
- 예산 산정 방법에는 어떤 방법이 있는가?
- 실제 프로젝트 진행시 계획보다 예산이 초과 집행되는 것을 대비해서 예비비(Contingency reserve)나 여분의 돈을 추가로 할당하는가?
- 예산 초과에 대한 최종 책임은 누가 지는가?
- 프로젝트가 예산 내에서 완료하는 것을 보장하기 위해 어떻게 하는가?

N . O . T . E

1 예산 관리 계획

예산 계획의 요소

금액, 지출의 시기, 프로젝트의 지출 패턴, 지출의 주기

1-1. 예산 관리(Project Cost Management)

예산 관리란 프로젝트가 승인된 예산 범위 내에서 완료될 수 있도록 보증하기 위한 것이다.

원가 관리는 범위, 일정과 함께 계획 수립의 핵심 요소로서, 범위/ 일정/ 원가는 상호 연관되어 있음을 인식하는 것이 중요하다. 즉, 일정을 앞당기려면 범위를 줄이거나 원가가 더 들어가야 하고, 원가를 줄이려면 범위를 줄이거나 일정을 늘려야 한다.

Life Cycle Costing

원가를 추정하는 경우 보통 프로젝트 개발에 소요되는 원가만을 추정하게 된다. 그러나 실제로 프로젝트에 발생하는 비용은 개발비뿐만 아니라 유지 · 보수 및 폐기에도 발생하게 된다. 따라서 시스템 개발비만 고려한 의사 결정과 프로젝트 Life Cycle 전체의 관점을 고려한 의사 결정은 달라질 수 있다는 개념이다.

프로젝트가 예산 내에서 완료하는 것을 보장하기 위한 방법

- 달성 가능한 예산 계획을 수립해야 한다.
  : WBS 달성을 위한 자원의 양과 질을 빠짐없이 도출해야 한다.
- 원가 진척 현황을 통제하여야 한다.
  : 프로젝트 원가를 모니터링하고, 필요할 경우 적절한 시정 조치를 취해야 한다.

1-2. 예산 관리 프로세스

일반적으로 예산 관리 프로세스는 예산 산정(Cost Estimating) → 예산 편성(Cost Budgeting) → 예산 통제(Cost Control)의 3단계로 이루어지며, 계획단계인 예산 산정과 예산 편성의 자세한 내용은 다음과 같다.

1) **예산 산정(Cost Estimating)** : 프로젝트 활동을 수행하는 데 소요되는 자원의 원가를 예측하기 위한 프로세스이다.

N . O . T . E

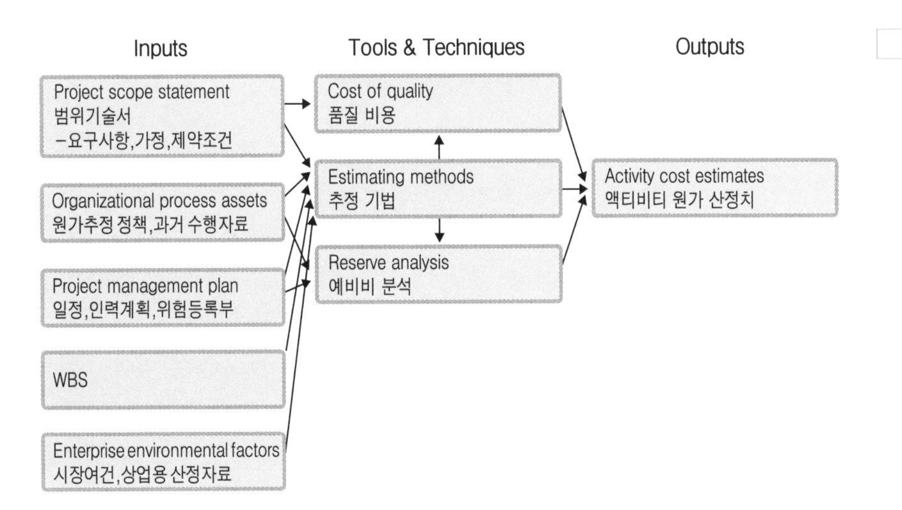

2) 예산 편성(Cost Budgeting) : 전체적인 원가 예측치를 각각 활동에 배정하는 프로세스이다.

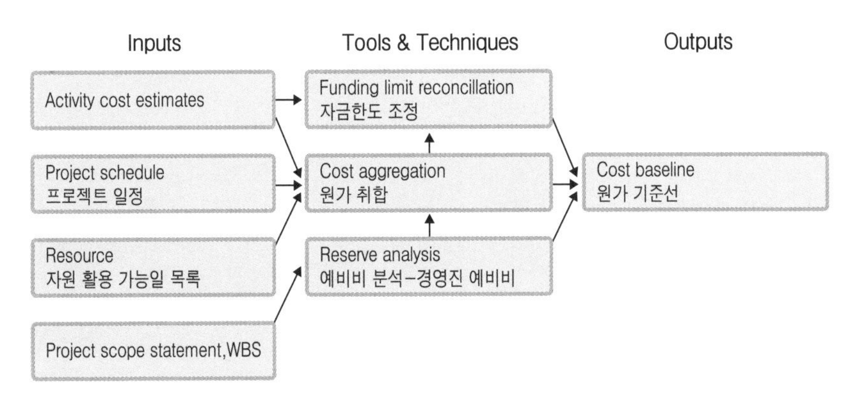

Cost Baseline : 예산을 각 업무별로 배정하고 Baseline을 설정

Cost Baseline 원가 기준선

프로젝트 원가 통제 및 평가의 기준선. 총 예산 뿐 아니라 각 원가 항목별 사용 시기에 대한 세부정보, 즉 기간별 예산 내역을 포함한다.

N . O . T . E

2 예산 산정 방법

2-1. 비용 산정(Cost Estimates)

비용 산정(Cost Estimates)은 단위 공정별 원가 산정과 이를 통해 전체 총원가를 산정하는 것을 말한다.
비용 산정은 추정된 원가의 요약 또는 상세 형태로 제시될 수 있다. 추정된 원가는 비교를 위하여 단위를 통일하는 것이 일반적이며, 프로젝트 진행 중에 추가적인 상세 내역을 반영하기 위해 상세히 구별하는 것이 유리하다.

예산 산정 방법

Top down Estimating : 상 → 하 예산 계획
Bottom-up Estimating : 하 → 상 예산 계획

2-2. 예산 산정 기법

예산 산정 기법에는 Top down Estimating, Bottom-up Estimating, Parametric Modeling 기법이 있다. 각 방법에 대한 자세한 내용은 다음과 같다.

Top down Estimating

Analogous Estimating 이라고 하고, Expert judgment의 한 형태이다. 앞서 수행된 유사한 프로젝트의 실제 비용을 향후 원가 추정의 근거로 사용한다. 원가 추정에 필요한 정보의 양이 제한적일 때 사용하며, 앞서 수행한 프로젝트가 비슷하거나 추정하는 개인이 전문성을 가지고 있을 때 보다 신뢰할 수 있다. 수행 원가가 적게 들지만 다른 방법에 비해 정확도가 떨어지며, 액티비티별 원가를 알 수 없다.
프로젝트 팀에게 상부의 비용, 납기 등의 요소에 대한 기대치를 제공한다.

Bottom-up Estimating

개별 작업 목록의 비용을 합산하여 프로젝트 총원가를 추정하는 방법이다. 방법의 정확성은 개별 작업 목록의 규모에 의해 정해진다. 작업 목록의 크기가 작을수록 원가의 정확성이 높아진다.

Parametric Modeling

함수 모델에 의해 프로젝트 원가를 추정하는 방법이다. 정확성은 모델링

도출에 사용하는 데이터가 정확할수록, 모델에서 사용되는 변수가 측정 가능할수록, 규모에 상관없이 Scalable할수록 높아진다.
Regression analysis, Learning curve와 같은 형태가 있다.

2-3. 예산 할당

효과적인 프로젝트 예산 집행은 지출 시기를 고려해야 한다.

조직 차원

예산 집행 액수가 큰 프로젝트는 회사의 자본 유동성과 재무 상태에 큰 영향을 끼친다. 따라서 지출 시기는 이와 더불어 잘 관리되어야 한다. 큰 액수가 집행되는 지출, 예를 들면 대규모 자산 설비의 설치와 같은 것들은 프로젝트 일정과 재무적 영향을 함께 고려해야 한다.

프로젝트 차원

지출 시기는 예산 집행에 대한 계획이 어긋났을 경우 경고 메시지를 제공하는 것과 같은 모니터링을 제공한다. 프로젝트 기간 중의 여러 시점에서 측정되는 계획 대비 실적 차이는 기성고(Earned Value)와 같은 측정치를 통해 실제 집행된 예산이 계획 대비로 얼마나 차이났는지를 알 수 있게 해준다.

N . O . T . E

회귀 분석(Regression analysis)

회귀 분석이란 변수들 사이의 관계를 조사하여 모형화시키는 통계적 기법이다. 변수들 간의 함수적 관련성을 규명하기 위해 수학적 모형을 가정하고, 관측된 자료로부터 이 모형을 추정하는 통계 분석 방법으로 경제, 경영, 교육, 정치 등의 사회과학, 그리고 물리, 화학, 생물, 공학, 의학 등 자연 과학의 거의 모든 분야에서 널리 응용되고 있다. 복잡한 함수 관계를 추정하는 데 가장 널리 사용되는 자료 분석 기법이다.

학습 곡선(Learning curve)

똑같은 작업을 한번 더 반복해서 할 때, 훨씬 더 짧은 시간에 적은 비용으로 할 수 있는 개념, 또는 축적된 경험과 노하우로부터의 비용상의 우위를 획득하기 위한 의도적인 산출 증대 전략을 말한다.
특히 노동 집약적인 산업에서 생산이 거듭됨에 따라 원가가 많이 줄어드는 것을 학습 곡선이라고 한다. 지식 사회가 도래함에 따라 종업원들의 지식 습득과 학습 능력, 창의력 등이 점차 부각되고 있어 최근에 다시 그 중요성이 커지고 있다.

03 프로젝트와 조직의 원가 구성

3-1. 프로젝트와 조직의 원가 구성

프로젝트 관리자는 프로젝트의 원가를 책임지는 사람으로서 어떻게 하면 승인된 예산 범위 내에 프로젝트를 완료할 것인가를 고민해야 해야 하는 한편, 조직의 일원으로서 프로젝트의 원가가 조직의 원가와 어떻게 연결되어 나타나는지에 대한 이해가 필요하다. 또한 프로젝트의 원가도 자주 사용되며 눈에 쉽게 드러나는 항목들 이외의 항목들에 대해서도 숙지할 필요가 있다.

N . O . T . E

3-2. 프로젝트의 예산 항목

프로젝트의 원가는 크게 인건비, 재료비, 경비로 나뉜다.

인건비

인건비는 직접인력(프로젝트에 참여하는 인력)에게 지출되는 임금 형태의 비용을 말하며 노무비라고 하기도 한다. 인건비는 일정 기간당 지급하기로 한 가격과 실제 투입된 기간에 따라 계산할 수 있다. 인건비를 관리하고자 할 경우 팀원 개개인의 인건비(월급 등)를 알아야 하는데, 확인이 어려운 경우는 노임단가 기준으로 입력해두고, 진척현황에 따라 조정치를 부여하여 예측하는 방법을 쓸 수 있다.

재료비

재료비는 장비 도입이나 자재 구입에 소요되는 원가를 말한다. 실체를 형성하는 물품 가치를 직접재료비, 보조적으로 소비되는 물품 가치를 간접재료비로 부르기도 한다. 재료비의 항목은 WBS에서 검수 받는 기준에 입각해 세부적으로 작성하고, 도입 시기에 따라 월별 혹은 주별로 작성하면 된다.

경비

경비는 프로젝트 수행을 위해 사용되는 원가중 인건비와 재료비를 제외한 나머지 금액을 말한다. 업종이나 기업의 회계처리 규정, 프로젝트의 성격에 따라 필요한 경비 항목은 달라질 수 있으며, 다음과 같은 항목이 있을 수 있다.

복리후생비

인건비 항목에 포함될 수 있는 경비. 개인에게 지급되는 각종 보험료, 보조금등이 포함됨

- 복리후생비
- 요식성경비
- 교육훈련비
- 인쇄비
- 통신비
- 외주비
- 소모품비
- 교통비
- 출장비
- 운반비
- 행사비
- 관리비

외주비는 인력에 대한 비용이므로 인건비성 항목이기는 하나, 투입된 기간에 따라 지출 규모가 변동되는 것이 아니라 계약관계에 따라 소요되는 금액이므로 경비항목으로 봐야 하며, 관리상의 목적에 따라 인건비, 외주비,

N . O . T . E

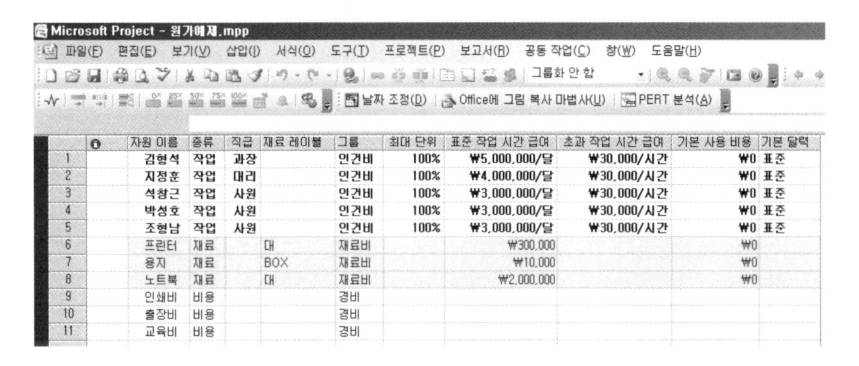

	ⓘ	자원 이름	종류	직급	재료 레이블	그룹	최대 단위	표준 작업 시간 급여	초과 작업 시간 급여	기본 사용 비용	기본 달력
1		김형석	작업	과장		인건비	100%	₩5,000,000/달	₩30,000/시간	₩0	표준
2		지정훈	작업	대리		인건비	100%	₩4,000,000/달	₩30,000/시간	₩0	표준
3		석창근	작업	사원		인건비	100%	₩3,000,000/달	₩30,000/시간	₩0	표준
4		박성호	작업	사원		인건비	100%	₩3,000,000/달	₩30,000/시간	₩0	표준
5		조형남	작업	사원		인건비	100%	₩3,000,000/달	₩30,000/시간	₩0	표준
6		프린터	재료		대	재료비		₩300,000		₩0	
7		용지	재료		BOX	재료비		₩10,000		₩0	
8		노트북	재료		대	재료비		₩2,000,000		₩0	
9		인쇄비	비용			경비					
10		출장비	비용			경비					
11		교육비	비용			경비					

[MS Project에서의 원가 계획]

재료비, 경비의 4개 항목으로 나누기도 한다.
경비의 산출은 항목별로 일정 기준을 세우고 그에 맞는 금액을 예측하는데, 회사의 정책이나 과거 프로젝트 수행자료를 기초로 작성하는 것이 수월하다.

3-3. 조직의 원가 구성

프로젝트에서는 업무 범위의 수행 원가를 산정하고 승인된 예산 내에 프로젝트를 종료시키는 것이 목표이지만, 조직에서는 프로젝트 뿐 아니라 일상 운영업무나 영업, 지원, 관리, 연구 등 다양한 분야의 사용원가까지 고려하여 손익을 계산하게 된다.

손익에 대한 관점에 따라 이익은 한계이익, 매출이익, 영업이익, 경상이익으로 볼 수 있으며 그 개념은 아래와 같다.

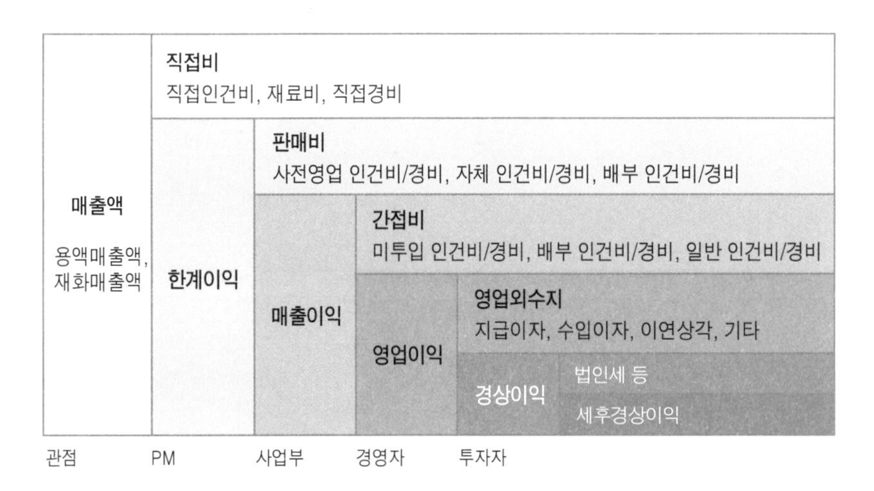

N . O . T . E

원가 항목

판매비(사전영업) : 프로젝트 수주를 위해 사용되는 영업 비용.
판매비(자체) : 해당 사업부의 고정비용. 영업부서 부서장, 스탭 인력이 해당.
판매비(배부) : 영업조직 전체에서 공유되는 고정조직에 대한 비용. 영업조직 PMO, 직할 조직 등이 해당.
간접비(미투입) : 프로젝트 수행이 임무인 조직에서 프로젝트 수행중이 아닌 인력에게 투입되는 비용. 교육, 휴가, 대기중인 인력이 해당.
간접비(배부) : 개발조직 전체에서 공유되는 고정조직에 대한 비용. 개발조직 부서장, 스탭 인력이 해당.
간접비(일반) : 회사 전체에서 공유되는 고정조직에 대한 비용. 인사,총무,경영지원 등 전사 지원조직에 해당
지급이자 : 소유주의 출자 이외의 타인 자본 사용 비용. 즉 기업회계상의 이자 비용
수입이자 : 기업의 자본으로부터 발생하는 이자 수입
이연상각 : 신제품, 신기술 연구개발 등 이연자산에 의한 상각분

N.O.T.E

04 범위, 일정, 예산 계획 프로세스 구성

프로젝트의 계획단계 중 앞서 설명된 범위 계획, 일정 계획, 프로세스를 엮어보면 다음과 같다.

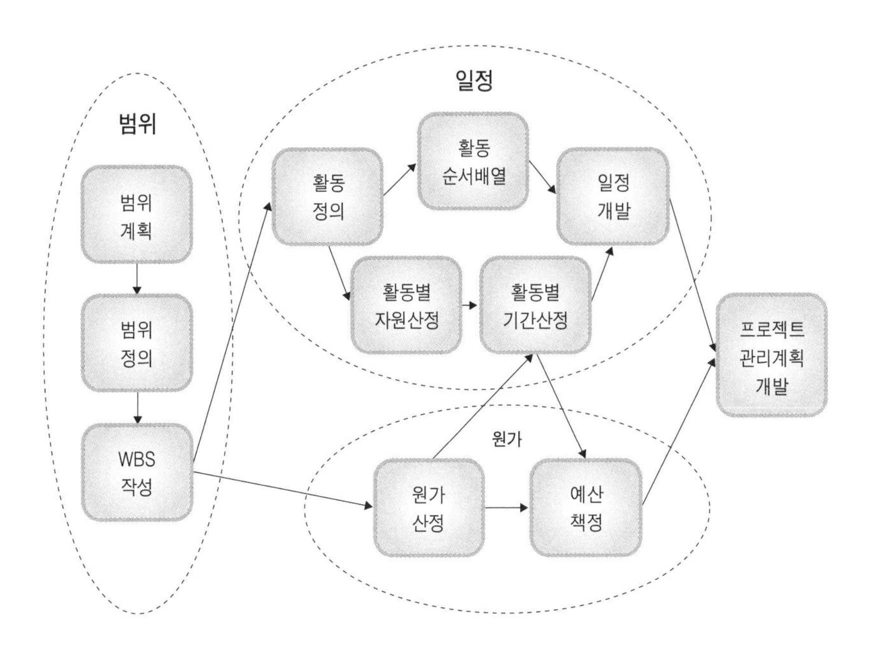

[Core프로세스 계획 연관도]

Summary

POINT 1 예산 관리 계획

- 예산 관리는 프로젝트가 승인된 예산 범위 내에서 완료될 수 있도록 보증하기 위한 것이며. 원가 관리는 범위, 일정과 함께 계획 수립의 핵심 요소이다.
- 범위/ 일정/ 원가는 상호 연관되어 있음을 인식하는 것이 중요하다.
  - 일정 ↓ : 범위 ↓: 또는 원가↑
  - 원가 ↓ : 범위 ↓: 또는 일정↑
- Life Cycle Costing이란, 원가를 추정하는 경우 보통 프로젝트 개발에 소요되는 원가만을 추정하게 된다. 그러나 실제로 프로젝트에 발생하는 비용은 개발비뿐만 아니라 유지 · 보수 및 폐기에도 발생하게 된다. 따라서 시스템 개발비만 고려한 의사 결정과 프로젝트 Life Cycle 전체의 관점을 고려한 의사 결정은 달라질 수 있다는 개념이다.

POINT2 예산 산정 방법

- Top down Estimating이란 Analogous Estimating 이라고 하고, Expert judgment의 한 형태이다. 원가 추정에 필요한 정보의 양이 제한적일 때 사용한다.
- Bottom-up Estimating은 개별 작업 목록의 비용을 합산하여 프로젝트 총원가를 추정하는 것으로, 개별 작업 목록의 규모에 의해 정확성이 정해진다.
- Parametric Modeling은 함수 모델에 의해 프로젝트 원가를 추정하는 방법으로서, Regression analysis, Learning curve와 같은 형태가 있다.

Key Word

- 예산 관리(Project Cost Management)
- 예산 관리 프로세스
- 예비비(Contingency)
- 계획 대비 실적 차이(Variance)
- Top down Estimating, Bottom-up Estimating, Parametric Modeling

4장에서 수립된 일정계획을 바탕으로 각 작업의 경비를 포함한 수행 원가를 산정하고, 향후 진척관리를 위해 초기계획을 저장하여야 한다.

다음 사항을 고려하여 원가를 입력한다.

1) 인건비로 계산되어야 할 부분은 PM과 QAO이다. 인건비는 대외비로 정확한 값을 알 수 없으므로, 정통부 노임단가를 참조하여 PM은 고급, QAO는 중급으로 입력한다.
2) 회사에서 담당한 부분은 인프라 구축에 해당하는 부분 뿐이며 그 외의 부분은 컨소시엄사에서 담당하기 때문에 실행예산에 포함되지 않지만, 일정 관리에 활용하려면 총액 입력이 필요하다.
3) 작업별로 원가 분할이 어려운 경우는 요약 작업에 입력한다.
4) 경비 입력은 프로젝트 관리에 항목별로 작업을 만들어 할당한다. 실제 경비의 예상은 직접 산정하여 입력한다.

입력이 끝났으면 초기계획을 저장한다. 각 분야별 원가는 아래와 같다.

ㅇ 인프라 부문 원가

N/W : 20백만원
H/W : 150백만원
도난방지/작품관리/출입차단 : 150백만원
매/수표 및 판매관리 : 40백만원
방송영상시스템 및 기타기계설비 : 60백만원
도서자료실 : 10백만원
전산실 : 5백만원
감리 : 10백만원
시스템 SW : 90백만원
범용 SW : 15백만원

ㅇ 인프라外 부문 원가

프로그램 개발 원가 : 220 백만원
DB구축 원가 : 120백만원

:: Template - 예산 계획 체크리스트

프 로 젝 트 명		프 로 젝 트 ID	
프로젝트 매니저		일 시	

[인건비]

항 목	Yes	No	N/A	비고, 의견
1. 예산과 비용에 대한 계획을 세우기에 충분할 정도로 자세히 인력 비용이 분할되었는가?(기술 수준, 종류, 인력 등급)				
2. 기술 지원, 업무 전문가 등 모든 지원 인력의 비용이 인식되었는가?				
3. 모든 계약, 컨설팅, 임시성 비용이 예산에 포함되었는가?				
4. 모든 외주 계약 비용이 예산에 포함되었는가?				
5. 필요한 인력 채용 비용과 할당 비용이 포함되었는가? (회사 비용이 아닌 프로젝트 비용인 것)				
6. 종료 후 사후 지원에 대한 비용이 예산에 포함되었는가?				
7. 예산에 사후지원 기간이 기술되어있는가?				
8. 예산에 지속적인 업무 비용, 유지 보수 비용, 어플리케이션 지원 비용이 포함되었는가?				
9. 필요에 따라 모든 자원의 할당, 예를 들자면 회계, 재정상의 Resource cost breakdown이 예산에 포함되었는가?				
10. 예산에 구매할 SW 자산 비용이 포함되었는가?				
11. 예산에 자산화(capitalization)될 모든 항목이 기술되었는가?				
12. 예산에 자산화 기간이 포함되어있는가?				
13. 예산에 HW, SW자산의 감가상각비가 포함되어 있는가?				
14. 감가상각 일정이 제공되었는가?				
15. 예산에 예상되는 유지 · 보수 비용이 포함되어 있는가?				
16. 예산에 유지 · 보수가 필요한 모든 항목들이 기술되어 있는가?				
17. 예산에 유지 · 보수 기간에 기술되어 있는가?				
18. 예산에 유지 · 보수 비용 지출 일정이 기술되어 있는가?				
19. HW, SW 라이센스 비용이 포함되어 있는가?				
20. Network 비용이 포함되어 있는가?				
21. 회사 내부(타부서 자산)의 HW, SW 점유에 대한 예상 비용이 계획되어 있는가?				
22. 장비와 재료 구매를 위해서 예산에 각 항목과 필요 수량, 가격이 기재되어 있는가?				
23. 장비 사용 비용이 포함되어 있는가?				
24. 필요에 따라 통신비(핸드폰, 전화)가 예산에 포함되어 있는가?				

[출장비]

항 목	Yes	No	N/A	비고, 의견
25. 예상되는 출장에 대한 항공료, 숙박료, 자동차렌탈 등의 비용이 포함되어 있는가?				
26. 회의나 컨퍼런스 비용이 포함되어 있는가?				
27. 출장의 평균 가용 횟수가 인식되었는가?				
28. 회사에 출장에 대한 제약 정책이 있다면 그 안에서 출장 횟수 및 비용이 책정되었는가?				

[교육]

항 목	Yes	No	N/A	비고, 의견
29. 교육 비용이 포함되어 있는가?				
30. 교육에 따르는 여비가 포함되어 있는가?				

[기타]

항 목	Yes	No	N/A	비고, 의견
31. 측정 단위가 정의되었는가?(per day, per workstation)				
32. 모든 계산이 리뷰되었는가?				
33. 필요한 자원을 제공하는 조직내의 담당이 인식되었는가?				
34. 단위 비용 증가분이 인식되었는가?				
35. 예산이 정기적인 월별 과금의 주기적인 변화를 반영하였는가?				
36. 예산이 모든 세금 비용을 포함하였는가?				

:: Template – 재료비 전망

OOO 프로젝트 재료비 전망

업체	제품	내용	계획 금액	계약 금액	2027년				계	검수 여부
					1월	2월	3월	4월		
합계										

:: Template - 경비 전망

OOO 프로젝트 경비 전망

항 목	구분	2027년										경비 전망
		1월	2월	3월	4월	5월	6월	7월	8월	9월	계	
교 육 훈 련 비	계획											
	실적											
	차이											
국 내 출 장 비	계획											
	실적											
	차이											
기타복리후생비	계획											
	실적											
	차이											
도 서 인 쇄 비	계획											
	실적											
	차이											
복리개인연금	계획											
	실적											
	차이											
복리고용보험	계획											
	실적											
	차이											
복리국민연금	계획											
	실적											
	차이											
복리산재보험료	계획											
	실적											
	차이											
복리의료보험료	계획											
	실적											
	차이											
비 품 비	계획											
	실적											
	차이											

항 목	구분	2027년										경비 전망
		1월	2월	3월	4월	5월	6월	7월	8월	9월	계	
소 모 품 비	계획											
	실적											
	차이											
수 선 유 지 비	계획											
	실적											
	차이											
시 내 교 통 비	계획											
	실적											
	차이											
요 식 성 경 비	계획											
	실적											
	차이											
운 반 비	계획											
	실적											
	차이											
잡 비	계획											
	실적											
	차이											
전 산 소 모 품 비	계획											
	실적											
	차이											
지 급 수 수 료	계획											
	실적											
	차이											
통 신 비	계획											
	실적											
	차이											
행 사 비	계획											
	실적											
	차이											
경 비 계	계획											
	실적											
	차이											

Project Management

PART 06

프로젝트 실행 및 통제

Chapter 8 의사소통

Project Management Situation

박부장과 차PM이 프로젝트 관련 회의를 하고 있다.

박부장 이번 프로젝트는 회사에 아주 중요한 프로젝트이니 진척상황이나 위험상황에 대해 매주 월요일 오전에 주간보고서를 제출해 주게. 특히 원가초과 요인을 중심으로 보고서를 작성해주게.
차 PM 고객사에서도 매주 월요일에 프로젝트 회의를 요청하고 있습니다. 고객사는 기술적 이슈들과 업무 진척상황을 중점적으로 관리하기를 원하고 있습니다.
박부장 고객사가 우선이니 그렇다면 주간보고는 매주 화요일 오전에 하도록 하지. 월요일 고객과 회의를 통해 도출된 문제점도 같이 보고해 주게.
차 PM 네, 알겠습니다.
박부장 팀원들과의 의사소통에는 문제가 없나? 프로젝트 현장이 지방이어서 가족들을 자주 못 만나는 팀원들이 힘들텐데.
차 PM 저도 근무의욕이 떨어지지 않을 지 걱정입니다. 게다가 이번 프로젝트에서 처음으로 같이 일하게 된 팀원들이 많아 팀빌딩 활동에 신경을 많이 쓰고 있습니다.
박부장 업무뿐만 아니라 인간적인 면에서도 의사 소통을 통해 잘 이끌어주게. 실제로 프로젝트를 수행하는 것은 팀원이라는 것을 잊지 말게.
차 PM 네, 최대한 노력하도록 하겠습니다.

Check Point

- 의사소통의 종류에는 어떤 것이 있는가?
- 의사소통시 문제가 발생하는 원인은 무엇인가?
- 착수 회의시 무엇을 중점적으로 검토해야 하는가?

N . O . T . E

의사 소통 계획

프로젝트와 관련된 개인과 조직에게 필요한 정보를 효과적으로 제공하는 것이다. 누구에게(Who), 언제(When), 어느 정도의 정보(How much information)을 제공할 것인가를 고려해야 한다.
공식적인 방법과 비공식적인 방법을 상황에 따라 적절히 선택하여 사용한다.

01 의사소통 계획

1-1. 의사소통 계획

의사소통 계획은 프로젝트 관련 조직이나 개인에게 일관성 있게 정보가 전달되고, 그들이 프로젝트 기간 중에 내리는 의사 결정이 올바르게 이루어지도록 하는 것이다. 의사소통 관리에서 중요한 것은 이해 관계자들의 프로젝트 정보 요구(Information Needs)를 식별하는 것으로서, 의사소통 관리는 이러한 정보 요구를 식별하고, 해당 정보를 생성 및 제공하며, 이를 관리하는 전반적인 과정이다. 이 과정에서 이해 관계자마다 필요한 정보와 선호하는 형식이 서로 다르다는 것을 고려해야 한다.

1-2. 의사소통 프로세스

의사소통 프로세스는 의사소통 계획, 정보 배포, 성과 보고, 행정적 종료의 4단계를 거친다. 각 단계에 대한 자세한 내용은 다음과 같다.

1) 의사소통 계획 : 필요한 정보의 종류, 제공 대상, 시기 및 제공 방법 등과 같이 이해 관계자의 정보 및 의사소통에 대한 필요 사항을 결정하는 프로세스이다.

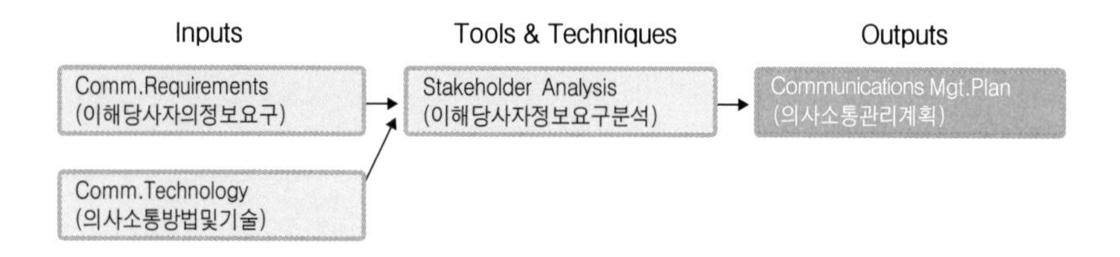

- Communication Requirements : 이해관계자들의 프로젝트 정보에 대한 요구 사항을 문서화 한 것
- Stakeholder Analysis : 이해관계자별로 정보에 대한 요구를 분석하는 방법

2) 정보 배포 : 프로젝트 이해 관계자에게 필요한 정보를 적시에 제공할 수 있도록 하는 프로세스이다.

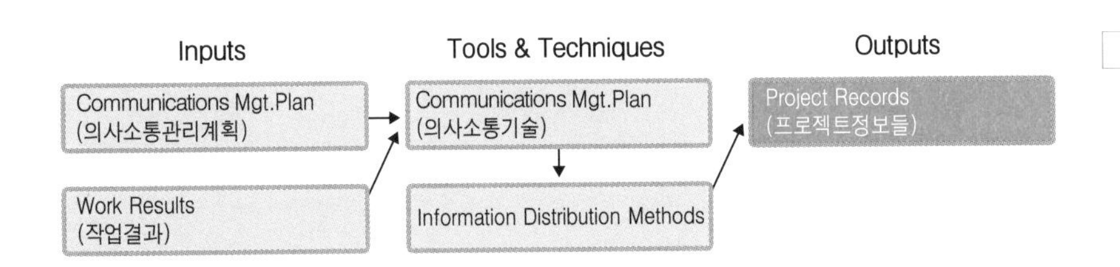

• Communication management plan : 프로젝트 정보의 생산, 수집, 보관 등의 방법에 대한 종합적인 계획으로서 의사소통 계획의 유일한 출력물

3) 성과 보고 : 업무 수행과 관련한 정보를 수집 및 배포하는 프로세스이다. 여기에는 현황 보고(Progress Measurement) 및 예측(Forecasting) 등이 포함된다.

Inputs	Tools & Techniques	Outputs
Project Plan (프로젝트계획서)	Earned Value Analysis (기성고분석)	Performance Reports (성과보고서)
Work Results (작업결과)		Change Requests (변경요청서)

• 현황 보고(Progress Measurement) : 프로젝트 현황
• 진척도 보고(Progress Reporting) : 프로젝트 기간 실적
• 예측(Forecasting) : 미래의 현황과 진척도

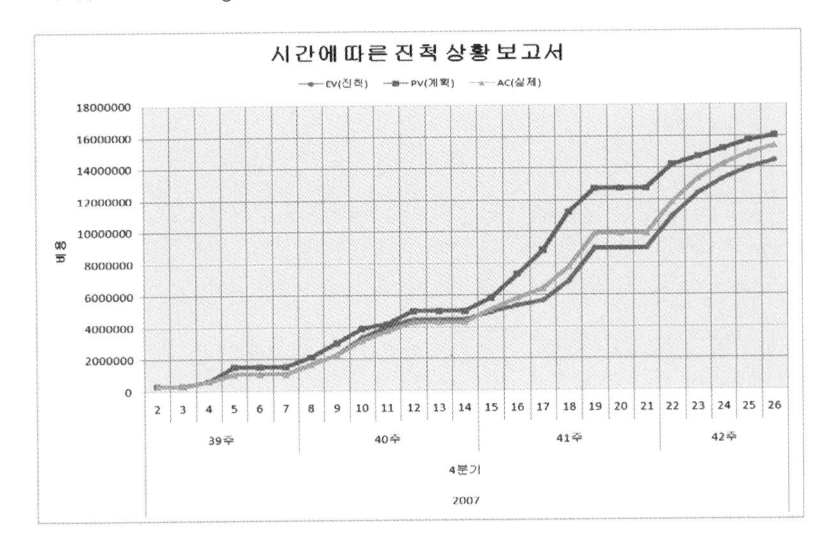

4) 이해관계자 관리 : 이해관계자들의 요구사항을 만족시키고 이슈를 해결하기 위해 의사소통을 관리하는 프로세스이다.

N . O . T . E

성과 보고서(Performance Report)

프로젝트의 현황 파악 및 미래 예측, 통제를 위한 요약 보고서로서, 프로젝트 현황(status), 계획대비 실적(variance), 진척상황(progress), 추이(trend), 향후 예측(forecast)을 포함한다.

N . O . T . E

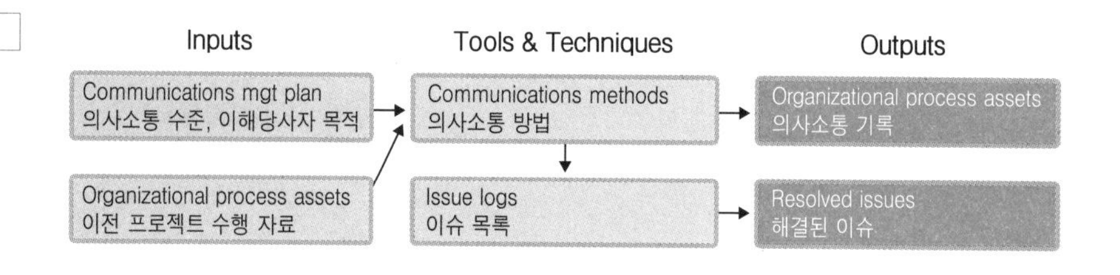

PMBOK에서 정의하는 의사소통 관리, 의사소통 계획

*의사소통 관리
Project Communications Management is the Knowledge Area that employs the processes required to ensure timely and appropriate generation, collection, distribution, storage, retrieval, and ultimate disposition of project information.

*의사소통 계획
The Communications Planning Process determines the information and communications needs of the stakeholders.

2 의사소통 관리

의사소통에서 가장 중요한 것은 이와 같은 이해관계자들의 프로젝트 정보요구 사항(information needs of stakeholder)을 식별하는 것이다.

2-1. 의사소통 관리 계획

의사소통 관리 계획은 프로젝트 관련 조직이나 개인에게 일관성 있게 정보가 전달되도록 해야 한다. 또한 그들이 프로젝트 기간 중에 내리는 의사 결정이 올바르게 이루어지도록 고려해야 한다.
의사소통 관리 계획 시에는 ① 어떤 정보가 언제 수집되어야 하는가? ② 누가 이 정보를 받을 것인가? ③ 수집된 정보의 취합과 저장에는 어떤 방법을 쓸 것인가? ④ 누가 누구에게 보고할 것인가? ⑤ 보고 체계는 어떻게 정의할 것인가? ⑥ 각 보고 단계별 정보의 배포 주기는 어떻게 할 것인가? 등을 고려해야 한다.
의사소통 관리를 계획할 때 폼과 탬플릿을 사용하면 보다 효율적이다. 우선, 폼과 탬플릿의 사용은 의사소통을 위해 부가적으로 발생하는 업무를 줄인다. 일반적으로 프로젝트 관련자들에 따라 요구하는 보고의 형태가 다르더라도 많은 부분이 중첩된다. 이럴 때 통합적인 탬플릿으로 의사소통을 준비하고, 필요한 부분만 발췌하여 관련자들에게 제공하면 많은 시간을 아낄 수 있다.
또한 폼과 탬플릿의 사용은 의사소통 준비자가 무엇을 어느 정도로 준비해야 하는지에 대한 가이드 라인을 제공해준다.

2-2. 의사소통의 종류

의사소통의 종류에는 크게 공식적 의사소통(Formal Communication)과 비공식적 의사소통(Informal Communication)이 있다. 각각에 대한 내용은 다음과 같다.

공식적 의사소통(Formal Communication)

조직의 연결선을 따라 정보가 전달되며, 주로 문서로 이루어진다.

- Formal Written : 복잡한 문제 해결, 프로젝트 계획, 프로젝트 차터, 주요 계약관련 등
- Formal Verbal : 발표

비공식적 의사소통(Informal Communication)

조직의 명령 체계와 상관 없이 개인적 네트워크를 통해 이루어지며, 공식적 의사소통의 경직성을 보완한다.

- Informal Written : 메모, e-mail
- Informal Verbal : 회의, 일상적 대화

Deep Focus

Written Communication의 장단점

장 점	단 점
- 복잡한 문제를 명확하게 표현할 수 있다. - 의사소통 내용을 보존할 수 있다. - 반복적 사용이 가능하다.	- Verbal Communication에 비해 집중력이 떨어진다. - 정보의 전달이 불확실하다.

2-3. 의사소통의 예

의사소통의 구체적인 예로는 회의, 메모, 보고, 발표, 인터넷/인트라넷, 비공식적 접촉, Kick-off meeting이 있다. 각각에 대한 자세한 내용은 다음과 같다.

- **회의** : 그룹 간의 상호 작용과 이해를 명확화시키는 것을 돕는다. 수신자의 이해도를 파악하기 위한 조치가 필요하며, 회의 중에 다루어지는 정보 중 일부만 필요한 사람에게는 시간의 낭비를 가져올 수 있다.
- **메모** : 간단히 작성된 문서로서, 프로젝트 이슈에 대한 빠른 레퍼런스를 제

N . O . T . E

프로젝트 헌장(Project Charter)

프로젝트 개발 이전에 만들어지는 문서중에서 첫번째 공식적인 문서이다. 프로젝트의 개괄적인 내용을 담고 있으며, 프로젝트 매니저를 임명하는 문서이다.
프로젝트 헌장은 프로젝트가 공식적으로 시작된다는 의미가 포함되어 있다. 또한 프로젝트 매니저를 초기에 임명함으로써 프로젝트 진행을 원활히 한다.
여러가지 프로젝트 리소스나 프로젝트 경험, 워크 로딩 정도를 고려해서 작성해야 한다.

N . O . T . E

공한다.

- **보고** : 뒷받침하는 관련 데이터를 포함하게 되는 자세한 문서로서, 리뷰와 평가를 위해 충분한 정보를 제공해야 한다.
- **발표** : 공식적인 장소에서 문서화된 자료와 발표자의 설명을 통해 정보를 전달하는 것으로, 일방적인 의사소통이 되는 경향이 있다. 또한 청자가 화자가 전달하고자 하는 바를 이해했는지를 파악하기가 어렵다.
- **인터넷/인트라넷** : E-mail, 채팅, 뉴스그룹, 포럼, PC-to-PC 등이 속한다. 공식적 · 비공식적 방법의 조합, 상호 협력적인 개인 대 개인, 개인 대 그룹 간의 세션을 가상의 공간에서 구축할 수 있다. 원격지에 떨어져 있는 인력 간의 의사소통을 위한 비용 대비 효과적인 방법이다.
- **비공식적 접촉** : 전화, 부서 방문 등이 있다. 비공식적 접촉은 열린 의사소통을 위한 자유로운 환경을 형성하는 것으로, 일부 정보는 대상자에 따라서 반복하여 전달해야 하는 경우가 생긴다. 또한 개인적이고 비공식적인 접촉의 증대는 그룹 간의 공식적인 의사소통 채널을 무력화시킬 소지가 있다.
- **Kick-off meeting** : 프로젝트가 시작되기 전에 전체 팀원이 참여하여 각 분야의 담당자가 각자의 계획을 전체 팀원에게 설명하는 과정이다.

2-4. 효과적인 의사소통을 위한 PM의 역할

효과적인 의사소통을 위해서는 PM의 역할이 중요하다. PM의 업무에서 가장 많은 부분을 차지하는 것이 의사소통이다. 조사에 의하면 PM들은 약 90%의 시간을 타인과의 의사소통에 소비하며, 그 중의 50%는 팀원과의 의사소통 시간이라고 한다. 즉, 프로젝트에서 PM은 대부분의 시간을 의사소통에 할당한다는 것이다.

PM은 효과적인 의사소통을 위해 팀원간의 비공식적인 의사소통의 중요성을 인지해야 한다. 또한 인간 관계의 중요성을 인식하고, 단순히 지시만 내리는 것이 아니라 신뢰에 바탕을 둔 쌍방향 의사소통을 진행해야 한다.

PM은 의사소통 촉진자(Communication Facilitator)로서, 의사소통 장애자(Communication Blocker)를 제거해야 한다. 즉, 효과적인 미팅을 도모하고, 불필요한 회의, 보고 등이 발생하지 않도록 해야 한다. 또한 효율적인 의사소통을 저해하는 요인(예 : 경직된 조직 문화, 다문화 조직에서의 문화적 차이 등)을 제거해야 한다. 필요에 따라 발생하게 되는 의사소통(Need-base Requirement)은 PM에 의하여 관리되어야 한다.

의사 소통 촉진자

중립적인 제3자의 역할로서, 정보 교환 매개 기능과 의사 결정을 조정 · 수행하는 촉진자가 있다.
이 촉진자는 정보 교환 매개 기능을 통해 공급체인 구성 기업 당사간에 직접적으로 의사 소통을 할 필요성을 없애줌으로써 민감한 정보의 노출을 피하게 해준다.

불필요한 의사 소통, 보고

- 의사 소통에 참석하는 사람들(보고 준비자, 보고 당사자, 회의 참석자 등)의 시간을 빼앗는다.
- 의사 소통의 중요도를 희석시키게 되어 관련자들이 둔감해져 중요한 사안들을 놓치게 된다.

N . O . T . E

3 프로젝트 회의와 공문

3-1. 회의의 목적과 유의사항

회의는 유효한 정보의 공유 및 정보에 대한 상호 이해 증진, 그리고 회의 구성원들의 정보에 근거한 의사결정 참여와 결정후의 자발적 참여를 목적으로 이루어진다. 실패하는 회의는 일부 특정인들의 주도로 이루어지거나, 시간을 고려하지 않은 일방적인 긴 의사표현이나, 발표된 내용의 반복과 이를 방지하기 위한 의견발표, 중간의 끼어들기 들로 인해 감정싸움까지 발전하는 양상을 띠고 있다. 실패하는 회의의 4가지 특징은 다음과 같다.

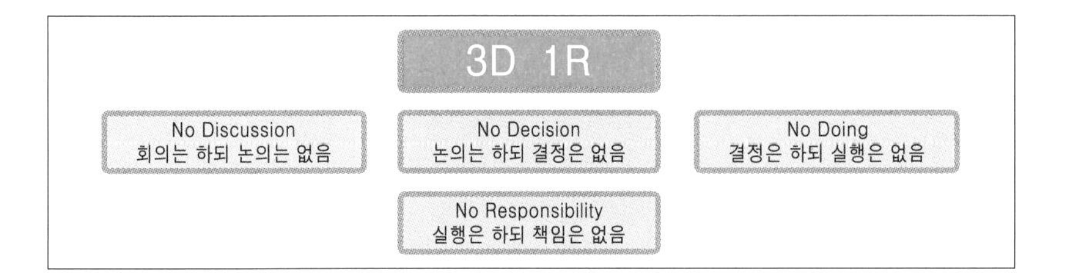

다음과 같은 회의는 낭비의 발생이 쉬우므로 유의하여야 한다.

- 형식적 습관성 회의
- 목적이 모호하거나, 불시 소집에 따른 사전 준비 없는 회의
- 자기방어, 갑론을박 형식의 결론 없는 회의
- 단순한 업무정보 전달, 보고–질문–답변–지시 형태의 회의

3-2. 프로젝트 회의

지속적인 운영환경 하에서는 변화하지 않으면 도태된다는 관점에서 개선과 혁신을 위한 아이디어 회의를 종종 갖는 것이 조직이 정체되지 않게 유지하는 방법이라고 인식되기도 한다. 그러나 프로젝트 환경은 정해진 목표를 정해진 기간 및 자원 내에 완료시키기 위하여 요구사항을 식별하고, 명확한 목표를 정의하고, 현실성 있는 계획을 수립하고, 감시 및 통제를 통해 달성 여부를 확인하는 것이 목표이다. 따라서 잘 진행되는 프로젝트에서는 회의가 많이 발생되지 않으며, 불가피하게 발생하는 회의들도 최소화하는 것이 바람직하다.

N . O . T . E

3-3. 효율적인 회의 기법

프로젝트에서는 다음과 같은 방법으로 효율적인 회의를 이끌 수 있다.

- 회의 목적과 개요, 개최시간 예고
- 회의자료 사전공유
- 자료숙지 여부 확인 및 미숙지시 회의 연기
- 내용설명 위주의 회의보다 의사결정 위주의 회의
- 일부 구성원간의 쟁점 발생시 해당안건의 회의 독립

회의록은 공식 문서인가 비공식 문서인가?

기본적으로 회의록은 회의 내용에 대한 어느 한 쪽의 기록일 뿐, 공식 문서의 효력을 갖지는 않는다.
그러나, 참석자들의 서명이 기록되어 있는 경우는 공식 문서로 인정 받을 수 있다.

3-4. 회의록 작성 요령

프로젝트의 회의는 의사결정사항 또는 변경사항에 대한 기록으로서, 잘 작성된다면 공식 문서로서의 지위를 인정받을 수 있다. 회의록은 다음과 같이 작성되어 유용하게 활용될 수 있다.

- **참석자 확인** : 모든 참석자의 성명을 기록하고, 확인을 받는다. 서명이 된 회의록은 공식 문서로 인정받을 수 있으나, 일부 참석자의 서명만 있거나 확인 받지 않은 회의록은 공식적인 인정을 받을 수 없다. 참석자의 부재로 서명을 받기 어려운 상태라면, FAX를 통해서라도 확인을 받아둔다.
- **직접 작성** : 회의록은 참석자들의 확인을 받기 때문에 직접 작성한다고 해서 유리한 방향으로 작성할 수 있는 것은 아니다. 하지만, 전자파일로 보관중인 회의록은 다른 부분에 활용하거나 필요할 때 쉽게 열람해 볼 수 있다. 또한, 작성하기 위해 시간을 들이는 만큼 내용도 더 잘 숙지할 수 있다.
- **결정사항의 기록** : 결정된 사항을 기록하되, 명사로 종결되는 형태 보다는 종결어미를 포함한 문장 형태로 작성한다. (ex: 메인 서버 장비 기종 변경 →메인 서버 장비의 기종을 변경하기로 한다.) 명사 종결은 분쟁 발생시 사실과 다른 해석의 여지를 두기 때문이다. 또한, 결정된 사항에 대한 후속 조치를 누가 언제 어떻게 할 것인지도 함께 기록한다. 후속 조치가 결정되지 않은 경우는 후속 조치를 언제 결정할 예정이라든지, 후속 조치는 추후 협의하기로 하였다는 내용이라도 작성하는 것이 명확하다.
- **미결사항 기록** : 일반적으로 결정된 사항은 회의록에 잘 기록하나, 미결사항에 대해서는 기록하지 않는 경우가 많다. 미결사항은 미결인 대로 각 구성원의 의견과 결정하지 못한 이유를 기록한다. 미결로 생각하던 사안이 시일이 지나면 결정되었으나 기록되지 않은 것으로 오해할 수 있다.
- **프로젝트 초기부터** : 프로젝트 초기에 의사결정 보다는 정보공유 측면의

N . O . T . E

회의가 많고, 결정된 사항도 민감한 사항이 많지 않아 회의록 작성 및 확인을 소홀히 하다가 프로젝트 종료가 가까워 오면, 회의록 작성 및 확인도 어렵고 과거 작성된 회의록에 대한 확인은 더더욱 어렵다. 프로젝트 초기의 작은 회의부터 회의록을 작성하고 확인 받는 절차를 따르도록 한다.

3-5. 공문(Correspondence)의 의미

공문이란 조직 대 조직 간의 공식적인 문서, 즉 공문서를 공문이라고 표현한다. 공식적인 의사소통이 필요할 경우 작성하게 되는 이 공문은 다음과 같은 경우에 많이 활용된다.

- **조직간 의사소통** : 발주 조직과 수행 조직간의 의사소통이나 컨소시엄간의 의사소통, 실행 조직과 외주 업체간의 의사소통
- **착수 및 종료** : 프로젝트의 착수, 산출물 제출, 검수요청, 단계 종료, 프로젝트 종료 등
- **변경** : 범위, 일정, 원가 등의 계획 또는 기순선 변경 요청사항 및 변경처리 결과
- **의사결정** : 의사결정 요청서, 결정된 의사

3-6. 공문 처리 절차

① **작성** : 가능하면 이해하기에 빠르도록 두괄식으로 작성한다. 즉, 결론, 요지, 설명 순으로 내용을 구성한다. 문장이 길어지면 내용이 모호해질 수 있으므로 50자를 넘지 않는 방향으로 작성한다. 학술용어나 전문용어는 피하고, 단어 사이의 지나친 띄어쓰기는 혼미를 줄 우려가 있으므로 붙여 쓰는 쪽으로 한다.

② **검토** : 공문은 법적, 행정적 효력을 가지므로, 사안이 민감한 경우는 법률검토를 받아 문제나 오해 소지가 없도록 한다.

③ **직인** : 공문은 조직의 장 명의로 생산되므로, 조직 내 문서관리 절차에 따라 공문번호를 발급받고, 맨 끝에 직인을 찍어 확인한다.

④ **발송** : 수신처 담당자에게 전달하고 접수확인을 받는다. 원칙적으로 공문을 받는 조직에서는 반드시 접수해야 하며, 의견이 있을 경우 공문으로 회신하여야 하나, 경우에 따라 민감한 내용을 담고 있는 공문은 접수 자체를 거부하는 경우도 발생할 수 있다. 반드시 전달해야 할 내용이나 접수를 거부하는 경우는 내용증명으로 발송한다.

*내용증명

- 내용증명이란 발송인이 수취인에게 어떤 문서를 언제 발송하였다는 사실을 우편관서가 공적으로 증명하는 제도로서, 서면 내용의 정확한 전달 및 발송 사실에 대한 증거, 수취 거절방지 용도로 사용된다.
- 발송방법 : 발송대상 문서를 2부 더 작성하여 우체국에 가져가면 내용 확인 후 발송하며, 우체국에 1부 보관하고 1부는 돌려준다.
- 참고사항 : 우편물이 도달된 때부터 효력이 발생한다. 우체국에서는 3년간 보관하며, 열람도 가능하다.

Summary

POINT 1 의사소통 계획

- 의사소통 관리에서 중요한 것은 이해관계자들의 정보 요구(Information Needs)를 식별하는 것이다.
- 의사소통 관리는 정보 요구를 식별하고, 해당 정보를 생성 및 제공하며, 이를 관리하는 전반적인 과정이다.
- 의사소통 프로세스는 의사소통 기획, 정보 배포, 성과 보고, 행정적 종료 등의 4단계를 거친다.

POINT2 의사소통 관리

- 의사소통의 종류에는 Formal Written(복잡한 문제 해결, 프로젝트 계획, 프로젝트 헌장, 주요 계약 관련 등), Formal Verbal(발표), Informal Written(메모, e-mail), Informal Verbal(회의, 일상적 대화)이 있다.
- 의사소통의 예로 회의, 메모, 보고, 발표, 인터넷/인트라넷, 비공식적 접촉이 있다.
- 효과적인 의사소통을 위해 PM은 의사소통 촉진자(Communication Facilitator)로서, 의사소통 장애자(Communication Blocker)를 제거해야 한다. 즉, 효과적인 미팅을 도모하고, 불필요한 회의, 보고 등이 발생하지 않도록 해야 한다.

Key Word

- 의사소통 프로세스
- Kick-off Meeting
- Formal Written, Formal Verbal, Informal Written, Informal Verbal

:: Template - 회의록 예

<table>
<tr><td colspan="4">회의록</td></tr>
<tr><td>회 의 일 시</td><td></td><td>회 의 장 소</td><td></td></tr>
<tr><td>참 석 자</td><td colspan="3"></td></tr>
<tr><td>회 의 주 제</td><td>과업내역중 관리 · 운영 S/W 개발관련</td><td>페 이 지</td><td>1/1</td></tr>
<tr><td colspan="4">회 의 내 용</td></tr>
<tr><td colspan="4">• 과업지시서에 첨부된 세부사항중 관리 · 운영 S/W 개발부분(p34)에 관하여 내용 정리를 위해 회의를 실시하다.

• 작품관리 시스텐 중
– '작품등록관리' 와 '소장품관리' 는 통합하여 구현한다.
– '기획전시관리' 는 '전시회관리' 로, 동영상물관리는 '동영상관리' 로, '도서자료관리' 는 '도서관리' 로 명칭 변경하여 구현한다.
–'작품통계 및 현황관리' 는 작품/소장품관리의 하위 메뉴로 병합한다.

• Web운영 시스템 중
– '검색서비스관리' 는 '통합검색' 으로 명칭 변경하여 구현한다.</td></tr>
<tr><td>작 성 자</td><td></td><td>고 객 확 인</td><td></td></tr>
</table>

:: Template - 공문 예

2027. . .

JY공사 제2027 - 00277호

수 신 : ○○경리관

참 조 : 회계과장, ○○○관장

제 목 :『○○○ 종합정보시스템구축』사업 준공계.

1. 귀사의 무궁한 발전을 기원합니다.

2. 귀사와 2025년 ○○월 ○○일 계약 체결한『○○○ 종합정보시스템구축』사업에 대한 준공검사를 아래와 같이 신청하오니 검사하여주시기 바랍니다.

- 아래 -

가. 계 약 명 : ○○○ 종합정보시스템구축 사업
나. 계 약 일 : 2027년 00월 00일
다. 준공 기한 : 2027년 00월 00일
라. 실제준공일 : 2027년 00월 00일
마. 계약 금액 : 일금○○○○○원정 (₩000,000,000)
바. 검사신청내역 : "붙임" 참조

붙임 : 1. 준공계 1부.
2. 완료보고서 1부. 끝.

계약자
서울시 강남구 역삼동
주 식 회 사 J Y 공 사
대표이사 ○○○

:: Template

<table>
<tr><td colspan="6">의사결정요청서</td></tr>
<tr><td>프로젝트명</td><td colspan="2"></td><td>프로젝트코드</td><td colspan="2"></td></tr>
<tr><td>시스템명</td><td colspan="2"></td><td>서브시스템명</td><td colspan="2"></td></tr>
<tr><td>요 청 자</td><td></td><td>요청일</td><td></td><td>요청번호</td><td></td></tr>
<tr><td>요청내용</td><td colspan="5"></td></tr>
<tr><td>검토의견</td><td colspan="5"></td></tr>
<tr><td>결정내용</td><td colspan="5"></td></tr>
<tr><td colspan="3">개발기관</td><td colspan="3">주관기관</td></tr>
<tr><td>승 인 자</td><td colspan="2">(인)</td><td>승 인 자</td><td colspan="2">(인)</td></tr>
<tr><td>승 인 일</td><td colspan="2"></td><td>승 인 일</td><td colspan="2"></td></tr>
</table>

Chapter 09 품질

Project Management Situation

고객사의 회의실에서 차PM과 팀원들이 회의를 하고 있다.

최민희 최민희 : 고객 측에서 갑자기 설계 산출물 검수를 해주지 않고 있어서 큰일이에요.
차 PM 예? 이유가 뭐라고 합니까?
김영호 고객 측에서 다양한 기능을 추가하길 요구하고 있고, 기능 추가가 안 될 때에는 검수를 안 해 주겠다고 합니다.
차 PM 고객이 요구하는 기능들이 처음부터 업무 범위에 포함된 것으로 판단됩니까?
김영호 아니요. 업무 범위에는 포함되어 있지 않았지만, 고객이 임의로 판단해 요구하시는 것 같습니다.
차 PM 알겠습니다. 그 문제는 고객과 직접 협의해 보겠습니다.

차PM은 고객A에게 전화를 하여 이 문제에 대해 이야기를 한다.

차 PM 현재 설계 산출물 검수가 늦어져 지연될 가능성이 높습니다. 조속한 검수를 부탁 드립니다.
고객A 죄송한 말씀이지만, 제가 요구한 기능을 추가해 주시지 않으면 검수해 드리기 어렵습니다.
차 PM 요구하신 기능은 저희가 초기 산정한 업무 범위에 포함되어 있지 않다고 판단됩니다. 만일 요구하신 기능을 추가하시고 싶다면 납기 연장이 불가피하며, 추가 비용을 부담하셔야 할 것 같습니다.
고객A 무슨 말씀이십니까? 제가 요구하는 기능은 계약 범위라고 생각합니다. 반드시 추가해 주셔야 합니다.
차 PM 정히 그러시다면 정식 공문으로 기능 추가 요구 사항을 책임자 결재 하에 발송해 주십시오.
고객A 알겠습니다.

몇일 후, 회의실에서 차PM과 팀원들이 회의를 한다.

차 PM 어제 고객으로부터 정식으로 추가 요구 사항에 대한 요청 공문을 받았습니다.
김영호 요구 사항을 반영하기로 하셨나요?
차 PM 아닙니다. 고객에게 다시 공문을 통해 요구 사항 반영 시 납기 지연 및 계약 변경이 불가능함을 공식적으로 알렸습니다. 고객사에서는 다시 검토한 다음 요구 사항을 철회할지, 납기 연장과 추가 비용을 부담하고 추가 요구사항을 요청할지를 통보해주기로 했습니다.

고객 책임자는 면밀히 검토 후, 추가 기능 반영을 하지 않기로 최종 결정하였다.

Check Point

- 프로젝트의 품질 목표는 어떻게 설정하는가?
- 품질 목표를 달성하기 위한 품질 활동에는 무엇이 있는가?
- 프로젝트에 적합한 프로젝트 수행 프로세스는 어떻게 정의하는가?
- 프로젝트 품질 수준을 어떻게 평가하는가?

N . O . T . E

품질의 의미

요구 사항 부합, 사용 적합성(Conformance to requirements, Fitness for use)

01 품질의 개요

1-1. 품질의 정의

품질은 제품의 가치를 나타내는 척도로서, 물품 또는 서비스가 그것의 적용 목적을 만족시키는가의 여부를 결정하기 위한 평가의 대상이 되는 고유의 특성을 말한다. 다음은 IT여러 단체에서 정의한 소프트웨어 품질의 개념이다.

- IEEE : 주어진 요구사항을 만족시킬 수 있는 SW의 기능 및 특성
- DoD : 요구되는 기능을 발휘할 수 있는 소프트웨어 특성 정도
- ISO/IEC 25010 : 명시적이거나 묵시적인 필요를 만족시키는 능력과 관련된 소프트웨어 특성 및 특징 전체

이와 같은 내용은 주어진 요구 사항을 만족시킬 수 있는 능력을 가지는 소프트웨어 제품의 특성과 특징의 총체이다. 소프트웨어 품질 의식은 품질을 의식하지 못하고 개발에만 전념했던 품질 무의식 시대로부터 자율적 성과 향상을 위한 자발적 품질관리 시대로 발전해오고 있다.

유아기 →	유년기 →	성년기 →	성숙기
품질 무의식 시대	품질문제 표면화 시대	체계적 품질관리 시대	자발적 품질관리 시대
품질을 의식하지 않고 소스코드 개발만 중시하게 됨	품질문제를 인식하고 OC 활동의 목적과 절차를 이해하게 됨	조직적으로 공정과 제품의 품질개선에 몰두하여 품질관리의 효과를 확인함	개발자, 사용자, 관리자가 만족하는 품질관리 방법론이 정착되어 스스로 업무개선을 통해 성과를 올리게 됨
• CMM Level 1 수준	• CMM Level 2 수준	• CMM Level 3-4 수준	• CMM Level 5 수준

1-2. 프로젝트의 품질 정책

프로젝트의 품질 정책은 기본적으로 수행하는 조직의 품질 정책을 따라야 한다. 왜냐하면 일반적으로 고객이 프로젝트 팀에 요구하는 것은 최소한의 필요한 요구사항이며, 원하는 사항뿐 아니라 한 단계 나은 수준의 결과물을 얻기 위해 수행 조직의 역량까지 고려하여 결정하는 것이기 때문이다.

물론 수행 조직에 품질 정책이 없거나, 컨소시엄 형태로 여러 조직이 프로젝트를 수행하는 경우는 적절한 품질 정책을 프로젝트 관리 팀에서 작성해야 한다. 또한, 프로젝트에서 품질을 달성하기 위해 핵심적인 것은 고객이 실제 필요로 하는 사항을 어떻게 하면 요구사항화 할 수 있느냐는 것이다.

1-3. 품질 목표

품질 목표에는 '제품'과 관련된 의미와 '프로세스'와 관련된 의미가 있다. 제품과 관련된 품질 목표는 프로젝트의 납품물이 달성하여야 할 기능이나 성능상의 목표로 이해할 수 있다. 납품물에 따라 산업계에서 표준 규격이나 규제가 있을 수 있으며(SI 프로젝트의 경우 응답속도가 대표적인 제품과 관련된 품질 표준이다), 경우에 따라서는 고객이 신뢰성이나 안정성의 달성 목표를 요구하기도 한다. 다른 또 하나의 의미는 프로세스와 관련된 품질 목표인데, 이는 프로젝트 수행 프로세스와 관련된 표준을 의미한다. 즉, 프로젝트에 적합한 품질 표준을 식별한다는 것은 프로젝드에 적힙힌 기술/성능상의 목표와 프로젝트 수행 프로세스를 정의한다는 것이다.

N.O.T.E

품질 목표 정의

- ■제품 품질 목표 정의(고객의 제품 품질 요구 사항 식별)
- – 제안서, 계약서에 명시된 제품 품질 요구 사항 식별
- – 정부 규격 검토
- ■프로세스 품질 목표 정의(프로젝트에 적합한 수행 공정 정의)
- – Project Life Cycle 결정
- – 고객 요구 사항, 회사의 방침, 프로젝트의 수행 환경 고려
- – 프로젝트 수행 공정의 세부 표준 정의

프로젝트에 적합한 수행 프로세스 정의

프로세스 측면의 품질 목표 정의는 프로젝트에 적합한 수행 프로세스를 정의하는 것으로부터 시작한다. 프로젝트에 적합한 수행 프로세스를 정의할 때 고려할 사항들은 다음과 같다.

- 프로젝트 수행 환경(기술 환경, 팀원 스킬, 납기/원가의 적절성)을 고려하여 결정
- 프로젝트에 적합한 수행 프로세스는 프로젝트 성공을 최우선적으로 고려함
- 모든 상황에 공통으로 적용될 수 있는 수행 프로세스는 존재하지 않음
- 고객 요구 사항, 회사 방침, 프로젝트 수행 환경 등을 종합적으로 고려하여 최적의 수행 프로세스를 정의

N . O . T . E

소프트웨어 내,외부 품질 특성

기능성 : 적합성, 정확성, 상호운용성, 보안성
신뢰성 : 성숙성, 오류허용성, 복구성
사용성 : 이해성, 습득성, 운용성, 친밀성
효율성 : 시간반응성, 자원효율성
유지보수성 : 해석성, 변경성, 안정성, 시험성
이식성 : 적응성, 설치성, 공존성, 대체성

1-4. 품질 목표 정의시 고려할 사항

제품의 품질 목표 정의는 신중하게 결정해야 한다. 품질 목표를 정의할 때는 고객이 원하지 않는 제품의 품질 목표는 정의하지 않도록 해야 한다. 또한 고객이 중요하게 생각하는 품질 목표는 측정 및 통제 가능성을 고려하여 결정한다(예를 들어 '사용하기 편리한 시스템'과 같은 품질 목표는 관리하기 힘듦). 계약서에 명시된 품질 요구 사항은 누락되지 않도록 유의해야 한다.

ISO 9126의 품질 특성

- 기능성(Functionality)
- 신뢰성(Reliability)
- 사용성(Usability)
- 효용성(Efficiency)
- 유지보수성(Maintainability)
- 이식성(Portability)

1-5. 품질 비용(Quality Cost)

품질 비용의 종류에는 예방 비용, 평가 비용, 내부 실패 비용, 외부 실패 비용이 있다. 각 비용에 대한 자세한 내용은 다음과 같다.

항 목	내 용	예
예 방 비 용	- 품질 목표를 준수하기 위해 사전에 투입되는 비용 - 결함의 예방을 위해 결함 원인과 행동을 정의하는 데 지출되는 비용	임직원 교육, 품질 계획 비용
평 가 비 용	- 품질 목표에 도달하고 있는지를 측정하는 행위에 들어가는 비용 - 규격을 만족하는가를 확인하기 위하여 제품 품질을 측정, 평가하는 데 드는 비용	감리 비용, 완제품 검사 비용
내부 실패 비용	- 프로젝트 내부적인 요인에 의해 품질 목표 달성에 실패하였을 때 들어가는 총비용 - 고객에게 배달되기 전에 품질 규격에 맞지 않아 수정하거나 실패를 진단하는 데 드는 비용	스크랩, 재작업, 재검사
외부 실패 비용	- 프로젝트 외부적인 요인에 의해 품질 목표 달성에 실패하였을 때 들어가는 총비용 - 고객에게 배달이 된 후 제품이나 서비스를 수정하는 데 드는 비용	반품 비용, 제품 책임 비용

1-6. 품질 측정

품질 관리를 위한 첫번째 과정은 무엇이 측정되어야 하는지를 결정하는 것이다. 프로젝트 스폰서, 팀, 고객 등과 함께 범위 정의서에 기술되어 있는 내용을 주로 고려하여 해당 프로젝트에서 품질이 의미하는 바를 찾아내고, 품질 측정 방법과 속성, 통제 범위를 결정한다(품질 측정 지표의 설정).
품질 측정을 위한 방법으로는 주기적 검사, 동료 검토(Peer Review), 기술적 검토(Technical Review), 설문(Customer Survey), 품질 검토 회의 등이 있다.

N . O . T . E

동료 검토(Peer Review)

소프트웨어의 개발 단계인 제품 기획, 요구 사양, 설계, 코딩, 빌드, 테스트 등에서 나오는 모든 산출물을 대상으로, 산출물의 내용을 검토할뿐만 아니라 어떤 산출물이 나와야 되는지도 토의하는 과정이다. 소프트웨어에 관련한 방대하고 새로 생겨나는 모든 지식을 갖추기 힘들고, 시간이 요구되는 직접 경험을 하기 힘들기 때문에 다른 사람의 지식을 빌리는 가장 좋은 방법으로 사용한다.
Peer Review는 검토의 세밀함과 강도에 따라 Inspection, Review, Desk Check 등의 두 종류나 세 종류로 구분하기도 한다.

1-7. 현대적 품질관리

프로젝트 품질 관리도 현대적인 관점에서의 품질관리를 도입하면 좀더 보완된 품질의 결과물 인도를 도울 수 있다.

고객만족
프로젝트 종료시에 보면 계약사항은 모두 만족시켰지만 검수가 잘 되지 않는 경우도 있고, 계약사항에는 조금 부족하지만 검수가 잘 되는 경우도 있는데, 프로젝트에서는 고객 만족과 함께 프로젝트 종료가 이루어져야 하므로 요구 부합성과 사용 적합성이 겸비되어야 한다. 요구 부합성은 인도물이 요구사항의 기준대로 만들어져야 함을 뜻하며, 사용 적합성은 인도물이 고객의 실제 필요에 맞아야 함을 뜻한다.

검사보다 예방
품질 비용을 분석해 보면, 산출된 인도물이 품질 기준에 적합한지 검사 후 맞지 않는 인도물에 대해 재작업 또는 폐기하고 원인을 찾는 검사위주 방법보다, 사전에 오류를 예방하여 생산하는 예방위주의 방법이 훨씬 적은 비용이 든다.

경영진 책임
프로젝트에서 산출하는 인도물의 품질을 달성 및 유지하는 것은 기본적으로 프로젝트 팀 모두의 책임하에 해야 할 일이며, 프로젝트 품질의 최종 책임자는 프로젝트 관리자이다. 하지만 품질을 달성하기 위해 소요되는 자원은 경영진이 제공할 책임이 있다.

N . O . T . E

Deming Cycle

Deming Cycle은 지속적인 품질관리를 위한 모델이며, 지속적인 개선과 학습을 위한 4가지 단계 Plan, Do, Check (Study), Act를 말한다. 이러한 PDCA Cycle은 Deming Cycle 내지는 Deming의 수레바퀴 또는 나선형 개선으로 알려져 있다.

지속적 개선

지속적 개선은 품질관리의 기본인 PDCA(Plan-Do-Check-Act) 주기에 따라 지속적으로 개선시켜 나가는 것을 의미한다. 지속적 개선을 위해서는 TQM이나 6시그마 방법론, 또는 CMMI 같은 프로세스 개선 모델을 활용할 수 있다.

2 품질 관리 프로세스

2-1. 품질 계획(Quality Planning)

프로젝트 품질 계획은 품질 표준이 프로젝트에 적절한지 식별하고, 그것을 어떻게 만족시켜야 하는지를 결정하는 것이다. 이 부분은 프로젝트 계획에서 가장 중요한 단계이며, 프로젝트 계획의 다른 활동들과 병행되어 정기적으로 이루어져야 하는 부분이다.
프로젝트 품질 계획은 구체적으로 ISO의 품질 개념을 채택하며, 명시적 요구뿐만 아니라 묵시적 요구 사항까지도 충족해야 한다.

2-2. 소프트웨어 품질 관리

소프트웨어 품질 관리의 의미와 품질 관리론

소프트웨어 개발에서 품질 관리에 대해 흔히 'Umbrella Activity' 라는 비유적인 표현을 사용한다. 이는 품질 관리가 마치 우산처럼 소프트웨어 공학 전반에 걸쳐 적용되는 보호 활동이라는 의미를 담고 있는 것이다. 구체적인 소프트웨어 품질 관리의 의미와 품질 관리를 위한 방법은 다음과 같다.

소프트웨어 품질 관리의 현실

소프트웨어 품질 관리는 쉽지 않다. 이는 관리자의 인식 부족, 사용자의 높은 요구 사항, 개발자의 기술 수준 미비 등의 여러 가지 문제가 있기 때문이다.

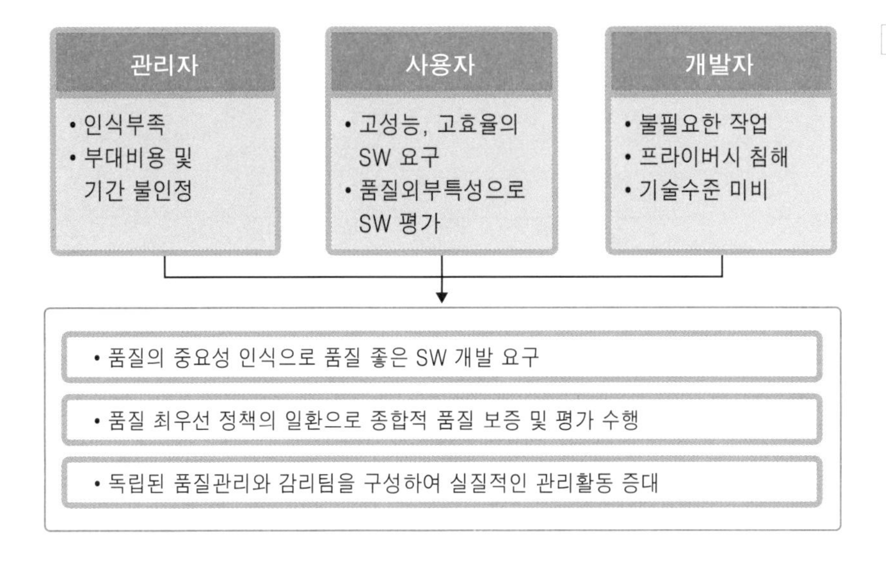

N . O . T . E

소프트웨어 품질 관리 접근 방법

소프트웨어의 품질 관리를 위한 접근 방법은 프로세스 측면과 제품 측면으로 나누어 볼 수 있다. 각 접근 방법의 목적, 사례, 장단점 등은 다음과 같다.

	Process	Product
목적	• 개발방법의 정확성을 높여 제품의 품질 보증	• 최종 제품의 품질평가
사례	• ISO 9000 시리즈 • CMM • SPICE (ISO 15504)	• ISO 25010 (품질 특성과 척도) • ISO 25041 (SW 제품 평가) • ISO/IEC 25051 (품질요구사항)
장점	• 수립된 접근법을 제품에 적용 가능함 • 평가 기간이 짧음	• SW 품질에 대한 전문가 판단 객관화 • 모든 종류의 소프트웨어에 적용 가능 • 테스트 결과가 제품 품질과 직결
단점	• 소규모 기업에 적용 어려움 • 제품 품질을 직접적으로 평가하지 않음	• 제품의 전수 테스트는 비용, 시간소모 • 최종 SW 제품은 전통적인 방법으로 평가하기 어려움

ISO : International Organization for Standardization
CMM : Capability Maturity Model
SPICE : Software Process Improvement and Capability dEtermination
IEC : International Electrotechnical Commission

N . O . T . E

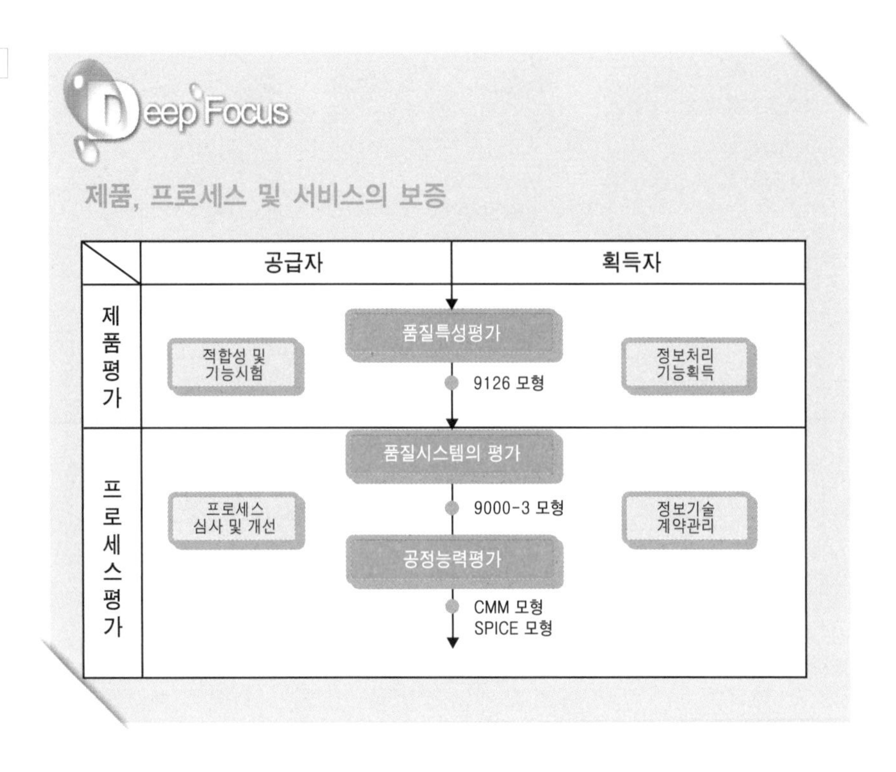

프로젝트 품질 관리의 목적

- Gold Plating(요구 사항에도 없는 필요 이상의 품질 제공 행위) 방지
- 사후 검사보다 사전 예방이 중요
- 효율적인 품질 관리 활동과 전사 차원의 관심을 강조

품질 관리의 의미

품질을 관리한다는 것은 프로젝트에서 달성해야 할 목표를 정의하고, 프로젝트 수행 도중 이를 모니터링하여 목표 대비 gap이 발생할 경우 이에 대한 적절한 시정 조치를 취하는 활동을 포함한다.

2-3. 품질 관리 프로세스

프로젝트 품질 관리는 품질 시스템 하에서 품질 계획, 품질 보증, 품질 통제, 품질 향상 등을 통하여 품질 정책, 목표, 책임 그리고 그것을 구현하는 것을 결정하는 총괄적인 관리 기능 활동이다. 품질 관리 프로세스는 다음과 같은 프로세스를 포함한다.

1) 품질 계획(Quality Planning)

품질 관리의 계획 목표는 합리적인 비용으로 효과적으로 품질 요구 사항을 달성하는 것이다. 품질 계획 수립의 툴로서 Benefit/Cost Analysis나 Design of Experiments(실험계획법)이 있다.

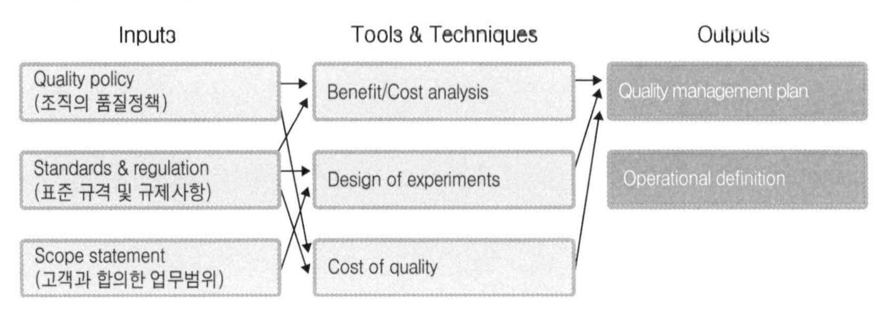

N . O . T . E

- Quality policy(조직의 품질 정책) : 최고경영진이 공포한 품질에 대한 전반적인 의지 및 조직의 방침
- Benefit/Cost Analysis
  - 고객 요구 사항에 적합한 품질을 구현한다고 하여도 비용 대비 효율적인 품질관리 활동을 해야 한다.
  - Stakeholder satisfaction : 측정을 할 때 측정 결과의 사용자가 없다면, 할 필요도 없으며 해서도 안 된다.
  - 통합 테스트와 인수 테스트 중 하나를 결정하려면, 치명적 에러 발견 확률이 높고, 에러 수정 비용이 적게 드는 방법을 선택해야 한다.
- Cost of quality : 제품/서비스의 품질을 확보하는 데 필요한 모든 노력의 전체 비용이다.
- Quality management plan : 프로젝트 관리팀이 품질 정책을 어떻게 구현할지 정의한 것이다. 프로젝트 계획의 품질 관리에 대한 전반적인 입력물을 제공하기 위해 필요하다.
- Operation definition : 품질 관리 활동을 위한 지침으로서, 개별 활동 지침을 마련해 통일되고 일관성 있는 활동을 보장하는 것이 목적이다.

실험계획법(Design of experiments)

실험계획법이란 결과에 영향을 미치는 여러 변수들의 영향력을 분석하기 위하여 다양한 변수들의 조합을 계획하는 것이다. 예를 들어 정보 시스템의 응답 속도가 저하되는 경우 이에 영향을 미칠 수 있는 요인들은 하드웨어의 용량, 네트웍의 성능, 데이터 베이스의 구조, 어플리케이션의 구조, transaction의 수 등이 영향을 미칠 수가 있다. 그런데 각 변수들이 응답 속도에 어느 정도의 영향을 미치는가를 분석하기 위해 시행 착오를 거치면 많은 비용이 든다는 단점이 있다. 그러나 테스트 케이스를 잘 설계하면 최소의 비용으로 원인을 파악할 수 있게 된다.

2) 품질 보증(Quality Assurance, QA)

품질 보증이란 프로젝트가 품질 표준에 적합하다는 것을 보장하기 위하여 정기적인 평가를 하는 활동을 말한다.

N . O . T . E

- Quality Audits(품질 감사) : 품질 관리 활동을 체계적으로 검토하는 것으로, 수행 조직내의 프로젝트 성과를 향상시킬 수 있는 교훈을 만들어 내는 데 그 목적이 있음

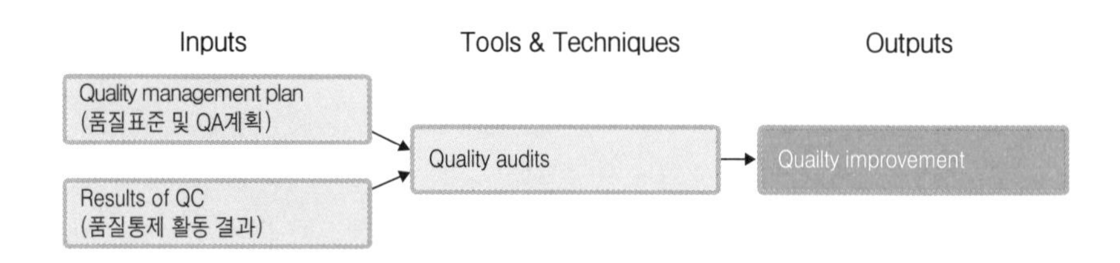

품질 보증 단계에서의 고려 사항

품질 보증은 프로젝트에 적합한 프로세스를 준수하여 결과적으로 고객에게 우수한 제품을 제공할 개연성이 높다는 확신을 제공하는 프로세스이다. 그러나 유의하여야 할 것은 아무리 품질 보증 활동을 제대로 한다고 하여도(프로세스를 잘 준수한다고 하여도) 해당 프로젝트의 산출물의 품질이 적합하다는 것을 보장하지 못한다는 것이다. 소프트웨어의 성숙도를 평가하는 모델인 CMM이나 SPICE에서 높은 성숙도에 있는 조직에서 수행하는 일반적인 프로젝트가 성공적으로 완료할 가능성이 높지만, 특정 프로젝트가 반드시 성공적으로 끝난다는 것을 보장하지 못하는 것과 같은 맥락에서 이해하면 될 것이다. 바꾸어 말하면 프로젝트의 결과물이 고객의 요구 사항이 반영된 것을 확인하는 것은 품질 통제를 통해서 가능한 것이지 품질 보증을 통하여 가능한 것은 아니라는 것이다.

3) 품질 통제(Quality Control, QC)

품질 통제는 품질 표준에의 적합 여부를 모니터링하고 부적합을 제거하는 방법을 식별하는 활동을 말한다.

품질 통제는 프로젝트 결과물이 품질 표준에 부합되는지 여부를 판단하여 (부적합이 있을 경우) 부적합을 제거하는 활동을 포함한다. 즉, 특정 프로세스의 결과가 적절한 품질 표준에 부합하는가를 감시하고, 불만족스러운 결과를 찾아내 그 원인을 제거하는 것이 이 단계의 목적이다.

품질 보증의 대표적인 활동이 Audit이라면 품질 통제의 대표적인 활동은 Inspection이다. 따라서 QC는 제조업을 중심으로 발전한 통계적 품질 관

리의 기법을 활용한다.

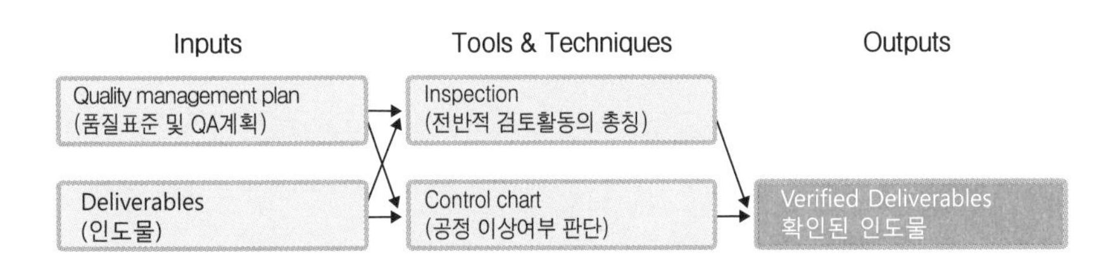

- Inspection : 측정을 적절히 활용한 관찰 및 판정에 대한 평가
- 부적합 : 품질이 요구된 사항을 만족시키지 못하는 상태
- Rework : 결함이 있는 제품을 요구 사항에 일치하도록 취하는 조치

2-4. 품질 통제(QC) TOOL

1) Contr ol Chart

대표적인 통계적 품질 관리 기법이다. 개정·개선의 정도나 공정의 안정성 상태를 판단할 때 사용된다. Upper Limit와 Lower Limit 사이에 변화하는 수치를 한눈에 파악할 수 있는 장점이 있으며, 이상 요인을 파악할 수 있어 품질 관리에 용이하다. 관리도는 X-bar, R, S, S2, C, U, Np, P,… 등 여러 종류가 있으나, 가장 많이 활용되는 것은 평균값을 중심으로 측정치를 표현하는 X-bar chart이다.

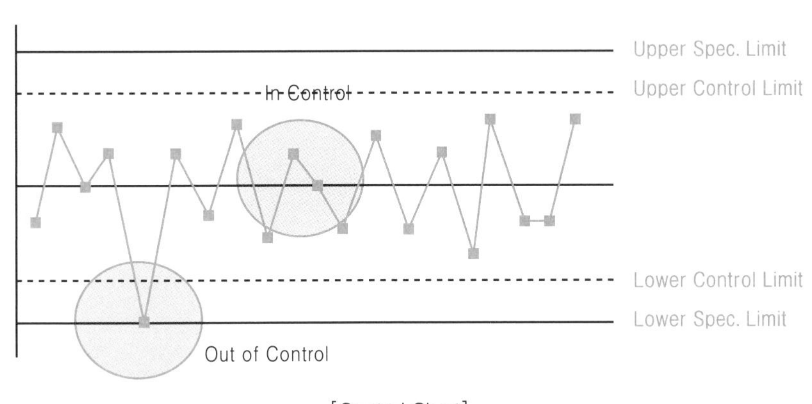

[Control Chart]

- Control Limit : 관리상의 목표, 중심선을 사이에 두고, 위아래로 평행선을 그은 뒤 관리 한계를 나타내는 직선의 범위
- Specification Limit : 합격과 불합격을 결정하는 한계

N . O . T . E

Inspection

Work-through를 발전시킨 형태로서, 품질을 높이려는 목적으로 여러 소프트웨어 개발 현장에서 사용하며, 여러가지 종류의 검토를 지칭하는 용어이다.
1970년대 초 마이클 페이건에 의해 정립되었는데, 그의 정의에 따르면 Inspection이란 공식적이고 효율적이며 경제적으로 에러를 찾아내는 방법으로, 품질 개선과 비용 절감의 방법으로 쓰이고 있으며, 설계와 코드에 대한 Inspection은 소프트웨어 품질 검증에 탁월한 효과를 보이고 있다.

Control Chart

관리 수단으로 사용되는 도표나 그래프를 총칭한다. 통계학적 확률을 근거로 품질 관리를 실시하는 도표로서 품질 관리의 방법 중 하나이다.
Control Chart는 제품의 품질 특성(치수, 무게, 강도 등)을 세로축, 생산 일자를 가로축으로 하고, 한계로 치는 일정 특성을 가로축에 잡아, 그 하한(下限)과 상한(上限)의 두 선을 가로축에 평행하게 그어서 관리 한계선(관리 상한선, 관리 하한선)을 이루게 한다. 그리고 이 두 선의 사이를 품질의 관리 한계로 한다.
단어 자체가 설명해주듯이 관리 한계선을 넘어가면 특정 프로세스에 문제(안정적이지 않음)가 생길 것을 경고해 주는 장치라고 보면 정확하다.
Control Chart의 종류도 다양하여, C Chart, U Chart, NP Chart, Xbar & R Chart, Xbar & S Chart, X & Rm Chart 등이 있다.

N . O . T . E

관리도에서는 제품의 허용 한계인 upper / lower specification limit의 안쪽에 관리 상/하한선을 위치시킨다.

관리 상/하한선(=UCL, LCL)은 일반적으로 ±3σ 로 설정한다. 시간 변화에 따라 측정값들을 표시해, in control과 out of control을 판단한다. 우선 UCL보다 크거나 LCL보다 작으면 out of control로 보며, 다른 경우는 상황에 맞는 판단 기준을 사용할 수 있다. 일반적으로 사용되는 out of control 기준은 다음과 같다.

① 1개의 점이 ±3σ를 벗어나는 경우

② 연속된 3개의 점 중 2개가 ±2σ를 벗어난 같은 쪽에 위치하는 경우

③ 연속된 5개의 점 중 4개가 ±1σ를 벗어난 같은 한쪽에 위치하는 경우

④ 연속된 8개의 점이 같은 쪽에 위치하는 경우

2) Pareto Diagram

Pareto Diagram은 품질상의 문제 원인을 발생 횟수 순으로 그린 히스토그램이다.

Pareto Diagram은 흔히 80:20의 법칙으로 알려져 있다. 이는 80%의 결함은 20%의 프로그램에서 발생한다거나 80%의 기능은 20%의 프로그램이 커버한다는 원리이다. 제한된 자원으로 최대의 효과를 얻고자 할 때 자주 활용하는 기법이다.

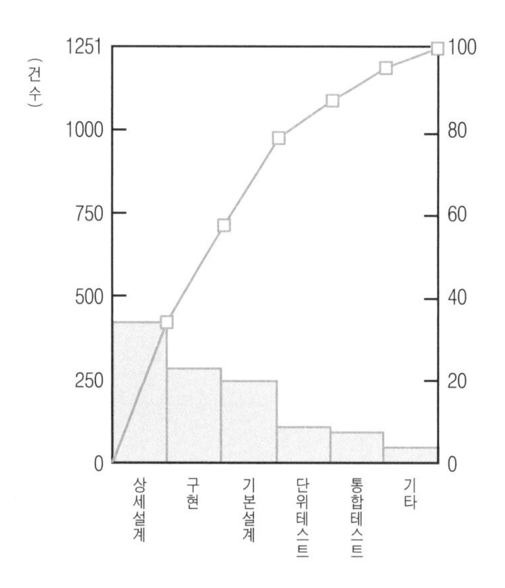

[공정별 버그 삽입건수를 파악한 Pareto Diagram]

3) Fishbone Diagram

어떤 결과(혹은 문제)의 원인을 체계적으로 일목요연하게(생선뼈 모양) 정리하여 현상에 대한 체계적인 분석을 실시하는 기법이다.

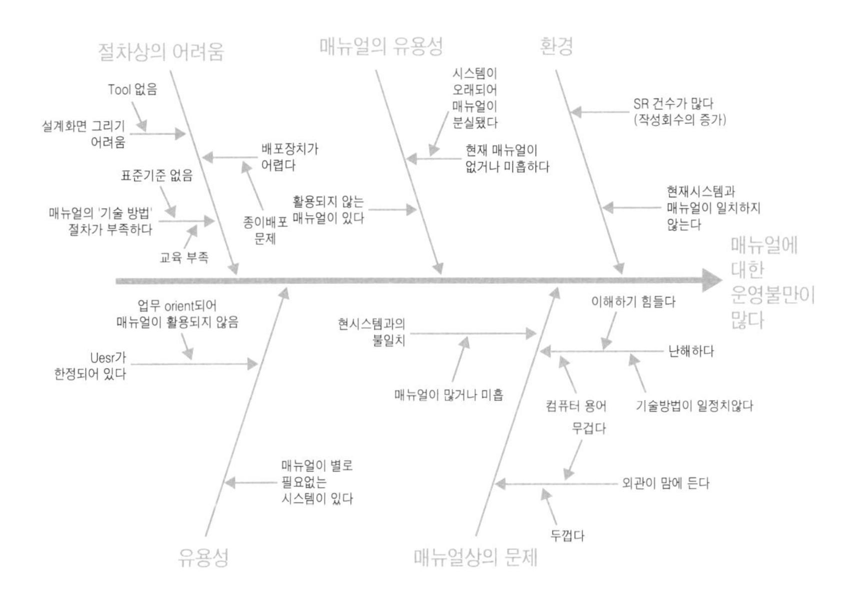

[사용자 매뉴얼에 대한 불만의 특성요인도]

> **N . O . T . E**
>
> Fishbone Diagram
>
> Cause and Effect Diagram(원인 결과 다이어그램, 특성요인도)
> Ishikawa Diagram, Fishbone Diagram(생선뼈 다이어그램, 어골도)은 모두 동일한 의미이다.

3 CMMI

> CMMI
>
> CMMI(Capability Maturity Model Integration)는 2000년 미국 국방부의 지원으로 산업계와 정부, 카네기 멜론대학 소프트웨어 공학연구소(SEI)가 공동으로 개발한 CMM의 후속 모델로서, CMM에 시스템 엔지니어링 등 다양한 요소를 통합한 것이다.

3-1. SW-CMM Level

SW-CMM(Capability Maturity Model for Software)은 소프트웨어 품질 측정을 위한 대표적인 방법론으로서, 미국 카네기 멜론 대학 부설 연구개발 센터인 소프트웨어공학연구소(SEI)에서 개발되었다. SW-CMM은 소프트웨어 개발 프로세스 개선을 위해 다음과 같은 5단계의 개선 프로세스를 제안한다.

- 1레벨 : 초기 단계로 가장 낮은 성숙도를 의미한다. 프로젝트 프로세스가 거의 정의되어 있지 않아 프로젝트 관리가 PM의 개인적인 경험이나 주관에 의하여 수행되는 경향이 많다.
- 2레벨 : 프로젝트 수행을 위한 기본 프로세스가 존재하나 전사 표준에 의

N . O . T . E

거하지는 않는다. 또는 성공적인 프로젝트에서 활용되었던 유사한 프로세스를 재사용하는 수준이다.

- **3레벨** : Level2에서 한걸음 더 나아가 프로젝트 관리뿐만 아니라 Engineering 프로세스가 전사 표준에 의하여 정의되고, 프로젝트에서는 전사 표준을 프로젝트 상황에 맞추어 보완하여 적용한다.
- **4레벨** : 소프트웨어 프로세스 및 품질을 계량적으로 관리하여 통제하에 둔다.(성과의 예측 가능성이 높아짐) 모든 프로젝트에 대한 중요한 소프트웨어 프로세스 활동의 생산성과 품질이 정량적으로 측정되고 프로젝트 관리 측면의 강화가 이루어지게 된다.
- **5레벨** : 가장 상위 단계로서 지속적인 프로세스의 개선을 통하여 성과(capability)를 향상시킨다. 신기술을 결합해 프로세스의 최적화를 이루고 전 조직에 최적화된 프로세스가 다시 적용된다.

CMM에서 프로젝트 관리(계획 수립 및 통제)의 구체적인 대상

- Size : 업무의 규모
- Effort : 투입 공수
- Cost : 프로젝트 직접 원가
- Risk : 프로젝트 위험 요소
- Computer Resource : 컴퓨터 자원(IT의 발전으로 요즘은 이슈가 안됨)

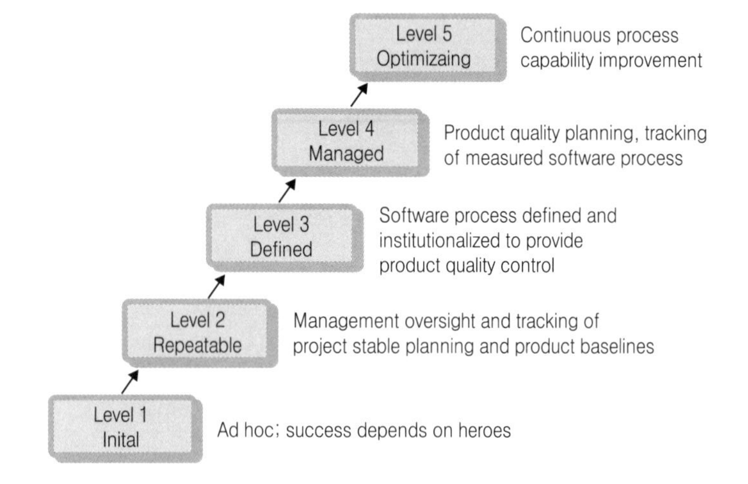

CMM KPA의 구성 체계

- Goal
- Commitment to perform
- Ability to perform
- Activities to perform
- Measurements
- Verifying implementation

3-2. SW-CMM KPA

SW-CMM의 성숙도 레벨을 높이려면 각 단계별 핵심 프로세스 영역, 즉 KPA(Key Process Areas)를 공략해야 한다. KPA는 각 단계의 달성을 위해 조직과 프로젝트에서 필요한 활동들의 모임을 의미한다. KPA의 단계별 내용은 다음과 같다.

N . O . T . E

- 1단계 : 프로세스가 성숙하기 이전의 가장 초기 단계이므로, KPA가 정의되어 있지 않다.
- 2단계
  - Focus : 프로젝트 관리
  - KPA : 요구사항 관리, 소프트웨어 프로젝트 계획 수립, 소프트웨어 프로젝트 추적과 감독, 소프트웨어 외주관리, 소프트웨어 품질 보증, 소프트웨어 구성 관리
- 3단계
  - Focus : Engineering Process
  - KPA : 조직 프로세스 초점, 조직 프로세스 정의, 교육 프로그램, 통합된 소프트웨어 관리, 소프트웨어 제품 엔지니어링, 그룹간 조정, 동료 검토
- 4단계
  - Focus : 제품과 프로세스 품질
  - KPA : 소프트웨어 품질관리, 정량적인 프로세스 관리
- 5단계
  - Focus : 지속적인 프로세스 개선
  - KPA : 결함 예방, 기술 변경 관리, 프로세스 변경 관리

Deep Focus

SW-CMM KPA(영문)

	Level	Focus	Key Process Areas(KPA)
5	Optimizing	Continuous Process Improvement	√ Defect Prevention √ Technology Change Management √ Process Change Management
4	Managed	Product and Process Quality	√ Quantitative Process Management √ Software Quality Management
3	Defined	Engineering Process	√ Organization Process Focus √ Organization Process Definition √ Training Program √ Integrated Software Management √ Software Product Engineering √ Inter-group Coordination √ Peer Reviews

N . O . T . E

2	Repeatable	Project Management	✓ Requirements Management ✓ Software Project Planning ✓ Software Project Tracking ✓ Software Quality Assurance ✓ Software Configuration Management ✓ Software Subcontract Management

CMMI

System + Software

3-3. CMMI(Capability Maturity Model Integration)

CMMI는 CMM의 종류가 너무 많아 생긴 문제점을 개선하기 위해 나온 CMM의 후속 모델이다.

CMM에는 SW-CMM외에도 SE-CMM, P-CMM(People CMM) 등 여러 가지가 있다. 이러한 다양한 CMM 모델로 인해 모델을 사용하는 입장에서는 각각의 모델을 별개로 적용하기보다는 전체의 관점에서 적용하기 위한 틀이 필요하게 되었다.

즉, CMM의 종류가 너무 많아지면서 구조, 용어, 성숙도 측정 방법 등의 차이가 발생하여 혼선이 발생하였고, 특히 1개 이상의 CMM을 적용할 경우 많은 문제가 발생하였다. 또한 개선을 위한 계획 수립 시 각각을 통합하기가 어려웠고, 미국의 경우 여러 모델로 인해 공급 업체의 선정 시 혼선이 발생하였다.

이와 같은 CMM 모델의 혼재로 인한 문제점을 개선하기 위해 DoD(미국 국방부, Department of Defence)가 CMMI를 주창하였다. 2000년 미국 국방부의 지원으로 산업계와 정부, 카네기 멜론 대학 부설 연구개발센터인 소프트웨어공학연구소(SEI)는 CMM의 후속 모델로서, CMM에 시스템 엔지니어링 등 다양한 요소를 통합한 CMMI를 개발하였다. CMMI는 기존 CMM이 소프트웨어 개발 모델에 한정된 것과 달리, 시스템과 소프트웨어 영역을 통합시켜 기업의 프로세스 개선 활동을 광범위하게 지원하는 것이 특징이다.

Summary

POINT 1 품질의 개요

●품질은 고객의 요구 사항 부합, 사용 적합성(Conformance to requirements, Fitness for use)이라는 의미를 갖는다.

●품질 비용은 품질 목표를 준수하기 위해 사전에 투입되는 예방 비용, 품질 목표에 도달하고 있는지를 측정하는 행위에 들어가는 평가 비용, 프로젝트에서 품질 목표 달성에 실패하였을 때 들어가는 실패 비용이 있다.

POINT2 품질 관리 프로세스

●품질 관리(Quality Management)란 프로젝트에서 달성하여야 할 목표를 정의하고, 프로젝트 수행 도중 이를 모니터링하여 목표 대비 gap이 발생할 경우 이에 대한 적절한 시정 조치를 취하는 활동을 포함한다.

●품질 보증(Quality Assurance, QA)란 프로젝트가 품질 표준에 적합하다는 것을 보장하기 위하여 정기적인 평가를 하는 활동이다.

●품질 통제(Quality Control, QC)란 품질 표준에의 적합 여부를 모니터링하고 부적합을 제거하는 방법을 식별하는 활동이다.

POINT3 CMMI

●CMMI(Capability Maturity Model Integration)는 2000년 미국 국방부의 지원으로 산업계와 정부, 카네기 멜론 대학 소프트웨어 공학연구소(SEI)가 공동으로 개발한 CMM의 후속 모델로, CMM에 시스템 엔지니어링 등 다양한 요소를 통합한 것이다.

Key Word

- 품질
- 품질 비용
- 품질 보증(QA)
- 품질 관리(QC)
- 동료 검토(Peer Review)
- CMMI
- Gold Plating

Case Study

1. 이 프로젝트에서 품질의 목표는 무엇인가?

2. 이 프로젝트에서 파악된 품질 측정 지표는 무엇인가?

3. 프로젝트에서 품질 관리를 모니터링 하기 위한 방법을 열거해 보라.

포테이토칩과 치즈 맛 제품을 주력으로 가져가고 있는 'SW 스낵'은 최근 좀 더 효과적인 재고 관리 시스템을 구축하여 비용을 절감하고자 하고 있다. 프로젝트 매니저인 당신은 현업 생산부서 직원 중 한 명과 요구 분석을 하고 있으며, 그 직원은 진행 상황을 상부의 생산부서장에게 진행 상황을 보고하고 있다. 지금까지 파악된 시스템 요구 사항은 다음과 같다.

- 원재료 (감자, 오일, 소금, 치즈 등)의 실시간 재고 관리 기능 제공
- 포장 재료(박스, 백)의 실시간 재고 관리 기능 제공
- 재료의 폐기량을 최소화시키고, 재료의 추가 소요분을 분기별로 미리 산정 필요
- 폐기량은 불량으로 인해 폐기되는 재료의 양인데, 일반적으로 초과 주문 시 초기 구매 때 보다 가격이 비싸다. 따라서 폐기될 양을 줄일 수 있는 재고 시스템을 구축해야 한다. 또한 비용을 절감할 수 있도록 그 양을 산정하여 초기에 같이 주문할 수 있어야 한다. 한편, 불량에 의한 폐기뿐만 아니라 도둑이 재료를 훔쳐가는 문제도 발생하고 있다.
- 물류 창고에 있는 완제품의 개수에 대한 정확한 산정기능 제공, 생간 일정에 대한 정보를 제공
- 제품이 다 만들어지는 날짜에 대한 추적 기능을 제공하여 물류 센터에서 완제품 재고 방출 시기의 결정 지원 가능
- 생산에 투입된 인력의 숫자, 투입 기간, 임금 등에 대한 추적 기능 제공

:: Template – 감리 시정조치 계획/결과서

시정조치계획/결과서

품 질 활 동 명			프로젝트코드		단 계			작 성 일		
작 성 자			P M 승 인					고 객 승 인		
시정 조치 ID	감리 지적 ID	지적 내용	조치계획	조치 예정일	예상 공수 (M/D)	조치 담당자 (인)	조치결과	실제조치 완료일	조치결과 확인 (PL)	실제공수 (M/D)
총지적건수			예상총공수(M/D)		실제총공수(M/D)			총 계획대비실행		

Chapter 10

프로젝트 조직 구성 및 팀 관리

Project Management Situation

팀원 김영호와 차PM이 휴게실에서 차를 마시며 이야기 하고 있다.

김영호 죄송합니다. 이번 프로젝트를 끝까지 같이 수행하지 못할 것 같습니다.
차 PM 갑자기 무슨 말인가?
김영호 지난 5년간 여러 지방 프로젝트를 수행했습니다. 그러다 보니 집에는 너무 소홀했던 것 같아요. 가족들의 반대가 너무 심각해 내근 부서로 전배 요청을 했습니다.
차 PM 큰일인데. 자네가 맡고 있는 부문은 자네 없이는 진행하기 어려운데….
김영호 미리 말씀 못 드려 죄송합니다.
차 PM 만일 부서 전배를 해 줄 수 없다면 어떻게 할 생각인가?
김영호 퇴사도 고려하고 있습니다.

차PM이 박부장과 팀원 김영호씨 문제로 이야기를 하고 있다.

차 PM 김영호씨 없이는 현재 프로젝트를 진행하기 어려운 상태입니다.
박부장 그런데 전배를 받아주지 않는다면 김영호씨는 퇴사 할 텐데…. 그러면 회사 입장으로는 우수한 인재를 한 명 잃게 되네.
차 PM 지금은 김영호씨가 꼭 필요합니다. 하지만 김영호씨가 빠진다면, 일정 기간 동안 교체 인력과 공동 업무 수행이 필요합니다. 그리고 고객에게 김영호씨가 프로젝트에서 빠지는 이유에 대해 설득할 시간도 필요하게 됩니다.
박부장 그럼, 먼저 내가 김영호씨와 면담을 해 보겠네. 일정 기간 동안 공동 근무 하는 쪽으로 설득해 보겠네.
차 PM 부장님께서 꼭 설득해 주셨으면 좋겠습니다.

Check Point

- 프로젝트 팀 관리는 어떻게 실시하는가?
- 프로젝트 팀원의 사기(Morale)를 관리하는 활동에는 무엇이 있는가?
- 리더십을 갖춘 PM이 되기 위한 중요한 자질은 무엇인가?

N . O . T . E

1 프로젝트 조직 구조

1-1. 프로젝트 조직 구조

조직 구조에 대한 이해

착수된 프로젝트에서 조직은 유일하다. 일하게 될 조직의 유형을 결정하는 핵심은 상급 관리자가 얼마나 많은 권한을 프로젝트 관리자에게 위임하는지에 의해 결정된다. 비즈니스 문화적으로 볼 때, 모든 조직은 기능 구조, 프로젝트 구조, 매트릭스 구조의 세 가지 중 하나의 구조로 구분될 수 있다. 이러한 세 가지 구조들 사이에는 기능 조직을 가진 프로젝트 구조, 약한 매트릭스, 균형 매트릭스, 강한 매트릭스 조직 등과 같이 변이와 조합이 존재한다.

조직 구성 프로세스

프로젝트 조직 구성을 위한 프로세스는 인력 요구 사항과 조직 구조 및 가용 인력을 입력하여 기존의 회사 내 정해진 원칙과 이해당사자 분석을 통해 역할 정의표와 인력 운영 계획을 도출해내는 과정이다.

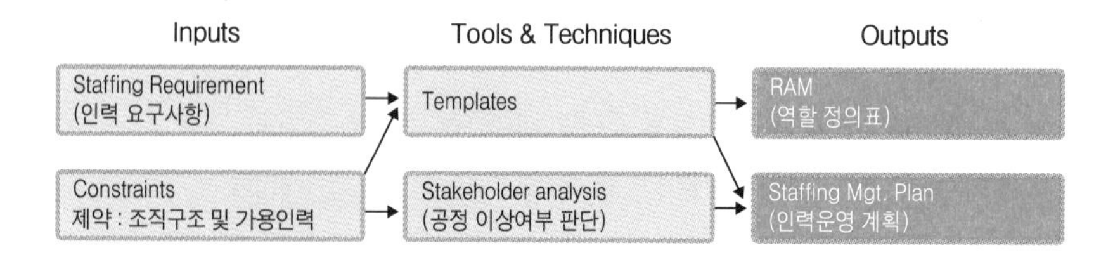

- Staffing Requirement : 프로젝트 수행을 위해 필요한 팀원에 대한 요구사항
- Constraints : 조직 내에 가용한 자원 및 인력
- RAM(Responsibility Assignment Matrix) : 프로젝트 조직 구성원들에 대한 책임과 역할을 할당한 도표(작성자 : 프로젝트 매니저)
- Staffing Management Plan : 프로젝트 인력 운영 계획(작성자 : 프로젝트 매니저)

N . O . T . E

책임할당도표(RAM : Responsibility Assignment Matrix)

프로젝트에 있어서 대부분의 경우 하나의 액티비티(작업)를 수행하기 위해서는 직접 수행하는 것뿐만 아니라 검토, 승인, 필요 자료 제공 등의 상세한 작업들을 필요로 하게 된다. 그러나 이러한 것을 모두 액티비티로 도출하여 관리하는 것은 관리 비용이 높아지므로 각자가 수행할 업무 유형을 몇 가지 정형적인 패턴으로 정리하여 표현하는 것이 RAM이 된다.

	PJMG	FMG	ENG	Tester
Concept	R	A	P	
Requirements	A	S	P	
Initial design	P	S	I	P
Detail Design	R	S	A	R
Development	R	S	A	P
Testing	S		P	A
Implementation	S	A	P	

※ A=Accountable, I=Input, P=Participant, R=Review, S=Signoff

1-2. 프로젝트 조직 구조의 설계

OBS(Organizational Breakdown Structure)

조직 구성도

프로젝트 업무 수행을 위하여 필요한 책임과 역할이나 보고 체계를 정의하기 전에 먼저 고려하여야 하는 것이 프로젝트 조직 구조를 어떻게 설계할 것인가 하는 점이다. 프로젝트 조직 구조(Organizational Structure)는 프로젝트의 상황, 프로젝트가 속한 기업의 조직 구조, 방침에 따라 결정된다. 조직 구조 형태는 다음의 세 가지로 분류할 수 있다.

1) 내부 효율성을 강조하는 조직 형태

업무의 전문화라는 관점에서 각 기능 부서의 전문성을 최대한 발휘할 수 있는 조직형태를 의미한다. 이를 기능 조직(Functional Organization이라고 한다.

N . O . T . E

◇ 기능 조직(Functional Organization)

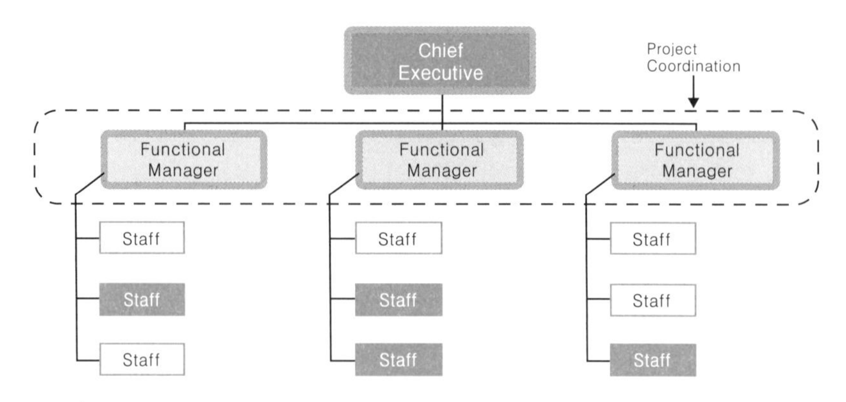

[기능 조직의 조직도]

장점

- 단순함
- 유연성이 높음(인력의 이동 측면에서)
- 기능 부서가 기술적 지원 및 인력 개발을 지속적으로 함
- 전문성이 높으며 업무의 범위가 명확함 (이전 자료 축적)
- 부서 내 의사소통 체계가 간단하고 잘 정립되어 있음
- 안정적인 작업 환경을 선호하는 직원에게는 좋음
- 부서 내에 명확하게 정의된 책임과 역할이 있음

단점

- No single point of responsibility(부서 간 갈등 조정)
- 부서간 의사소통 체계가 없음
- 부서간 경쟁과 갈등 유발(부서 업무 우선)
- 외부 고객 대응에 부적절함
- 부서의 관점에서의 편협된 의사 결정
- 멀티 프로젝트 환경에서는 자원 배분에 대한 갈등 발생
- 전체 프로젝트를 책임지는 부서가 없음
- 프로젝트에 참여한 사람에게 동기 부여가 약함

2) 외부 효과성을 강조하는 조직 형태

외부 환경 혹은 주어진 목표를 달성 할 수 있는 조직 형태를 의미한다. Full Time Task Force가 이러한 예가 되며, 이를 프로젝트 조직(Project Organization)이라고 한다.

N . O . T . E

Task Force

Task, 즉 목적을 갖고 그 목적을 추진하기 위해 임시로 모인 집단이다. 따라서 그 임무가 완수되면 곧바로 해체된다.
Task Force는 각 전문가 간의 조정을 쉽게 하고, 밀접한 협동 관계를 형성하여 직위의 권한보다 능력의 권한으로 행동한다. 일정한 성과가 달성되면 그 조직은 해산되고, 환경 변화에 적응하기 위한 새로운 Task Force가 편성되어 조직 전체가 환경 변화에 적응력을 갖는다. 또한 새로운 과제에의 도전, 책임감, 달성감, 단결심 등을 경험하는 기회를 구성원들에게 제공하고 직무 만족을 높이는 효과가 있다.

◇ 프로젝트 조직(Projectized Organization)

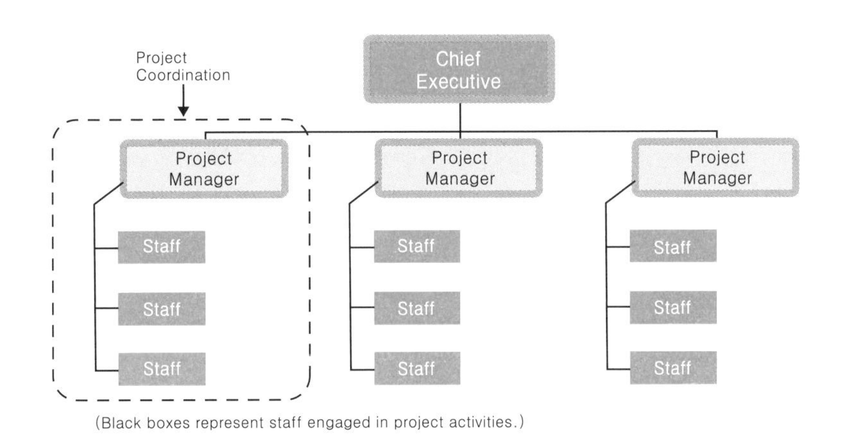

[프로젝트 조직의 조직도]

장점

- PM이 전체 프로젝트에 대한 권한이 있음
- 프로젝트의 투입 정도와 충성도가 높아짐
- 팀원과 PM의 의사소통이 용이해짐
- 의사소통과 보고 체계가 단순함
- 과업 지향적이고 동질적인 팀 분위기 형성
- 신속한 의사 결정과 집행이 가능함
- 프로젝트 전체를 바라볼 수 있음

단점

- 복수의 순수 프로젝트 조직이 운영중인 경우에는 자원의 낭비가 발생함
- 기술적인 노하우나 기술이 개인 의존적이 되어 필요 이상의 자원이나 인력이 프로젝트에 있어야 함
- 충원을 못하는 경우 외주에 의존하는데, 노하우의 축적이 어려움
- 프로젝트 완료 후 돌아갈 조직이 없음

N . O . T . E

3) 내부 효율성과 외부 효과성을 혼합한 조직 형태

상기 2가지 조직 형태의 장점을 살린 Hybrid 조직형태를 의미한다. 이를 매트릭스 조직(Matrix Organization) 이라고 한다.

◇ 매트릭스 조직(Matrix Organization)

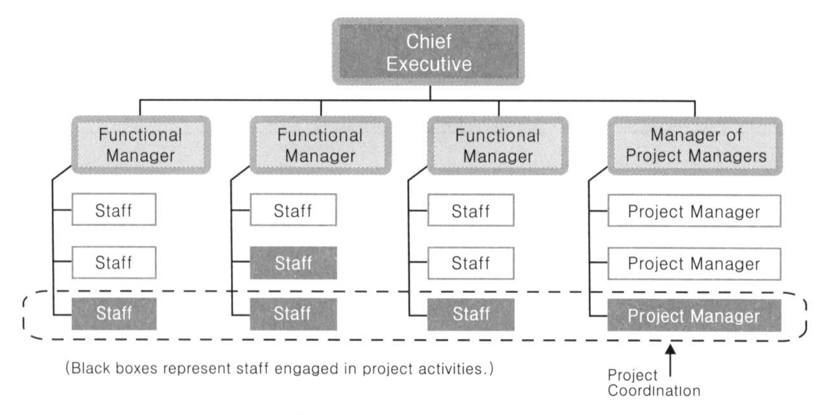

[매트릭스 조직의 조직도]

장점

- 회사 전체 자원 활용을 극대화
- 각종 장비들을 공유하여 자본 비용을 줄임
- 회사 전체의 방향은 공유하면서 프로젝트 상황 고려 가능
- 수직/수평의 정보 공유에 기여
- 부서의 관점과 프로젝트의 관점이 조화를 이룸
  (프로젝트 : what & when , 부서 : who & how)
- WBS와 OBS를 통합함

단점

- 조직의 구성 체계가 복잡하여 구성원이 이해하기 어려움
- Dual responsibility와 authority가 갈등을 유발시킴
- 스태프의 강력한 지원을 받지 못함 (특히 복수의 프로젝트를 수행하는 경우)
- 관련 부서와 협의 과정에서 의사 결정 리드타임이 길어짐
- 의사 결정의 복잡성으로 조직의 유지 비용이 많아짐
- 희소 자원이 있을 경우 부서간 갈등이 발생할 수 있음
- 부서에서 능력 있는 사람을 프로젝트에 투입하지 않음

1-3. 팀 구성원의 선정

N . O . T . E

프로젝트 조직에서 팀 구성원을 선발하는 일은 무척 중요하다. 프로젝트의 성공은 구성원들의 프로젝트 수행 결과에 좌우되기 때문이다.
프로젝트 팀 구성원을 선발할 때는 프로젝트 요구 사항을 만족시키는 기술이나 경험(Business, Leadership, Technigue), 개인적인 희망이나 요구 사항, 가용성, 프로젝트 요구 사항에 적합한 업무스타일 등을 고려해야 한다.
프로젝트의 성공은 구성원들의 프로젝트 수행 결과에 따라 좌우되는 만큼 팀 구성원들의 역량은 매우 중요하다. 프로젝트 팀 구성원의 역량은 크게 개인적 역량, 조직적 역량으로 나누어 볼 수 있다.

- **개인적 역량** : 할당된 업무를 수행할 수 있는 지식과 기술을 가지고 있어야 한다. 역량이 높은 사람은 할당된 작업에 대한 정의와 어떻게 해야 하는지에 대해 이해하는 시간이 비교적 짧고, 예상되는 결과에 대해 프로젝트 매니저는 높은 확신을 가질 수 있다. 따라서 리뷰와 검사하는 빈도를 줄일 수 있다. 반면 그렇지 못한 사람에 대해 프로젝트 매니저는 보다 많은 리뷰와 조언을 통해 제대로 업무를 수행할 수 있도록 도와주어야 한다.

- **조직적 역량** : 팀워크, 즉 함께 일하는 역량이다. 아무리 개인적 역량이 뛰어난 사람이라도 조직적으로 함께 일할 수 없는 사람이라면 소용이 없다. 프로젝트 구성원들은 목표를 달성하기 위하여 함께 일할 수 있는 역량이 있어야 한다. 좋은 프로젝트 매니저는 팀원들 간의 개인적인 차이를 조율하고 개인간의 의사소통을 활성화시키며, 기술과 경험을 함께 공유할 수 있도록 환경을 제공해야 한다. 프로젝트 관리자의 많은 역할들 중에 가장 중점을 두어야 하는 영역 중의 하나이다.

1-4. 팀 구성 절차

프로젝트 팀 구성을 위해서는 자원 요구 사항을 결정하는 일로부터 프로젝트 팀 구성원 대상자들에 대한 인터뷰를 하여 팀원을 선정하고, 착수 회의를 개최하여 역할과 책임을 명확하게 하고, 관리 프로세스를 설명하며, 의사소통 계획을 세우는 일들을 수행해야 한다. 프로젝트 팀 구성 절차는 크게 7단계로 구분된다. 자세한 내용은 다음과 같다.

N . O . T . E

1) 자원 요구 사항 결정

작업에 필요한 기술의 수준을 결정하고 팀 내에 해당 기술들을 어떻게 확보할 것인지에 대해 결정한다.

2) 팀 구성원 대상자에 대한 인터뷰

직접적인 기술뿐만 아니라 팀웍, 개인의 소양, 업무적 희망 등을 인터뷰를 통해 알아낸다.

3) 팀원 선정

팀원의 선정을 통해 프로젝트에서 필요한 역량을 확보한다.

4) Kick-off Meeting의 개최

일관된 방향을 제시하기 위해서 프로젝트 팀을 모아 착수 회의를 개최한다.

5) 역할과 책임의 명확화

프로젝트에서 팀원들이 해야 하는 역할과 책임에 대해 제시한다.

- 역할 : 누가 무슨 업무를 수행하는가?
- 책임 : 누가 무엇을 결정하는가?

6) 관리 프로세스에 대한 PM의 설명

어떻게 이슈를 관리할 것인지, 성과 측정은 어떻게 할 것인지, 보고의 주기는 얼마로 할 것인지 등 프로젝트 관리 프로세스에 대한 PM의 관리 방안을 팀원들에게 설명하고 이해시킨다.

7) 열린 의사소통에 대한 토대를 확립

프로젝트를 원활히 진행하려면 PM과 팀원간에 의사소통이 중요하다. 관리자와 피관리자 관계로서의 의사 소통만으로는 부족한 점이 많다. 그렇기 때문에 보다 인간적이며 개방된 의사소통이 반드시 필요하다.

1-5. 착수 회의(Kick-off Meeting)

N . O . T . E

착수 회의의 개념

착수 회의(Kick-Off meeting)란 프로젝트 팀이 공식적으로 처음 모이는 기회이다.

프로젝트 개요, 각 팀원들의 역할과 책임, 프로젝트 산출물에 대해 다루며, 모든 프로젝트 Stakeholder가 프로젝트의 목적, 프로세스, 방법, 역할과 책임, 품질기대치, 성공 요인, 고객 인수 기준 등에 대한 이해와 합의를 보장하기 위해 개최하는 것이다.

착수 회의는 프로젝트 팀과 스폰서, 고객 등의 Stakeholder들에게 프로젝트 수행 방향과 합의를 이끌어 내기 위한 회의로서, 체계적인 준비는 필수적이다.

착수 회의의 목적

착수 회의는 의사소통 채널과 작업 관계 수립, 팀의 목표와 목적의 수립, 프로젝트 최신 상황의 검토, 프로젝트 계획의 검토, 프로젝트 문제 영역의 식별, 개인과 그룹의 책임과 역할 수립, 개인과 그룹의 Commitment 확보 등을 그 목적으로 한다.

Commitment

목표에 대한 자발적 동의. 지시에 의한 것이 아니라 헌신에 의한 것이다.

착수 회의의 참석자

착수 회의에는 프로젝트 매니저, 프로젝트 스폰서, WBS와 OBS (Organizational Breakdown Structure) 상의 팀 구성원이 참여한다.

착수 회의 절차

프로젝트 목적과 개요 설명(Project Sponsor) → 프로젝트 팀 소개 (Project Sponsor) → 프로젝트 산출물 설명(Project Manager) → WBS와 OBS 설명(Project Manager) → 역할과 책임 정의(Project Team)의 순으로 진행된다.

N . O . T . E

2 프로젝트 팀 관리

2-1. 프로젝트 팀 관리의 목적

프로젝트 팀 관리는 PM의 주요 역할 중의 하나이다. PM은 팀원들과 밀접하게 일하면서 그들의 개인적 · 업무적 요구 사항을 파악하여 적절한 대응을 해야 할 필요가 있다. 이에 대한 PM의 적극적 · 열정적인 배려는 프로젝트 팀의 사기를 향상시키며 프로젝트 진척을 방해하는 인력자원적 요소에 대한 이슈를 해결할 수 있다.
PM은 프로젝트 전체를 조율할 뿐만 아니라 팀에 대한 리더십을 제공해야 한다. 강력한 리더십은 일관적인 의사소통, 일정/예산 준수와 팀원들에 대한 업무 의욕과 사기를 고취시킨다.

2-2. 팀원의 욕구 관리

IT라는 업의 특성상 개인이 가진 지식과 능력에 의해 프로젝트 성과의 상당 부분이 좌우된다. 그러므로 PM은 팀원들이 일할 수 있는 최상의 환경을 만들어 주어야 한다. 개인의 욕구 파악에 대한 이론으로 '동기 이론(Motivation)'을 들 수 있다. 동기 이론에 대한 구체적인 내용은 다음과 같다.

Motivation

개인이나 집단이 자발적, 적극적으로 책임을 지고 일을 하고자 하는 의욕이 생기도록 행동 방향에 영향력을 제시하는 것이다. 일반적으로 동기 유발, 동기 참여, 혹은 동기화라고 하는데, 산업에서 노동의 동기 유발로서 임금 체계나 지불 방법을 정하는 경우에 쓰인다. 자발적인 업무 수행 노력을 촉진하여 개인의 직무 만족과 생산력을 높이고 나아가 조직 유효성을 제고시키는 데 기여한다는 점에서 중요성이 강조되고 있다.

Maslow의 욕구 5단계

Abraham. H. Maslow는 인간의 욕구는 따로 존재하는 것이 아니라, 낮은 단계의 욕구가 충족되면 높은 단계로 성장해 간다고 주장하였다. 또 반대로, 낮은 단계의 욕구가 충족되지 않으면 높은 단계의 욕구는 행동으로 연결되지 않으며, 이미 충족된 욕구도 행동으로 이어지지 않는다고 하였다.
단계의 순서는 Physiological → Safety → Social → Esteem → Self Actualization과 같으며, 세부내용은 다음과 같다.

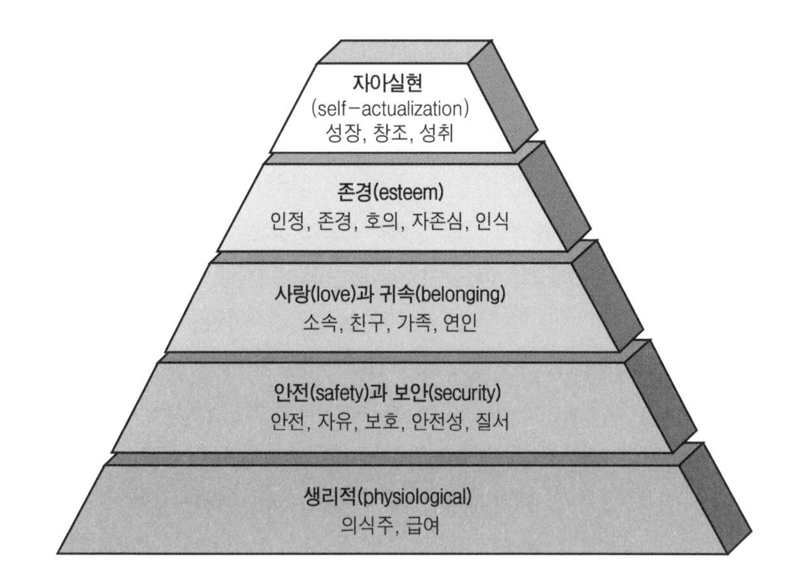

N . O . T . E

Maslow's Hierarchy of Needs

Physiological : breathing, food, water, sex, sleep, homeostasis(항상성), excretion(배설)
Safety : Security of body, of employment, of resources, of morality, of the family, of health, of property
Love/Belonging : friendship, family, sexual intimacy
Esteem : self-esteem, confidence, achievement, respect of others, respect by others
Self-actualization : morality, creativity, spontaneity(자발성), problem solving, lack of prejudice, acceptance of facts

- **생리적 욕구** : 가장 낮은 단계의 욕구로서, 인간의 가장 기본적인 배고픔이나 갈증이 해당된다. 경영자는 종업원에게 임금을 지불함으로써 그들의 생리적 욕구를 충족시킬 수 있도록 한다.
- **안전(안전과 보안) 욕구** : 신체적인 위험이나 불확실성에서 벗어나고자 하는 욕구이다. 일상의 안전, 보호, 안정 등에 대한 욕구는 의료 보험이나 노후 대책으로써 직업을 선택하는 행동에 반영된다. 경영자는 안전한 작업 조건, 직업, 보장 등을 통해서 이런 욕구를 충족시킬 수 있다.
- **사회적(사랑과 귀속) 욕구** : 사람들은 다른 사람들과 관계를 맺고 소속감과 애정을 나누고 싶어한다. 회사에서는 야유회, 체육 대회 같은 친목을 도모하는 행사를 통해 이러한 욕구를 충족시켜 줄 수 있다.
- **존경 욕구** : 다른 사람들로부터 자신의 능력에 대해 인정받고 싶어하는 욕구이다. 이 욕구가 충족되지 못하면 사람들은 열등감과 무력감에 빠지기도 한다. 직장에서 업무를 성공적으로 완수한다든가 동료들로부터 인정을 받음으로써 혹은 승진을 통해 자신감과 자부심을 갖게 되는 것이 존경 욕구를 충족시키는 데 도움이 된다.
- **자아실현 욕구** : 자신의 잠재적인 능력을 발휘하고 창조적으로 자기의 가능성을 실현하고자 하는 욕구를 말한다. 최근에는 자기개발이나 자아실현의 욕구가 중요해지고 있는 추세이니 경영에서도 이런 점에 비중을 두어야 한다.

N . O . T . E

Herzbergen Factor

- Hygiene Factor(위생 요인) : 급여, 인사 정립, 대인 관계, 환경, 감독
- Motivation Factor(동기 요인) : 인정, 성과, 책임감, 개선

위생 요인

직무에 대한 조직 구성원의 불만족 요인으로서, 회사의 정책, 관리 및 감독 기술, 급여, 작업 조건, 대인 관계, 직업 안정 등 주로 직무 외적인 것을 나타낸다. 이러한 것들은 작업의 내용과 직접 관련되거나 동기를 부여하는 요인이 아니라 작업 환경과 관련된 요인들이다. 직장에서 발생하는 여러 가지 불쾌한 상황을 제거하고 양호한 환경을 유지함으로서 불만족은 없앨 수 있는 가능성을 가지며, 미리 예방하면 해결될 수 있다.

동기 요인

조직 생활에서 구성원에게 만족감을 주는 요인으로 성취감, 타인의 인정, 책임, 성장 및 발전 가능성 등 내면적 특성을 포함한다. 동기 요인은 충족되지 않더라도 불만은 없지만, 충족되면 만족에 긍정적인 영향을 줄 수 있고, 일에 대한 적극적인 태도를 유지할 수 있다. 또한 일을 함으로써 자기 실현을 가능케 하는 성격을 지니며, 종업원들은 작업 내용과 관련해 강한 동기 요인이 있어야 좋은 성과를 낼 수 있다.

Herzbergen Factor

흔히 만족의 반대를 불만이라 생각하기 쉬운데 Herzberg는 만족의 반대는 만족하지 않는 상태라는 것에 착안하였다. 즉, 프로젝트 팀원들의 불만을 야기시키는 요인(이러한 요인이 없어진다고 하여 만족한 상태는 아니다)과 팀원의 만족(동기부여)을 유발시키는 요인은 상이하다는 것이 Herzberg이론의 특징이다. Herzberg는 이 두 가지 요인을 위생 요인(Hygiene factor)과 동기 요인(Motivating agent)이라 한다.

Expectancy Theory

동기 부여와 직무 만족을 분리하여 인식하는 것에서 출발한다. 즉, 개인은 작업 결과에 대한 보상치를 기대하고, 외부에서 주어지는 보상이 실제로 기대한 수준과 동일하게 부여되는 경우에는 더욱 만족하여 동기 부여가 높아진다는 이론이다.

기대이론은 Victor Vroom에 의해 주창되고 Porter/Lawler에 의해 확장된 이론으로, 사람은 다음의 조건이 맞을 때 동기가 유발되고 최선을 다해 열심히 일한다는 것이다.

① 달성 가능한 목표가 제시되어야 한다.
② 목표를 달성했을 때 보상이 주어져야 한다.
③ 보상이 개인에게 의미가 있는 것이어야 한다.

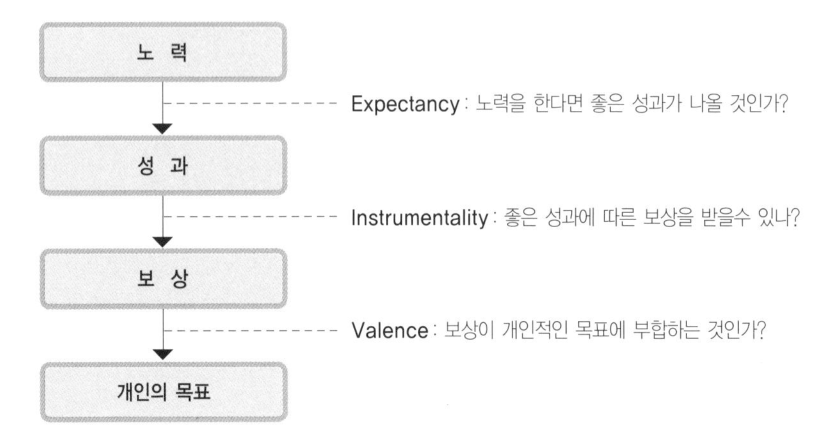

McGregor의 X, Y 이론, Ouchi의 Z 이론

- Douglas McGregor는 관리자가 직원을 바라보는 관점이 두 시각이 있는데, 이것을 X 이론과 Y 이론이라 칭했다.
- **X 이론** : 직원들은 원래 일을 하기 싫어하고 책임을 맡거나 안전 지향적이기 때문에, 계속 감시하고 통제해야 목표를 달성할 수 있다.
- **Y 이론** : 직원들은 일을 자연스럽게 받아들이고, 목표를 공유하면 스스로 열심히 하며, 책임을 맡아 일하거나 혁신적 결정을 내릴 수 있다.
- 맥그레거는 이중 X 이론 보다는 Y 이론 쪽으로 관리하는 것이 효율 면이나 팀원 관리 면에서 더 좋다고 하였으나, 실제로는 경우에 따라 차이가 있다.
- William Ouchi는 XY이론의 확장으로 Z 이론을 제시하였다.
- **Z 이론** : 직원들은 장기 고용되고 의사 결정 참여를 통해 경영에 일부 참여할 수 있을 때 동기가 부여된다는 이론으로, '80년대 일본식 경영 형태를 이론화 한 것이다.

N . O . T . E

McClelland의 세 가지 욕구

- David C. McClelland는 동기유발에 관여하는 욕구는 크게 세가지가 있다고 설명하고, 사람에 따라 그 정도가 다르며 각기 다른 양상으로 동기 부여가 된다고 하였다.
- **성취욕구**(n-Ach : need for achievement) : 다른 사람보다 도전적인 목표 하에 높은 성취를 이루고자 하는 욕구
- **권력욕구**(n-Pow : need for power) : 다른 사람들을 이끌고, 생각과 행동에 영향을 끼치고자 하는 욕구
- **제휴욕구**(n-Aff : need for affiliation) : 다른 사람들에게 인정받고 좋은 관계를 유지하고자 하는 욕구. 친교욕구라고도 한다.

McClelland의 세가지 욕구

학습욕구이론(Learned Needs Theory), 획득욕구이론(Acquired Needs Theory), 3가지욕구이론(3 Needs Theory)으로도 불리며, 주제통각검사(TAT : Thematic Apperception Test)를 통해 어떤 욕구를 선호하는지 검사할 수 있도록 고안되었다.

팀 성과 이슈 관리

팀 성과 이슈 관리란 팀원들의 업무 성과 내용을 분석하여 개인 및 팀 단위의 성과를 관리하는 것이다. 팀 성과 이슈 관리를 위해 PM은 다음과 같은 역할을 수행해야 한다.

- 팀에게 계획된 성과를 달성하지 못했음을 명확히 주지시키고, 예상했었는지, 왜 이런 일이 발생했는지에 대해 질문한다.
- 개인의 성과가 팀의 성공에 미치는 영향을 강조하며, 팀원들은 자신의 역

N . O . T . E

량과 일에 대한 태도가 프로젝트 팀의 성과에 미치는 영향을 고려한다.
- 공론화시키지 말고, 해당 팀원과 해결하도록 노력한다.
- 이슈의 주원인(Root Cause)을 찾아보도록 노력한다.
- 팀이 계획된 성과를 달성할 만한 자원과 능력을 갖추었는지 확인하고, 교육과 재할당 등을 실행한다.

효과적인 팀을 위한 PM의 역할

효과적인 팀은 처음 구성할 때 결정되는 것이 아니라 프로젝트 진행 중에 PM의 관리 능력 하에 형성되는 것임을 잊지 말아야 한다. 좋은 프로젝트와 훌륭한 프로젝트는 PM의 팀에 대한 동기의욕 고취, 그리고 프로젝트 목적을 향하여 효과적으로 함께 일하는 환경을 만들어 주는 능력에 의해 결정된다.

2-3. 효과적인 Feedback을 위한 가이드라인

팀원들이 프로젝트의 목적이라는 궤도에서 벗어나지 않도록 건설적인 Feedback을 지속적으로 제공하는 것은 프로젝트 성공의 주요한 요소이다. 이러한 피드백은 팀 내 의사소통을 활성화하고, 팀원 개인의 성장에 대한 기회를 제공한다는 점에서 중요하다. 또한 긍정적인 피드백과 부정적인 피드백이 있는데. 부정적 피드백이 결코 비판적이어서는 안 된다.

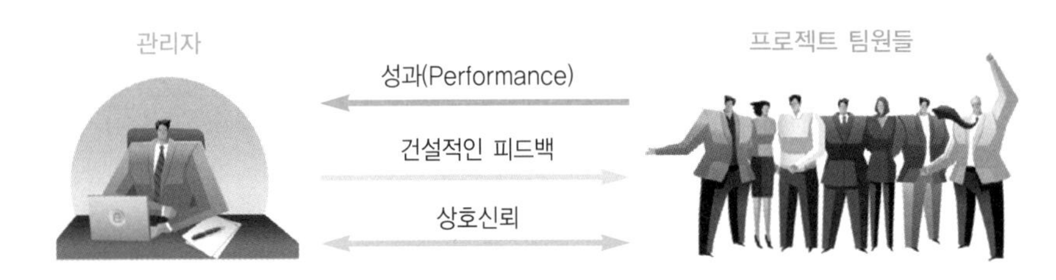

프로젝트가 정상궤도로 진행

피드백 제공시에는 우선, 기대 사항과 문제점에 대해서 서로 충분히 의사소통이 되어야 한다. 또한 부정적인 피드백의 제공시에는 고유의 긍정적인 피드백으로 일단 시작을 해야 한다. 즉, 팀원들에게 피드백이 그들의 성과에 대해 비난하는 것이 아니라 진정으로 PM이 자신들에게 도움을 주고자 행하는 것이라고 느끼게 해야 한다. 이 과정에서 '우리'라는 단어를 최대한 많이 사용하면서 한배를 타고 있다는 사실을 주지시킨다.

N . O . T . E

3 팀 관리를 위한 PM Tool

3-1. Power of PM

PM의 Power란 PM이 원하는 방향으로 팀원을 움직일 수 있는 능력을 의미한다. 이러한 능력의 원천은 크게 나누어 PM이라는 역할이 부여하는 공식적인 것과 PM 개인의 특성에 따른 개인적인 것이 있다.

Formal/Penalty/Reward 파워는 PM이라는 역할에서 생기는 파워(Position Power)를 의미하며, Referent/Expert Power는 PM의 역할과 상관없이 개인이 가지는 고유한 파워(Personal Power)를 의미힌다. 다음의 다섯 가지 파워는 상황에 따라 적합한 파워를 사용하는 것이 중요함에 유의하여야 한다.

Personal Power

PM 개인이 보유하는 능력으로서, 프로젝트 초기에 사용하기 어렵다는 단점은 있으나 팀원 관리에는 보다 효과적인다. PM은 개인적으로 존경받을 만한 PM, 전문적인 PM이 되기 위해 끊임없이 노력함으로서 Personal Power를 키울 수 있다.

Position Power

- **Formal Power** : Authority와 같은 말로, 공식적인 지위로부터 나오는 파워를 말함
- **Penalty Power** : 팀원에게 불이익을 당할 수 있다는 암시를 주어 통제하는 방법
- **Reward Power** : 승진, 급여 인상 등 팀원에게 보상을 기대하게 하여 통솔하는 방법, Expert Power와 더불어 가장 바람직한 방법

Personal Power

- **Referent Power** : 팀원들이 PM을 모델로 닮고 싶어 하는 데서 발생하는 파워
- **Expert Power** : PM의 업종 및 기술 전문성에서 발생하는 파워

N . O . T . E

프로젝트에서 발생되는 갈등

* 일정
* 자원 배정
* 업무처리 우선순위
* 대인관계
* 업무스타일
* 문화적 차이

프로젝트의 특성상 가장 빈번하면서도 해결하기 어려운 갈등은 일정에 관한 것이다.

3-2. 갈등 관리

프로젝트의 특성이 독특하고 한시적인 만큼, 프로젝트 팀원은 기본적으로 새로운 업무를 일정 기간 내에 끝내야 한다는 부담을 가지며, 특히 프로젝트 종료가 가까워올수록 이런 부담은 갈등으로 표출되기 쉽다. 내부 갈등으로 인해 프로젝트가 난항을 겪는 일도 다반사이지만, 갈등이란 잘 관리되기만 한다면 건강하고 창의적인 프로젝트 분위기를 유지하는 데에 도움이 될 수 있다.

갈등 해결에는 크게 강제, 수용, 연기, 타협, 문제 해결의 다섯 가지 방법이 있다. 가장 효과가 오래 지속되는 것은 문제 해결이나, 시간이 많이 소요되고, 해결책을 찾기 어려울 수도 있다. 따라서 상황에 맞는 적절한 방법을 활용해야 한다.

방 법	설 명
강제 (forcing)	- 의사 결정 사항을 상대방에게 관철시키는 것 - 긴급한 사안의 경우나, 프로젝트 진행에 필수적인 경우
수용 (smoothing)	- 상대방의 의견을 수용하는 것 - 향후를 위해 신뢰를 쌓고자 하는 경우
연기 (withdrawal)	- 적극적으로 대응하지 않고 나중으로 결정을 미루는 것 - 문제가 사소한 경우나, 상황을 진정시킬 필요가 있을 경우
타협 (compromise)	- 양쪽의 의견을 절충해 중간지점의 결론을 얻는 것 - 당장 해결이 어려운 문제의 잠정적 결론을 내릴 경우
문제해결 (confronting 또는 problem solving)	- 양쪽 모두 납득할만한 해결책을 찾아내는 것 - 중요한 사항에 대한 통합된 결정을 얻어야 할 경우

4 팀원 관리 프로세스

4-1. Human Resource Planning

인적자원 계획 프로세스는 프로젝트에 필요한 역할과 책임, 보고관계를 정의하고, 인력 운영을 위한 계획을 세우는 프로세스이다. 이 프로세스의 목표는 인력 요구사항 및 조직의 현 상황을 참조하여 프로젝트의 조직도와 R&R (역할과 책임), RAM(책임 할당 매트릭스)을 정의하고, 인력의 충원 및 해제, 교육 및 포상 절차를 정의하고, 단계별 인력 소요 계획을 세우는 일이다.

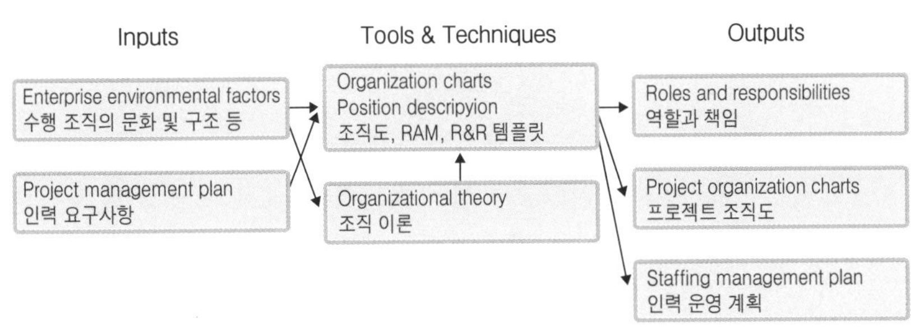

4-2. Acquire Project Team

프로젝트팀 확보 프로세스는 프로젝트에서 필요한 팀원들을 실제로 확보하는 프로세스이다. 이 프로세스의 목표는 필요한 팀원을 선확보 하거나, 협상을 통해 배정받고 역할을 부여하는 일이다.

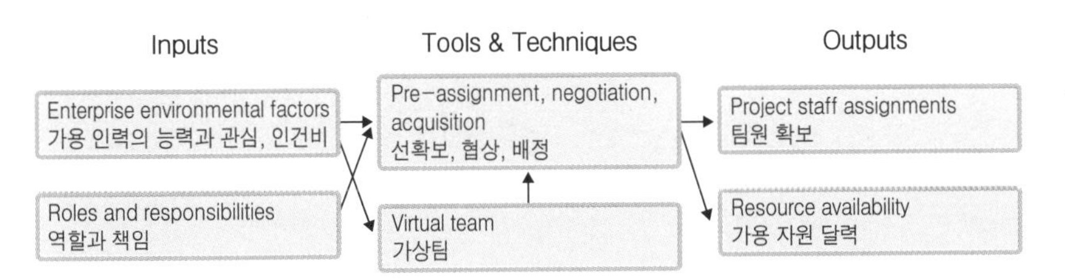

N . O . T . E

선확보 (pre-assignment)

프로젝트팀 구성은 계획단계의 업무분장 후 팀원을 선발하여 진행되나, 선확보가 필요한 경우도 있다.
* 수주시 특정 인력 참여를 약속 했거나
* 특정 전문가가 반드시 필요하거나
* 고객이 특정인을 지목하는 경우

가상팀(virtual team)

프로젝트 내부의 동일한 부분을 함께 후행하되, 원거리거나 다른 이유 등으로 대면하지 않고 프로젝드를 수행하는 팀

효과적인 팀을 위한 PM의 역할

프로젝트 업무를 수행하기 위하여 필요한 업무/기술 지식을 갖춘 사람들을 모두 확보하는 것은 매우 힘든 일이다. 왜냐하면 대부분의 경우 조직 내에서는 한정된 인적 자원을 가지고 복수개의 프로젝트를 수행하기 때문이다. 특히 매트릭스 조직 형태의 경우 기능부서장(Functional Manager)에게서 최적의 인원을 확보하고자 하는 것이 모든 프로젝트 관리자의 바람인 반면, 제한된 인력을 보유하고 있는 기능부서장의 입장에서는 프로젝트의 우선순위를 결정하지 않을 수 없게 된다. 매트릭스 조직에서의 기능부서장과 프로젝트 관리자의 역할은 조직마다 달라지지만 일반적으로는 다음과 같이 정의할 수 있다.

- 기능부서장의 역할
  - 해당 업무를 누가 수행할 것인가를 결정한다.
  - 해당 업무를 어떠한 방법으로 수행할 것인가를 결정한다.
  - 해당 업무 수행을 위한 상세한 일정을 결정한다.
- 프로젝트 관리자의 역할
  - 무엇을 할 것인가를 결정한다.
  - 결정된 업무에 대한 상위 수준의 마일스톤을 결정한다.

N . O . T . E

4-3. Develop Project Team

프로젝트 팀 개발 프로세스는 팀원들의 관계를 향상시켜 성과를 증대시키는 프로세스이다. 팀 빌딩이라고 표현하기도 하며, 교육과 보상 및 평가와 함께, 워크샵이나 회식 등의 분위기 조성도 포함된다.

Team Building Activities

다양한 환경과 배경, 동기를 가진 프로젝트 구성원을 이끌어 프로젝트를 성공적으로 완수하기 위한 일련의 과정

Inputs	Tools & Techniques	Outputs
Project staff assignments 프로젝트 팀원	Team-building activities, co-location, ground rules 팀빌딩, 동일공간배치, 기본수칙	Team performance assessment 프로젝트 성과 향상
Staffing management plan 교육 및 보상 계획	General management skills 공감대 형성, 결속력 조성	
	Training, recognition & rewards 교육, 인식 및 보상	

팀빌딩의 특징

팀빌딩은 팀원의 능력을 향상시키는 것이 아니라 이해당사자(stakeholder)의 능력을 향상시킨다. 프로젝트를 수행하는 사람은 팀원이 아니라 이해당사자 모두이다. 즉, 고객, sponsor등을 포함한 이해당사자들은 나름대로 프로젝트에 영향력을 미치는 사람들이므로 이들 모두가 프로젝트에 긍정적으로 기여할 수 있는 능력을 가질 때 프로젝트의 성과는 높아지게 된다.

4-4. Manage Project Team

N . O . T . E

프로젝트 팀 관리 프로세스는 프로젝트 성과를 향상시키기 위해 팀원들의 성과를 토대로 이슈사항을 해결하고 변경사항을 관리하며, 피드백을 제공하는 프로세스이다. 팀 개발 프로세스가 긍정적인 영향을 위한 준비라면, 팀 관리 프로세스에서는 실제로 팀원들과의 대화 및 관찰로 성과 저하의 원인을 찾아내고, 갈등을 해결하며 이슈를 처리하게 된다.

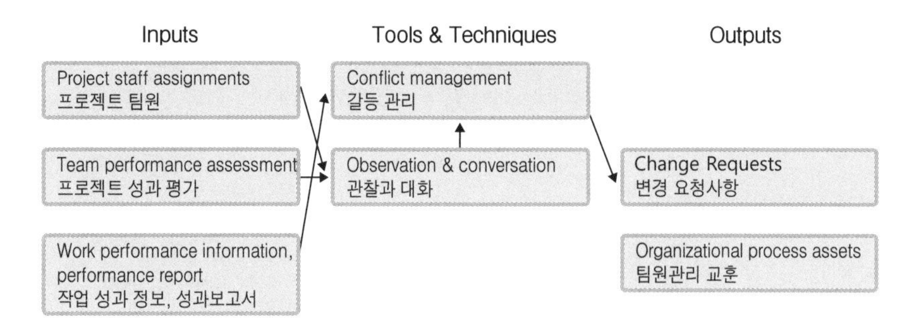

Summary

POINT 1 프로젝트 팀 관리

- PM은 팀원들과 밀접하게 일하면서 그들의 개인적 업무적 요구 사항을 파악하여 적절한 대응을 해야 할 필요가 있다. 이에 대한 PM의 적극적 열정적 배려는 프로젝트 팀의 사기를 향상시키며 프로젝트 진척을 방해하는 인력 자원적 요소에 대한 이슈를 해결할 수 있다.
- 팀원의 욕구 관리 이론에는 Maslow 5단계, Herzbergen Factor, Expectancy Theory가 있다.
- 팀 성과 이슈 관리란 팀원들의 업무 성과 내용을 분석하여 개인 및 팀 단위의 성과를 관리하는 것을 말한다.
- 팀원들이 프로젝트의 목적이라는 궤도에서 벗어나지 않도록 건설적인 Feedback의 지속적인 제공은 프로젝트 성공의 주요한 요소이다.

POINT2 팀 관리를 위한 PM Tool

- PM의 Power란 PM이 원하는 방향으로 팀원을 움직일 수 있는 능력을 의미한다. 이러한 능력의 원천은 크게 나누어 PM이라는 역할이 부여하는 공식적인 것(Position Power) 과 PM 개인의 특성에 따른 개인적인 것(Personal Power)이 있다.
- PM의 리더십은 수행 중인 프로젝트 팀 내에서만 나타나는 것이 아니라 프로젝트와 관련한 외부 조직 및 Stakeholder에도 발휘되어야 한다. 프로젝트에서 Risk가 발생하면 이들은 지속적인 투자에 대한 의구심을 가지며 프로젝트의 성공 여부에 대해 불신하기 시작한다. PM은 이러한 상황에 대해 리더십을 발휘하여 헤쳐 나가야 한다.

POINT3 팀원 관리 프로세스

- Organizational Planning은 프로젝트에서 필요한 팀원들을 실제로 확보하는 프로세스이다.
- Staff Acquisition 프로세스는 팀원들의 역할을 정의하는 프로세스이다.
- Team Development는 프로젝트를 수행하면서 지속적으로 팀원의 성과를 향상시킬 수 있도록 교육과 보상 및 평가를 실시하는 것을 말한다.

Key Word

- Maslow 5단계, Herzbergen Factor, Expectancy Theory
- 팀 성과 이슈 관리
- Feedback
- Power of PM
- 리더십
- Organizational Planning Staff Acquisition, Team Development

다음 6가지의 프로젝트 팀 관리에 대한 문제 상황을 살펴보고, 이에 대한 대처 방안을 세우시오.

1. 업무 전문가의 전배

박PM이 진행중인 프로젝트의 업무전문가인 심대리는 최근 2번의 고객과의 회의에 불참하였다. 그뿐만 아니라 2주 동안 주간 보고도 상신하지 않았다. 심대리는 회사 내의 가장 능력 있는 인물로 널리 알려져 있으며 프로젝트에 엄청난 영향력을 끼치고 있다. 그가 프로젝트에서 떠난다면 프로젝트가 실패할 것임에 불을 보듯 뻔할 것이다. 박PM이 알아본 결과 심대리는 회사 내 다른 조직으로의 전배를 계획하고 있으며, 회사는 그가 원하는 전배 요청을 수락할 태세이다.

2. 아무 것도 모르는 고객쪽 분석가

안대리는 박PM의 프로젝트 팀의 선임 프로그래머이다. 어느 날 그는 박PM에게 와서 현업 담당자인 고객사 김차장과 문제가 있음을 알렸다. 김차장은 당신의 프로젝트의 설계명세서의 고객측 승인자이며 기술적 의사 결징 사항에 대한 모든 책임을 지고 있다. 안대리가 전하는 징황으로는 그는 기술적 백그라운드가 전혀 없는 사람이다. 터무니없는 요구 사항을 계속 주장하고 있으며, 그가 하는 질문들은 이 분야에 대한 지식이 거의 없는 사람임을 명백하게 드러내고 있다. 아무런 대책이 마련되지 않는다면 프로젝트가 지연될 것이 뻔하다.

3. 뛰어난 프로젝트 팀원, 방향 잃은 프로젝트

김PM은 ERP 신규 개발 프로젝트를 수행하고 있다. 중요한 사안이라 경영층은 회사 내에서 뛰어난 인력들을 프로젝트에 할당하였다. 하지만 팀원들은 제각각 프로젝트 진행 방향에 대하여 각자 다른 생각들을 가지고 있다. 이를 위해 김PM은 몇 번의 회의를 통하여 통합, 공통의 목표를 세우고자 하였으나 번번이 실패하였다.

4. 잔업에 대한 설득

A리조트의 정보 시스템 구축 프로그램을 담당하던 정PM은 고객사의 요구 사항 변경으로 프로젝트 일정 지연이 발생하게 되었다.

정PM은 프로젝트 팀원들에게 향후 두 달간 연속적인 잔업을 해야 한다는 사실을 설득시켜야 한다. 하지만, 이미 두 번의 프로젝트 기간 연장으로 팀원들의 불만은 매우 큰 상태이다.

5. Global 프로젝트

이PM은 다국적 기업에서 프로젝트를 수주 받아 진행하고 있다. 이 프로젝트를 위해 이PM은 여러 나라의 전문가들로 구성된 프로젝트 팀을 조직하였다.

프로젝트 착수 후 한 달, 몇몇 팀원들은 그들의 진척 상황에 대하여 정기적으로 올바르게 의사 소통을 해오고 있으나 대부분의 팀원들은 그렇지 않다.

6. 외주 관리

변PM은 S 대학의 사이버 대학 운영 시스템 구축 및 콘텐츠 개발 프로젝트를 진행하고 있다. 변PM은 프로젝트 착수 시 운영 시스템 부분만을 내부 인력으로 진행하고, 콘텐츠 개발 및 홈페이지 구축 등의 업무는 외주 업체를 선정하여 프로젝트를 진행하였다. 그런데, 프로젝트 착수 후 세 달이 지난 지금, 일부 외주 업체가 납기 내에 산출물을 완료하지 못하고 있다. 뿐만 아니라 품질 수준도 매우 떨어지고 있다.

Chapter 11 외주 관리

Project Management Situation

차PM이 사무실에서 최민희씨와 이야기하고 있다.

최민희 이번에 같이 일하기로 한 D업체가 아무래도 업무 수행 능력이 부족한 것 같습니다.
차 PM (의외라는 듯) D업체는 수주에 많은 도움을 준 업체인데, 어떤 면에서 업무 수행 능력이 부족한 것 같습니까?
최민희 저희의 허락 없이 단독으로 판단하여 업무 처리를 해서 혼란을 주고 있습니다. 게다가 가장 큰 문제는 전반적으로 참여 인력들의 기술 수준도 현저히 떨어지는 것 같습니다.
차 PM (고민하다가) D업체 책임자와 협의해서 참여 인력 중 기술력이 떨어지는 인력은 교체하도록 하겠습니다.
최민희 네, 알겠습니다.

차PM과 D업체 대표와 이야기를 나누고 있다.

차 PM 바쁘신 와중에 이렇게 회의에 참석해 주셔서 정말 감사합니다.
김사장 별 말씀을요. 저희 회사가 귀사의 프로젝트에 참여하게 해주셔서 감사합니다. 최선을 다해서 귀사를 도와 일하겠습니다.
차 PM 예, 감사합니다. 저… 그런데, 제가 듣기로 저희 고객사의 담당자와 상당한 친분 관계를 갖고 계시다고 하던데요.
김사장 아, 예, 고향 선후배 관계지요. 혹시 진행하시다가 어려운 일이 있으시면 제가 도와 드리겠습니다.
차 PM 네, 정말 감사합니다. 그런데 이번에 참여시키신 팀원들이 저희가 파악하기로는 기술력이 프로젝트를 수행하기에는 어려울 것 같습니다. 일부 인력의 교체를 요청 드립니다. 그리고 업무 진행에 영향을 미치는 부분은 사전에 저희 담당자와 상의 부탁 드립니다.
김사장 (당황해 하며) 아! 예... 저희 직원들이 많이 실수한 것 같습니다. 기술이 부족한 인력은 신속히 교체해 드리겠습니다. 그리고 앞으로는 단독으로 업무 처리를 하지 않도록 직원들을 잘 교육시키겠습니다.
차 PM 어려운 부탁 드려서 죄송합니다. 도와 주셔서 감사합니다.

Check Point

- 외주(Outsourcing) 업체 선정은 어떻게 해야 하는가?
- 외주에는 어떤 형태가 있는가?
- 외주 계약 시 일어날 수 있는 문제점은 무엇인가?
- 효율적인 외주 관리 기법은 무엇인가?

N . O . T . E

Make or Buy Decision

내부에서 생산할 것인지, 외부 공급자들로부터 구매할 것인지를 고려하는 의사 결정 방법이다. 비용 절감 효과, 외부 조직의 전문성, 핵심 영역에 대한 집중 효과를 검토하여 결정한다.
Make or Buy Decision에서 가장 중요한 것은 비용이다. 이 때 직접비와 간접비, 프로젝트의 현재 상황뿐만 아니라 미래의 상황까지 대비해서 결정해야 한다.

01 외주 관리

1-1. 외주(Outsourcing)

외주(Outsourcing)란 프로젝트 조직이 해당 업무 또는 기술 분야에 대한 노하우와 경험이 부족하거나, 개발 인력 또는 예산이 부족하여 외부의 제3자에게 대상 업무의 일부 또는 전체를 위탁하여 처리하는 형태의 업무 수행 방식이다.
외주를 계획하게 되는 배경으로 다음과 같은 내용을 들 수 있다.

- 자체 기술력의 부족으로 개발할 수 없는 고품질의 소프트웨어를 해당 기술 분야의 전문 업체로부터 획득하기 위해
- 자체 개발 시 부족한 예산을 가지고 사업을 수행하기 위한 수단으로 활용하기 위해
- 자체 개발의 여유가 없을 때 시간 절약을 위해
- 부족한 개발 인력을 해결하기 위해
- 전문 분야에의 집중을 통한 고부가가치 창출을 위해 비전문 분야를 외부로부터 조달

1-2. 외주의 분류

계약 관점에서 본 분류

- **도급** : 수탁자가 완성한 일정한 업무의 결과에 대해서 발주자가 보수를 지급하는 업무 형태
- **위임** : 발주자로부터 일정한 업무 처리를 위임 받은 수탁자가 위임의 본래 취지에 따라 관리자의 의무를 갖고 해당 업무를 처리하는 형태
- **파견** : 파견 계약에 따라 정해진 업무만을 수행하는 업무 형태로, 파견 기술자는 파견시킨 조직의 업무 지시를 따름

소프트웨어 획득 방법에 의한 분류

- **전체 외주** : 대상 업무 전체를 위임하는 방식
- **부분 외주** : 대상 업무 일부를 위임하는 방식
- **인력 외주** : 인력을 외주 업체로부터 파견 받아 대상 업무를 수행하는 방식

개발 수명 주기에 의한 분류

- **감리 위탁** : 설계와 개발을 담당하는 외주 업체에 대한 감독 업무를 위임하는 방식
- **업무 위탁** : 업무 분석과 기본 설계 등 상위 공정 부분의 전문 지식이나 전문 기술이 부족하여 외부의 업무 전문가나 고급 소프트웨어 엔지니어 등의 지원을 받아 업무를 수행하는 방식
- **개발 위탁** : 상세 설계 이하 개발과 설치 등 구현에 관련된 업무 전반을 일괄프로젝트 형식으로 외주 업체에 위임하는 방식
- **인력 파견** : 코딩, 시험 등 SW 기술자에게 맡겨서 조달이 가능한 단계의 업무수행에 인력 지원 외주 업체로부터 기술 분야별 기술자를 파견받아 업무를 수행하는 방식
- **운영 위탁** : 시스템의 운영 업무 전반을 운영과 유지 보수를 전문으로 하는 외주 업체에 맡겨서 수행하는 업무 방식
- **교육 위탁** : 기술 향상이나 업무 지식 함양을 위해 외부의 전문 교육 기관에 요원들의 교육을 의뢰하는 업무 수행 방식

1-3. 외주 업체 선정

외주 업체 선정 기준

외주 업체를 선정하는 기준에는 정량적 기준(Quantitative criteria)과 정성적 기준(Qualitative criteria)의 두 가지 방법이 있다.
정량적 기준은 초기 비용, 유지 · 보수 비용, 비용 영향 등을 고려하며, 정성적 기준은 조직 또는 프로젝트와의 호환성, 업체의 이전 프로젝트 생산성 정보, 외주관리를 수행하는 조직의 역량을 고려한다.

외주 업체 평가 방법

외주 업체 평가 방법에는 Survey, Audit, 이전 프로젝트 리뷰, 품질 시스템(Quality System)이 있다.
Survey는 외주 업체에 그들의 역량과 프로세스에 대한 질문서를 던지고 대답을 받는 방법이다. Audit은 외주 업체의 시스템, 업무 프로세스, 관련 제품이나 프로젝트의 샘플을 검사하여 역량을 평가하는 방법이다.
이전 프로젝트 리뷰는 이전의 프로젝트 수행 이력을 조사, 생산성을 평가하는 방법이고, 품질 시스템(Quality System)은 외주 업체의 품질 역량을 평가하는 방법이다.

N . O . T . E

작업기술서
(SOW : Statement of Work)

계약 하에서 어떠한 작업이 완료되어야 하는지를 문서화 한 것이며, 작업의 속성과 업무 유형에 따라 작업 범위 유형이 선정된다.

조달 관리 계획서
(Procurement Management Plan)

조달 업무의 포괄적인 계획을 포함하는 문서이며, 프로젝트 전체의 조달 항목, 항목별 계약 형태 등을 포함한다.

품질 시스템

품질 경영 활동을 실행하기 위한 조직 구조, 책임, 절차, 공정, 자원 등 기능적으로 상호 연관된 구성 요소들이 유기적으로 결합된 체계이다. 품질 목표에 의해 규정된 품질 방침이나 요구 사항을 달성할 수 있도록 수립되어야 하며, 품질에 영향을 끼치는 업무가 무엇인지를 업무 전 부문에 걸쳐 상세히 규정하고, 이를 달성할 수 있는 방법을 문서화해야 한다.

N . O . T . E

1-4. 계약 절차

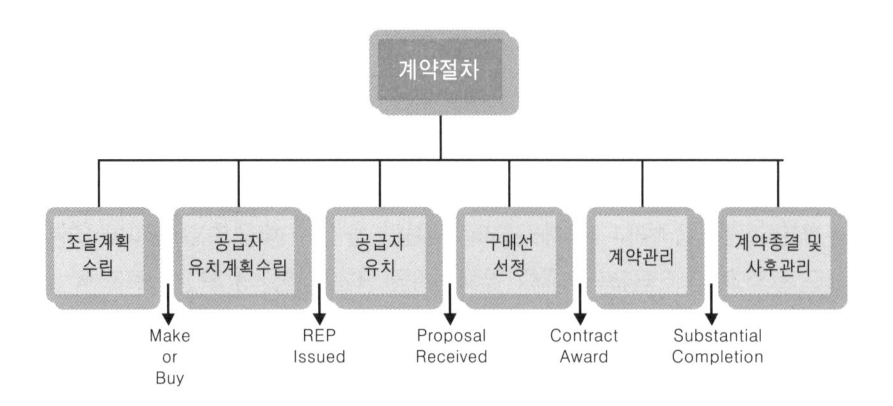

2 외주 계약 형태

2-1. 계약의 형태

외주 업체를 선정한 이후에는 선정된 업체와 외주 계약을 하게 된다. 외주 계약에는 고정 가격 계약, 실비 정산 계약, 단가 계약이 있으며, 각각의 계약 유형에는 Incentive가 선택 사양으로 추가될 수 있다. 계약 유형에 대한 자세한 내용은 다음과 같다.

고정 가격 계약(Fixed Price / Lump Sum Contracts)

- 규정된 제품(공사/서비스)에 대한 대가가 확정된 계약으로, 사전에 잘 정의된 제품에 대해 고정 가격을 정하여 계약하는 방식
- 계약 단계에서 제품의 정의가 명확한(well-defined product) 경우에 일반적으로 채택된다. 제품의 범위, 내용이나 규모가 명확하지 않은 경우에 발주자는 원하는 제품을 얻지 못할 위험성이 있고, 수주자는 발주자가 원하는 제품을 공급하기 위해 추가 경비가 발생할 위험성이 있음

실비 정산 계약(Cost Reimbursable Contracts)

- 실제 발생한 비용을 업자에게 지불하는 계약 방식
- 실비는 직접비(direct cost)와 간접비(indirect cost)로 구성되며, 보수는 대개 수주자의 일반 관리비와 이윤을 포함함
  - **직접 비용(Direct Cost)** : 이윤이 제외된 비용으로서, 프로젝트 수행

을 위해 직접적으로 소요된 비용(재료비, 인건비, 경비 등)
- **간접 비용(Indirect Cost)** : Overhead Cost, 사업을 수행하기 위한 비용으로서, 수행 조직에 의해 프로젝트에 할당된 비용

- 고정 가격 계약 특유의 수급자 Risk가 없으며, 설계 변경과 관련하여 발주자에게 최대한의 유연성을 제공할 수 있다는 등의 장점이 있음

단가 계약(Unit Price Contract)

- 사전에 약정된 단가에 의해서 대가를 지급하는 방식
- 단가가 고정되므로 원가 변동으로 인한 위험은 수주자가 부담하게 됨
- 단가는 예상 수량을 기본으로 하여 산출하게 되므로, 실제 수량과 예상 수량의 오차가 어느 범위 이상으로 커지게 되면 단가를 조정할 수 있도록 계약을 하는 것이 바람직함

기타 계약 형태

- **Time and Material Contract** : 자재/인력을 단가제에 의해서 공급하는 계약. FP 계약과 CR 계약을 절충한 방법
- **Labor Hour Contract** : 인력만을 단가제에 의해서 공급하는 계약
- **Turn-key Contract** : 설계와 개발이 동일 조직에 의해서 수행되도록 맺어진 계약
- **BOOT(Build-Own-Operate-Transfer) Contract** : 수주자가 프로젝트의 기획부터 개발에 이르는 전 단계뿐만 아니라 프로젝트에 필요한 자금 조달 및 프로젝트 완공 후 일정 기간 동안 운영까지 책임을 지는 계약

2-2. 계약 유형 결정시 고려 사항

계약 유형을 결정하기 위해서는 작업 범위를 얼마나 잘 정의할 수 있는지 여부, 프로젝트가 시작된 이후에 예상되는 변경 금액 또는 변경 빈도 정도, Buyer가 Seller를 관리하는데 전념할 수 있는 노력의 정도와 전문성, 사용된 계약 유형의 산업 표준 등을 고려해야 한다.
각각의 계약 유형에는 Incentive(성과금)이 선택 사양으로 추가될 수 있다. 원가, 일정, 생산성, 작업 범위, 품질 등을 맞추기 위해 약정된 금액에 추가적으로 성과금(Bonus)을 부여함으로써, Seller에게 동기 부여를 하고, Seller와 Buyer의 목적을 일치시키는 데 도움을 준다.

N . O . T . E

Overhead Cost

총 매출 원가 중 제조 원가를 제외한 나머지 인건비, 판매비 등과 같이 일반 관리비에 포함되는 각종 지출비의 원가 항목이다. Overhead Cost는 생산량이 비례하는 부분도 있고, 생산량에 관계 없이 고정된 부분도 있어서 그 이외의 변동을 보이는 것도 있을 것이다. 그러나 소프트웨어처럼 총 매출 원가 중 인건비 비중이 크고 설비 투자들이 요구되지 않는 제품인 경우 15% 정도로 넉넉히 잡는 것이 좋다.

Turn-key 계약

key만 돌리면 모든 설비가 가동하게 된 상태에서 인도한다는 의미로 Turn-key 방식이라고 부르며 일괄 수주 계약이라고 한다. 발주자가 하나의 도급자와 설계 및 개발을 수행하는 계약을 체결하는 형태로 수행되며, 미국에서 개발되어 세계 여러 나라에서 활용되어 오는 계약 방식이다. 대체로 규모가 큰 상품에 적용한다

N . O . T . E

발주자와 수주자는 산업에 따라 다르게 표현되기도 한다.

*Seller : contractor, subcontractor, vendor, service provider, supplier

*Buyer : client, customer, prime contractor, contractor, acquiring organization, governmental agency, sercice requestor, purchaser

즉, 이는 계약 금액의 일정 부분을 성과금으로 전환하여 Buyer와 Seller 모두에게 프로젝트의 목표를 조기에 달성하도록 하는 수단이라고 할 수 있다.

3 외주 계약시 문제점

외주로 업무를 진행하다 보면 발주자와 수주자 사이에 여러 가지 문제가 발생할 수 있다. 프로젝트의 수주로부터 인수 인계에 이르는 각 단계별로 일어날 수 있는 외주의 문제점들은 다음과 같다.

단계	발주자 입장	수주자 입장
수발주 단계	• 개발자와의 의사 소통이 어려움 • 자격을 갖춘 개발자 선정의 어려움 • 정확한 용역 수행 범위 정의의 어려움 • 정확한 예산 산정의 어려움 • 개발자의 무분별한 제안 내용으로 진정한 능력 및 수행 가능 범위의 판단이 어려움	• 발주자의 정보 기술에 대한 이해 부족 • 정확한 개발 비용 산정의 어려움 • 발주자와 의사 소통 및 발주자가 제시한 개발 범위에 대한 판단의 어려움 • 최저가 입찰과 입찰자간 제살깎이식 경쟁 • 개발 인력 확보의 어려움
용역 수행 단계	• 공정 관리, 품질 관리의 어려움 • 업무에 대한 이해 부족으로 인한 의사 소통의 어려움 • 요구 사항 전달의 어려움 • 개발자의 잦은 개발 인력 교체 • 용역 수행 과정의 비가시성으로 진척 파악이 어렵고, 외주 관리에 필요한 데이터 수집이 어려움	• 사용자의 충분한 요구 사항의 수렴 및 정확한 이해와 검증이 어려움 • 사용자의 추가 요구 사항 발생 및 잦은 요구 사항 변경 • 의사 소통의 어려움으로 범위에 대한 합의가 쉽지 않음 • 추가 요구 또는 변경 요구의 지속적인 발생으로 일정지연, 공수 추가 등의 어려움
인수 인계 단계	• 납품 시스템의 기능성, 신뢰성, 효율성 등의 문제 • 납품 품질의 기대 수준 미흡으로 납기 지연 초래 • 개발자의 납기 지연으로 프로젝트 관리 예산의 초과 • 납품 시스템에 대한 소유권 시비의 소지 • 납품 시스템에 대한 문서화의 불충실로 운영상의 문제 초래	• 인수 인계의 어려움에 따른 납기 지연 초래 • 인수 인계의 어려움에 따른 추가 공수 투입으로 예산 초과 • 발주자의 품질에 대한 요구 수준과 개발자의 납품 품질의 불일치로 인수 인계 지연 초래 • 발주자의 인수 인계 준비 미흡으로 잔류 인력의 요구에 따른 추가 공수 투입 초래

N.O.T.E

4 효율적인 외주 관리 기법

효율적인 외주 관리를 위해서는 우선, 업체별 사전 조사 및 선정 기준을 정하여 외주 업체 선정 시 업무 수행에 가장 적합한 업체를 선정하도록 최선을 다해야 한다. 업체가 선정되면 외주 업체에게 업무를 분장 시 해당 외주 업체가 수행할 수 있을 정도의 업무를 분장하도록 한다. 이 과정에서 외주 업체가 담당 업무를 수행할 수 있도록 다방면에서 지원을 해야 한다.
또한 외주 업체와의 의사 소통 라인을 철저하게 구축하여 의사 소통에 문제가 발생하지 않도록 해야 하며, 외주 업체가 업무 수행을 제대로 하지 못해 문제를 발생시킬 수 있다는 가정하에서 철저한 모니터링 및 관리를 실시해야 한다.

5 하도급과 파견

외주업체와 함께 프로젝트를 진행하다 보면 여러 가지 법률적 문제를 만날 수 있는데, 하도급법과 파견근로자 보호법도 관심 있게 보아야 한다. 프로젝트 관리자가 세부적인 내용까지 알고 있으면 좋겠지만 현실적으로 어려운 일이므로, 조직내에 총무팀이나 법무팀 등 법무검토를 지원해줄 수 있는 조직이 있다면 법적인 문제가 없는지 검토를 의뢰해 두는 것도 좋다.

5-1. 하도급법

수주형태 산업은 특성상 수주자보다 발주자가 우월적 위치에 있기 때문에, 이러한 우월적 지위를 부당하게 이용하여 다음과 같이 일방적으로 발주자에게 유리한 계약관계를 맺는 경우가 다반사였다.

- 계약서 교부 없이 구두 발주
- 대금지급방법, 검사방법 등 주요 내용이 누락된 계약서 작성
- 원사업자(발주자)의 일방적 하도급대금 결정
- 경제여건 변화 또는 원사업자의 경제사정 악화 등 부당한 대금 감액
- 검사지연, 수령증 미교부
- 결제기간 2개월 이상의 외상결제(어음)

N . O . T . E

이에 따라 정부에서는 경제적 약자인 수급사업자(수주자)의 이익을 보호하고 하도급 거래의 적정화를 도모하며 국민경제의 건전한 발전을 위해 구 공정거래법 제 15조 제 4호 및 동법 시행령 제21조의 규정에 의해 '하도급거래상의 불공정거래행위지정고시'를 1982년 12월에 고시하였으며, 이 제도의 미비점 보완을 위해 1984년 12월 '하도급거래 공정화에 관한 법률'(하도급법)을 제정 · 공포하게 되었다. 서비스 산업 분야에서는 적용되지 않던 이 법이 2005년 3월 용역위탁이 법 적용대상에 포함되면서 많은 프로젝트들이 적용을 받게 되었다.

5-2. 하도급법의 목적 및 적용대상

- **목적** : 공정한 하도급거래질서 확립
- **적용업종** : 제조업, 수리업, 건설업, 엔지니어링활동업, 소프트웨어사업, 건축설계업
- **적용대상** : 대기업이거나 2배 이상의 규모를 가진 중소기업
- **적용대상기간** : 거래종료일로부터 3년이내

5-3. 하도급 거래의 규제내용

- **원사업자의 의무사항**
  - 서면교부, 서류보존의무 - 선급금 지급의무
  - 검사 및 검사결과 통지의무 - 관세등 환급액의 지급의무
  - 하도급대금 지급의무 - 내국신용장 개설의무
  - 설계변경의무
- **원사업자의 금지사항**
  - 부당한 하도급대금 결정금지 - 물품 등의 구매강제 금지
  - 부당한 수령거부 금지 - 부당반품 금지
  - 하도급대금 부당감액 금지 - 물품구매대금 등의 부당 결제청구의 금지
  - 부당한 대물변제행위 금지 - 부당한 경영 간섭 금지
  - 보복조치의 금지 - 탈법행위의 금지
- **발주자의 의무사항**
  - 하도급대금의 직접지급의무

5-4. 도급과 파견의 구분

N . O . T . E

외주가 인력에 대한 부분인 경우 외주인력이 도급인력인지 파견인력인지에 따라 법적으로는 큰 차이가 있으며, 각각 지위에 맞도록 관리할 필요가 있다.

도급

도급은 도급자(프로젝트)가 하도급자(외주업체)에게 일정 업무 범위의 수행 또는 완료를 목적으로 일을 맡기고, 그 결과에 따라 대가로 수수료를 지급하는 계약 형태를 말한다. 따라서 도급인력은 프로젝트 관리자의 지휘나 명령을 받지 않고, 소속회사(외주업체)의 지휘, 명령을 받는다. (물론 소속회사에서 관리, 감독할 상사가 함께 나와야 한다.) 그러므로 도급인력에 대해서는 프로젝트 관리자가 업무수행을 지시하거나 근태를 관리하는 등을 해서는 안된다.

파견

파견은 도급과는 달리 업무 범위의 수행 또는 완료와는 관계가 없으며, 고용관계는 파견사업주(외주업체)와 맺고 있으나 사용사업주(PM 등)의 지휘 명령을 받아 근로에 종사하는 경우를 말한다. 따라서 급여는 업체로부터 받으나 직무명령이나 근태관리는 프로젝트를 통해 받게 된다. 그런데 파견근로자와 직접 고용한 근로자(회사직원)가 동일한 업무를 하면서 같은 공간에 근무한다면 파견법 위반으로 보기 때문에 주의하여야 한다. 또한 파견된 직원은 2년이상 근무할 경우 정직원으로 채용한 것으로 간주되기 때문에, 2년이상 인력을 활용하기 위해서는 도급 형태로 전환하거나 정직원으로 채용해야 한다.

Summary

POINT 1 외주 관리

- 외주(Outsourcing)란 프로젝트 조직이 해당 업무 또는 기술 분야에 대한 노하우와 경험이 부족하거나, 개발 인력 또는 예산이 부족하여 외부의 제3자에게 대상업무의 일부 또는 전체를 위탁하여 처리하는 형태의 업무 수행 방식이다.
- 외주는 계약 관점, 소프트웨어 획득 방법, 개발 수명 주기에 의해 분류된다.
- 외주 업체는 정량적 기준, 정성적 기준으로 선정된다.
- 외주 업체는 Survey, Audit, 이전 프로젝트 리뷰, 품질 시스템(Quality System)으로 평가된다.

POINT2 외주 계약 형태

- 고정 가격 계약(Fixed Price / Lump Sum Contracts)은 규정된 제품(공사/서비스)에 대한 대가가 확정된 계약으로, 사전에 잘 정의된 제품에 대해 고정 가격을 정하여 계약하는 방식이다.
- 실비 정산 계약(Cost Reimbursable Contracts)은 실제 발생한 비용을 업자에게 지불하는 계약 방식이다.
- 단가 계약(Unit Price Contract)은 사전에 약정된 단가에 의해서 대가를 지급하는 방식이다.
- 기타 계약 형태는 Time and Material Contract, Labor Hour Contract, Turn-key Contract, BOOT(Build-Own-Operate-Transfer) 계약이 있다.

POINT3 외주 계약시 문제점

- 수발주 단계 : 개발자와의 의사 소통의 어려움, 발주자의 정보 기술에 대한 이해부족
- 용역 수행 단계 : 공정 관리, 품질 관리의 어려움, 사용자의 충분한 요구 사항의 수렴 및 정확한 이해와 검증이 어려움
- 인수 인계 단계 : 납품 시스템의 가능성, 신뢰성, 효율성 등의 문제, 인수인계의 어려움에 따른 납기 지연 초래

POINT4 효율적인 외주 관리 기법

- 효율적인 외주 관리를 위해서는 업무 수행에 가장 적합한 업체를 선정하여 업체가 수행할 수 있을 정도의 업무를 분장해야 한다. 또한 외주 업체를 다방면에서 지원하고, 의사 소통에 문제가 발생하지 않도록 하며, 철저한 모니터링 및 관리를 해야 한다.

Key Word

- 외주(Outsourcing)
- 고정 가격 계약, 실비 정산 계약, 단가 계약
- SOW
- Incentive

다음 상황을 이해하고 물음에 답하시오.

SW Corp는 주요 창고형 할인매장 업체 중 하나이다. CEO는 경쟁업체의 디비젼 매니저 중에 한 사람을 스카우트하여 Operation VP(부사장)으로 승격시켰다. 이전 Operational VP는 각 매장의 상품 진열 시스템에 신경을 쓰지 않았으나 신규 VP는 고객의 시선을 끌기 위해 카운터, 진열장, 냉동기 등의 신규 설치와 진열을 중요시하였다.
그의 전략은 주요하여 고객들은 매장의 진열 시스템에 높은 만족도를 표시하였고 매출도 증대하기 시작하였다. 하지만 여기에서 또 다른 문제가 발생하게 되었다. 선호 상품들에 대해 재고가 부족하여 고객이 제품구입을 할 수 없는 상황이 자주 발생하게 된 것이다.
그래서 SW Corp는 30억의 예산을 할당하여 실시간 재고관리시스템과 자동 주문시스템을 개발하기로 결정하였다. 그런데 신규시스템에서 사용될 소프트웨어가 기존의 하드웨어에서 동작을 하지 못하는 문제가 생겼다. 따라서 물류센터 하드웨어의 변경뿐만 아니라 20개 매장의 터미널과 바코드 스캐너의 교체가 불기피 히게 되었다.
하드웨어 변경을 위한 기간 산정 결과 연구개발에 프로젝트 팀의 실제 가용한 기간보다 훨씬 많은 기간이 소요되는 것을 알게 되었다. 신규 VP는 이전 근무회사에서 이 건에 대해서 용역으로 처리한 적이 있는데 외주를 용역했던 업체가 품질과 납기준수율이 양호하였다는 정보를 주었다.
또 다른 측면을 짚어 보면, 실제 사용 이전에 사용자들에 대한 교육이 이루어 져야 하고 이는 프로젝트에서 상당한 중요성을 차지한다. 하지만 현재 교육담당 팀은 다른 일을 전담하고 있는 상태라 프로젝트 일정상 교육을 담당하기가 힘든 상황이다.

1. 이 프로젝트에서 수행하여야 하는 업무를 모두 기술하라.

2. 외주 계약을 통해 처리할 수 있는 업무 또는 산출물은 어떤 것인가?

3. 외주업체의 평가 기준에 대해 기술하라.

:: Template

장비 납품/설치 확인서				
고 객 명				
설치장비명				
설치회사명		설 치 자 명	(인)	
구 분	모델명	사 양	수량	비고
Backbone Switch			2EA	
			10EA	
			2EA	
랙			1EA	
광 Patch code			4EA	
			3EA	
		이 하 여 백		
설 치 일		설치확인자	(인)	

:: **Template**

제품공급 및 기술지원확약서

EM기술개발 귀중

발주기관 : ○○미술관
사 업 명 : "○○ 미술관 판매관리 시스템"

상기 건으로 귀사에 판매관리 프로그램 및 관련 장비를 공급하고, 동 제품의 사용을 위한 원활한 유지보수를 수행할 것을 확약 드립니다.

2027년 월 일

(주) JSD시스템

Chapter 12 진척 관리

Project Management Situation

부서장 박부장과 차PM이 회의를 하고 있다.

박부장 프로젝트 일정이 지연되고 있는데, 이에 대한 대책은 무엇인가?
차 PM 현재는 주요 공정의 공기를 단축하는 방법 외에는 다른 대책이 없습니다.
박부장 주요 공정 단축이라? 어떤 방법으로 말인가?
차 PM 일단 핵심 공정에 추가로 필요한 인력을 더 투입하여 단축해 보겠습니다.
박부장 지금 상황에서 인력 추가 투입이 과연 효과적인 방법인가? 원가 부담이 많을 텐데….
차 PM 원가 문제보다는 신규 투입 인력이 어느 정도 업무 성과를 내는가 하는 것이 더 문제입니다. 일반적인 경우 인력을 더 투입하더라도 효과를 내지 못하는 경우가 있습니다.
박부장 그런데… 이번 경우에는 효과적일 수 있다는 말인가?
차 PM 그래서 외부 전문 인력을 투입할 예정입니다. 그 분야의 전문 인력이라야 위험 부담을 줄일 수 있을 것 같습니다.
박부장 잘 알겠네. 진행 결과를 수시로 이야기해주게.

2주 후 회의실에서 차PM과 김영호가 대화하고 있다.

차 PM 예상보다 일정 단축이 잘 안 되는군.
김영호 투입된 외주 전문 인력이 업무 파악에 어려움을 겪는 것 같습니다.
차 PM 좀 더 효과적인 방법은 없겠나?
김영호 제가 생각하기로는 당분간은 저희 인력이 신규 투입 인력을 지원해야 할 것 같습니다.
차 PM 알았네. 적응할 수 있을 기간 동안 지원하도록 하게.
김영호 예, 그렇게 하도록 하겠습니다.

Check Point

- 프로젝트 진척 상황에 대한 추적이 왜 중요한 것인가?
- 프로젝트 진행 상황을 추적하는 방법에는 어떤 것이 있는가?
- 일정 지연을 완화하기 위해 하는 활동에는 무엇이 있는가?
- 기성고란 무엇인가?
- 프로젝트에서 갈등이 일어나는 주요 원인은 무엇인가?

N . O . T . E

Project 갈등의 우선 순위

1. Schedule
2. Project Priority
3. Resource

1 프로젝트 수행 및 통제

1-1. 프로젝트 수행 및 통제 과정에서 PM의 임무

잘 계획된 프로젝트는 전체 중 반을 완료한 것이나 같다는 말이 있다. 이는 사실 일지 모르나, PM은 실제로 프로젝트를 완료시키는 데 역량을 집중해야 할 것이다. PM은 프로젝트 계획의 적절성을 보장해야 하고, 정확히 수행되고 있는지를 파악해야 하며, 변경에 대한 통제도 해야 한다.
프로젝트의 수행은 단지 계획을 실제로 수행하는 것만을 의미하는 것은 아니다. PM으로써 그것의 진척 상황을 추적하는 것은 상당히 중요하다. 모든 마일스톤이 달성되었는지, 산출물을 검증하여 완료처리 할 만한지, 그리고 프로젝트가 범위, 일정, 예산 내에서 진행되고 있는지 등을 보장해야 한다.
프로젝트 계획 수립은 반복적인 프로세스이다. 따라서 계획은 필요에 따라 승인하에 변경 되어질 필요가 있으며 이러한 변경을 관리 해주어야 한다.
납기와 예산 내에 프로젝트를 완료하기 위해서는 프로젝트 진척 상황과 예산 지출에 대한 추적 관리가 필요하다. 이를 통해 PM은 현재 프로젝트 환경에서 어떠한 문제들이 발생하고 있으며, 이를 해결하기 위해서 어떠한 조치를 취해야 하는지를 계획하게 된다.

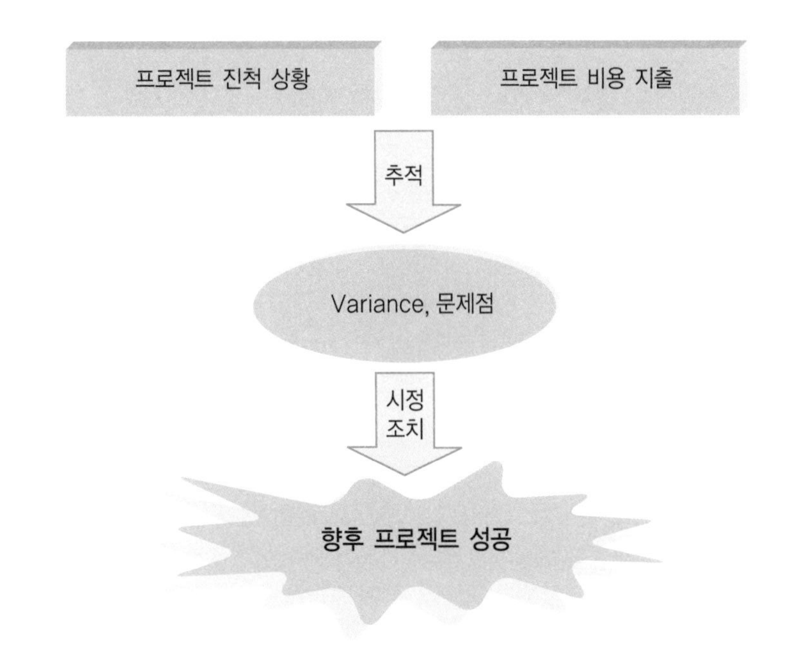

1-2. 프로젝트 진행 상황 추적에 대해 고려할 사항

프로젝트 진행 상황을 파악하는 것은 1차적으로 현재에 초점을 두지만, 미래의 진행과 위험을 염두에 두고 진행되어야 한다.
진행 상황에 대한 보고와 분석은 예상되는 잠재 문제보다는 현재 존재하는 문제에 초점이 맞추어 지는 경향이 있다. Varience 정보는 공수나 비용이 발생하더라도 이에 대한 기록, 시스템에 입력 등이 없이는 파악할 수 없다.

N . O . T . E

프로젝트 진행 상황 추적시 유의점

프로젝트 액티비티에 대한 공수의 주기적 입력은 정확한 프로젝트 추적을 위해 필수 불가결하다. 액티비티를 수행하는 개인이 시스템이나 보고서에 기록하는 요소는 크게 공수와 비용이 있다. 특히 이중 공수는 기성고 산정에 입력으로 쓰이는 아주 중요한 데이터이다. 그러므로 액티비티 수행에 발생한 공수와 비용에 대해 정해진 기간 주기로 올바르게 입력해야 한다.

2 예산 통제(Cost Control)

2-1. 계획 대비 실적 차이(Variance)를 만들어내는 여러 요인들

계획 대비 실적 차이(Variance)를 만들어내는 여러 요인들은 산정의 정확도, 인플레이션 능의 시장 상황, 자원 가용성의 변동, Overtime의 사용, 가격의 일시적 변동 등이 있다.
계획 대비 실적 차이(Variance)를 만들어내는 여러 요인들로 인해 발생하는 차이를 극복하기 위해서 프로젝트 관리자에 의해 통제되는 예비비를 예산 계획에 포함시켜야 한다. 그 중 한 가지가 예산에 여유분(Padding)을 추가하여 위험 요소에 대비하는 것이다. 여유분은 부정확한 예산이므로 프로젝트 관리자가 제대로 통제하는 것이 중요하다.

Variance(분산, 변량)

주어진 자료들이 평균값을 기준으로 주위에 어느 정도 흩어져 있는지를 측정하는 것으로서, Variance는 한 분포의 분산도를 나타내는 치수이다.
통계학에서 자료의 분포, 흩어짐 정도를 나타내는 양 중 가장 전형적인 양(변량의 값들이 평균값 둘레에 흩어지는 모양의 특징을 나타내는 양)이다.

2-2. 예비비(Contingency)

예비비(Contingency)란 예산 초과에 대비하기 위해 계획해 놓은 여유 분의 예산을 말한다. 프로젝트의 성격에 따라서 10~100% 등으로 설정한다.
예비비는 독립적 성격의 Pool이 되어야 하며, 외부적 압력이 아닌 필수적 조정이 필요한 사안에 대해서는 PM에 의해 집행되어야 한다.

자원 Pool

내부 혹은 외부 가용 자원에 대한 것을 문서화한 것이다. 프로젝트에 투입할 수 있는 자원은 한계가 있기 때문에 실제 투입량을 파악하는 것이 중요하다.

2-3. 비용 통제

프로젝트 계획과의 편차를 파악하기 위하여 원가 실적을 모니터링 하는 것이다. 모든 적절한 변경이 원가 기준선의 기준에 맞게 기록되고 있다는 것을 보장하며, 부정확하고, 부적절하며 승인되지 않은 변경이 원가 기준선

N . O . T . E

에 포함되는 것을 예방한다. 또한 적절한 이해 당사자들에게 승인된 변경을 통보한다.
비용 통제는 부정적(긍정적) 편차에 대한 원인을 규명하는 활동으로서, 업무 범위, 일정, 품질 통제와 완전하게 통합 · 운영되어야 한다.

2-4. 원가 변경 통제 시스템(Cost Change Control System)

프로젝트 원가 기준선이 변경되는 절차를 정의하는 것이다. 서류 작업, 추적 시스템, 변경 승인 권한을 포함한다.

2-5. 변경 요청(Change request)

변경요청은 많은 형태로 나타난다. 구두나 문서로 직접 또는 간접적으로, 내부로부터 또는 외부로부터 시작된다. 변경은 예산의 증대를 필요로 하거나 감소하게 한다.

03 기성고(Earned Value Analysis)

3-1. 기성고 분석법의 도입 배경

WP

Work Package로서 WBS상에서 가장 하위 단위에 나타나는 단위 액티비티

기성고는 원가와 일정을 따로따로 보지 않고 이를 통합하여 프로젝트를 통제할 수 있는 수단을 제공하고자 하는 배경에서 탄생되었다. 1967년 미 국방성에서 비용보상(cost-reimburse) 또는 인센티브(incentive) 계약 형식으로 진행되는 주요 시스템 개발에 참여하는 업체에 대하여

Earned Value 정의법

방법	측정법
0/100	작업 패키지 시작 시에 EV는 0, 종료시 100으로 측정 → 완료법
50/50	작업 패키지 시작 시에 EV는 50, 종료시 100
단위종료	동일한 단위에 대해 같은 EV를 할당
마일스톤	마일스톤에 따라 가중치를 부여 EV를 할당 가중치
퍼센트 완료	주관적으로 몇 %로 끝났는지 정의

C/SCSC(Cost/Schedule Control Systems Criteria)의 적용을 요구하면서 미 국방부에 의해 공식적으로 제기되었을 때, 기성고의 개념이 공식화되었다.
C/SCSC는 총 35가지의 기준으로 구성되어 있는데, 발표된 후 30년 동안 각국에서 기본적인 개념을 그대로 적용하고 있다. 35개의 기준이 산업계에서 그대로 적용하기에는 힘들다고 하여 32개로 조정한 것이 1996년에 DoD에 의하여 승인되었는데, 이것이 EVMS(Earned Value Management System)이다.

N . O . T . E

C/SCSC

Schedule Control Syetem Criteria라는 35개의 통합 관리 기준을 제정하여 모든 미 국방성 프로젝트를 대상으로 시행하였다. 초기에는 성과를 거두면서 점차 정부 내 타 부처의 프로젝트 성과 관리 방법으로 자리잡았으나, 과도한 비용 유발과 보고 내용 및 관료화된 절차 위주의 운영으로 재무적인 의무 사항을 만족시키는 절차로 변질되었다. 그러나 1989년부터 환경의 변화가 일어나 C/SCSC의 관점이 재무 관리에서 프로젝트 관리 측면으로 급격히 전환되었으며, 내용과 형식에도 상당한 변화를 초래하였다.

3-2. 기성고 (Earned Value Analysis)

프로젝트 수행 단계에서 PM의 주요한 책임중의 하나는 프로젝트 수행의 건강도, 즉 예산(Budget)과 납기(Completion Date)내에서 진행되고 있는지를 모니터링 하는 것이다. 이런 업무를 수행하기 위해 필요한 것이 바로 기성고 분석법이다.

1) 프로젝트 계획을 통해 세워진 종료일과 예산은 PM에게 프로젝트의 목표값으로써 종료시까지 관리 되어진다.

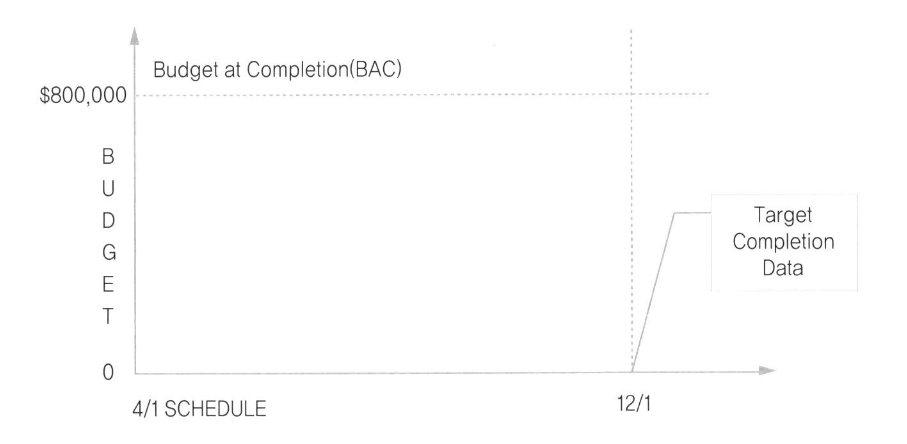

2) 가장 이상적인 경우라면 프로젝트 수행 시작에서 종료까지 시간이 지남에 따라 선형적(Linear)으로 원가와 일정이 진행되어 계획시에 세운 납기일과 예산을 맞추게 될 것이다.

N . O . T . E

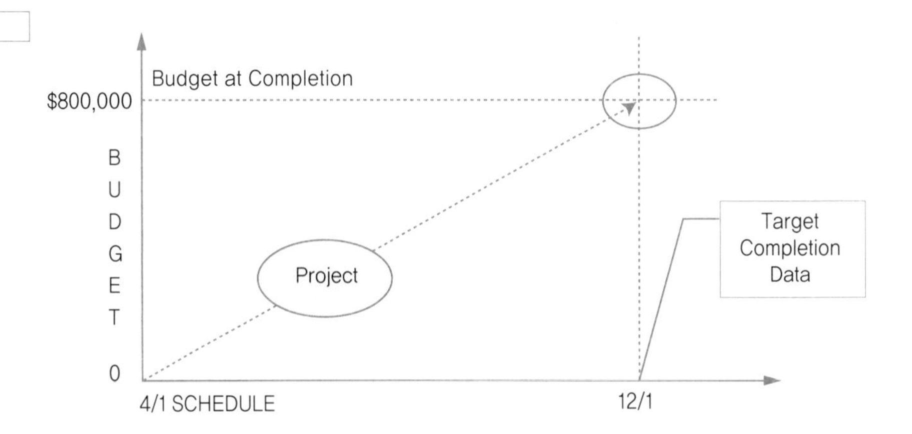

3) 하지만 실제 프로젝트의 진척 상황은 이렇게 예측 가능한 1차 직선방정식을 따르지 않는다. 납기보다 늦거나 빠르거나, 예산 내에 있거나 예산을 초과하고 있을 것이다.

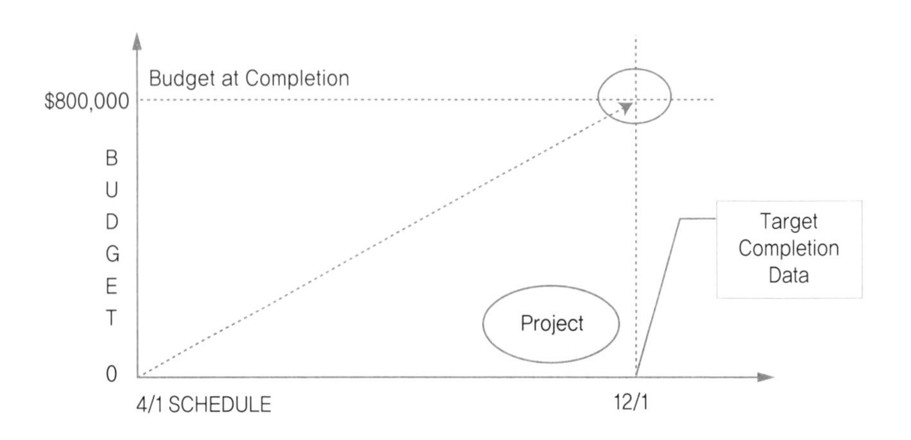

이처럼 프로젝트의 성공적인 완수를 위협하는 일정과 원가의 초과는 프로젝트 수행 중에 PM이 역량을 발휘해야 하는 중요한 부분이다.
기성고 분석으로 알려진 Earned Value Analysis는 PM이 프로젝트 수행 단계에서 진척 상황을 평가할 수 있는 기법을 제공한다.

3-3. 기성고 분석을 위한 구성 요소

1) 계획 요소

- WBS(Work Breakdown Structure) : 작업 분류 체계

- CA(Control Account) : 공정과 비용의 통합 관리 기본 단위
- PMB(Project Management Baseline) : 공정과 비용의 통합 관리 기준선
- BAC(Budget At Completion) : 프로젝트가 예산 내에 성공적으로 종료되었는지 판단하는 베이스 라인

N . O . T . E

◇ BAC(Budget At Completion)

프로젝트 계획 단계에서 PM은 프로젝트 완료일과 완료시의 예산을 결정한다. 이 프로젝트 완료시 예상되는 예산 금액을 BAC(Budget At Completion - 종료시 예산)이라 한다. BAC는 프로젝트가 예산 내에 성공적으로 종료되었는지를 판단하는 베이스 라인으로 적용될 것이다.

BAC (Budget at Completion)

초기 프로젝트 총 예산. 기성고 기법에서는 업무량도 원가로 환산하여 비교하므로, '달성해야 할 총 업무량'을 의미하기도 한다. 프로젝트 착수시 승인받는 전체 예산 금액으로서, 변경통제에 의해 cost baseline이 바뀌기 전까지는 변경되지 않는다.

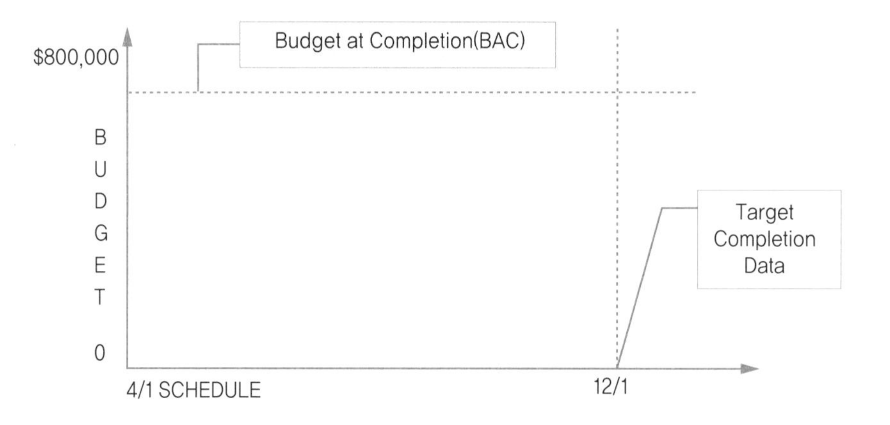

2) 측정 요소

- BCWS(Budget Cost for Work Scheduled) : 계획된 일정상의 작업을 종료하는데 들게 되는 예산
- BCWP(Budget Cost for Work Performed) : 수행된 작업에 대하여 할당된 예산
- ACWP(Actual Cost for Work Performed) : 수행된 작업에 대해 실제로 투입된 비용

◇ BCWS(=PV : Planned Value)

BCWS 는 프로젝트 계획시에 설정된 프로젝트 예산(BAC)이 수행 기간에 따라 균등하게 사용된다는 이상적인 가정하에 분배된 예산이다. BCWS의 말을 풀어보면 Budgeted Cost(예산 금액) + Work Scheduled(일정상의 작업)인데, 결국 계획된 일정상의 작업을 종료하는 데 들게 되는 예산인 것이다.

N . O . T . E

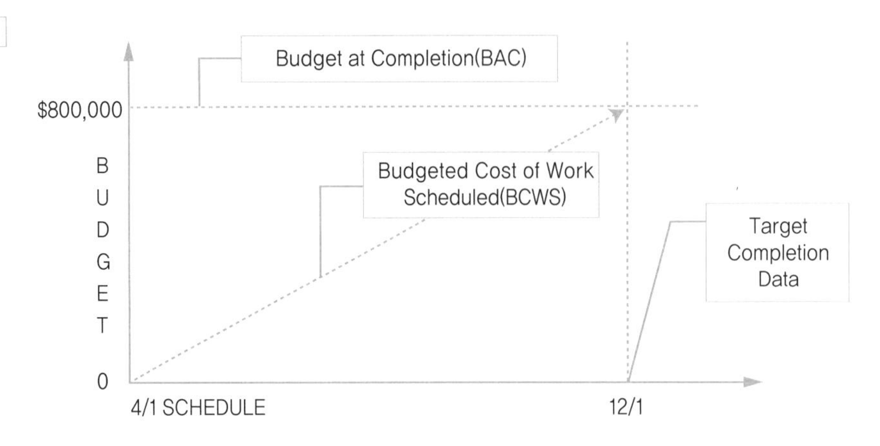

Deep Focus

BCWS 구하기

프로젝트가 8개월의 수행 기간을 가지며 예산은 $800,000로 가정했을 때, 2개월이 지난 후의 BCWS는 얼마가 되겠는가?

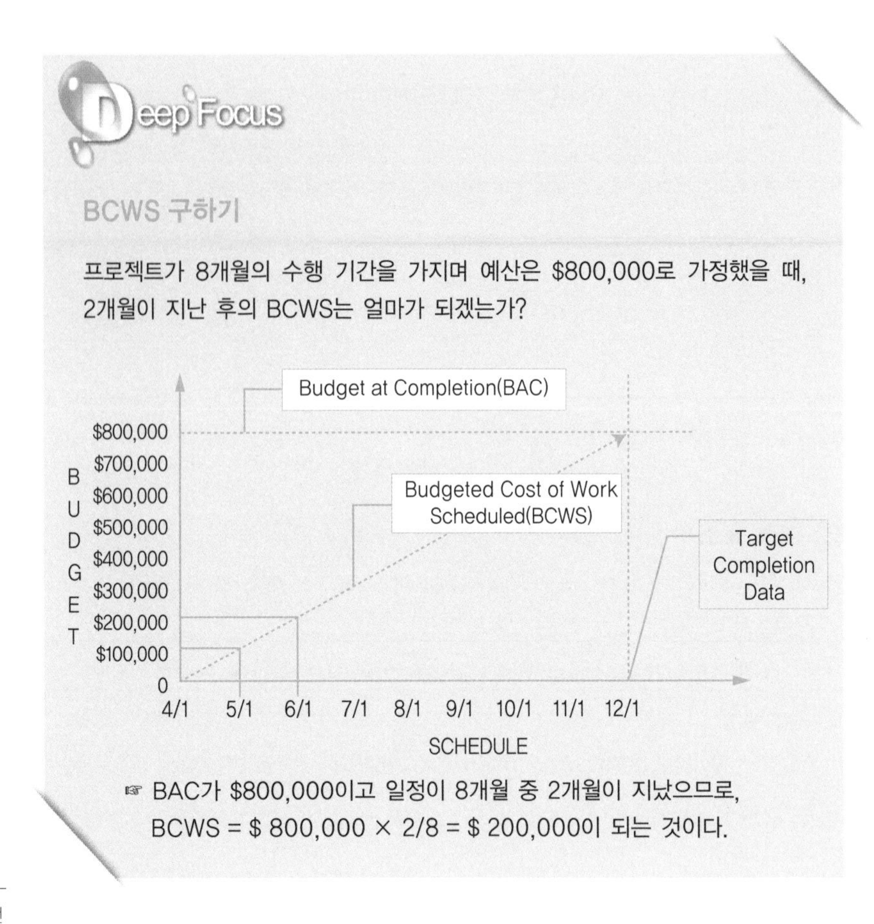

☞ BAC가 $800,000이고 일정이 8개월 중 2개월이 지났으므로, BCWS = $ 800,000 × 2/8 = $ 200,000이 되는 것이다.

Value(가치)

EVM에서의 가치 = 일의 화폐 가치(어떤 일에 배정된 예산)

Earned Value(획득 가치)

성과를 측정하는 시점에서 실제로 완료된 일의 가치 = BCWP

◇ BCWP(=EV : Earned value)

BCWP의 말을 풀어보면 Budgeted Cost(예산 금액)+Work Performed(수행된 작업)이다. 결국 수행된 작업에 대하여 할당된 예산을 의미한다.

N . O . T . E

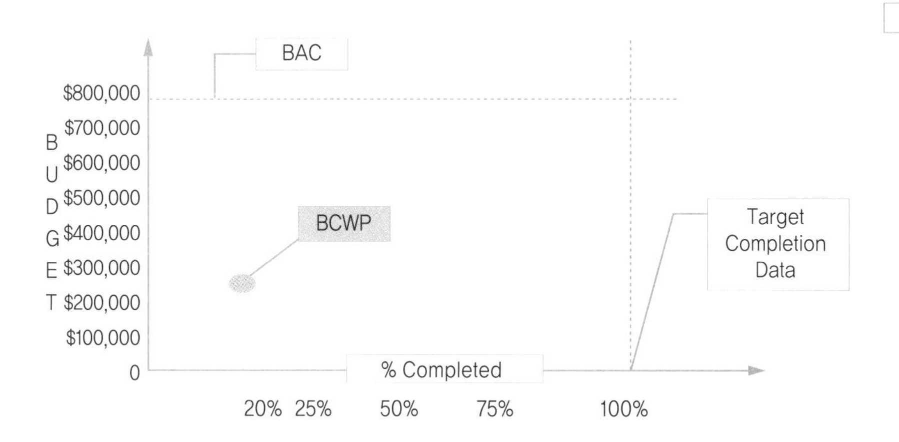

BCWP 구하기

앞서 BCWS를 구할 때 제시되었던 프로젝트를 통해 BCWP를 구해보자.
이 프로젝트는 8개월의 수행 기간과 $800,000의 예산을 갖는 프로젝트이다.

4월 1일로부터 이 프로젝트가 착수 된지 2달이 지난 6월 1일,
담당 PL들은 PM에게 20% 완료되었다는 보고를 했다.
이 프로젝트의 BCWP는 얼마인가?

☞ BAC가 $800,000이고, 현재까지의 프로젝트 수행률은 20%이므로,
BCWP = $800,000 × 0.2 = 160,000이 된다.

☞ 또 다른 계산 방식은 6월 1일까지 A~Z까지의 전체 액티비티 중 A, B, C 라는 액티비티의 종료되었다고 할 때, 계획시 잡혀 있던 A, B, C의 비용의 합을 BCWP의 값으로 도출할 수 있다.

◇ ACWP(=AC : Actual Cost)

ACWP의 말을 풀어보면 Actual Cost(실제 금액) + Work Performed(수행된 작업)인데, 수행된 작업에 대하여 지출된 실제 금액을 의미한다. 전체의 20%의 일을 하는데 $200,000의 비용이 지출되었다면 ACWP는 $200,000이 되는 것이다.

N . O . T . E

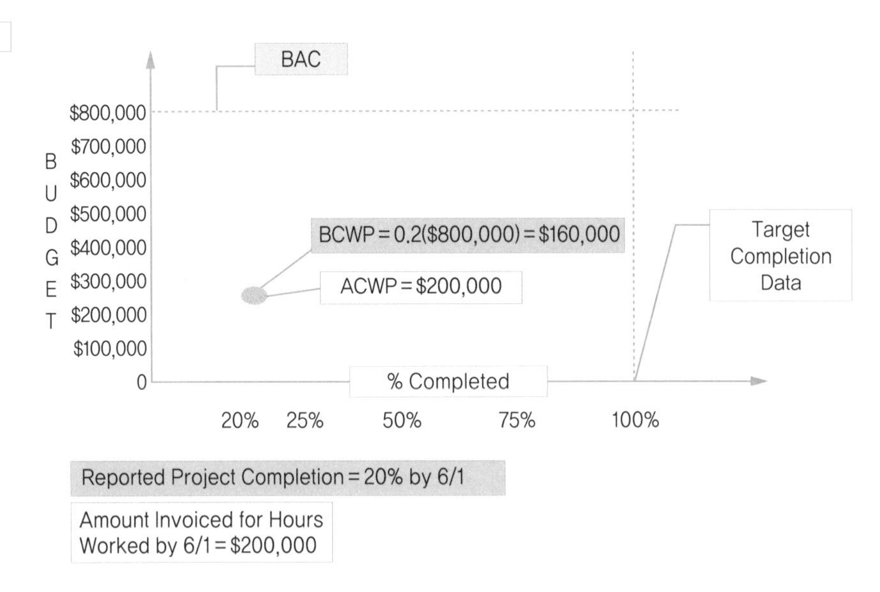

CV

비용 편차(Cost Variance)는 현재 공정표상에 주어진 시점을 기준으로, 실투입이 원가 범위내에 있으나, 원가 범위를 초과했느냐를 구하는 것으로 계획 예산과 실투입의 차이와도 같다.

CPI

실제로 발생한 원가가 일의 성과로 얼마나 나타났는지를 알 수 있는 치수이다. 실행된 일의 가치를 실제로 발생한 원가로 나눈 값이며, CPI가 1보다 크면 계획보다 적은 원가로 많은 일을 한 것이며, 1보다 작으면 투입한 원가보다 성과가 크지 않음을 나타낸다.

3) 분석 요소

- CV(Cost Variance) : 비용의 계획 대비 실적 차이에 대한 지표로, BCWP – ACWP로 계산함
- CPI(Cost Performed Index) : BCWP / ACWP로 계산함
- SV(Schedule Variance) : 현재 프로젝트의 일정 진척 상황을 파악할 수 있는 지표로, BCWP – BCWS로 계산함
- SPI(Schedule Performed Index) : BCWP / BCWS로 계산함

◇ CV(Cost Variance)

수행된 작업에 대하여 할당된 예산(BCWP)에서 실제로 사용된 예산(ACWP)의 차이로 계산한다. 결국 계획에서 실적을 뺀 것으로, 계산한 값이 음수(–)가 나온다면 실제로 지출한 비용이 많아서 예산 초과 상태라는 의미이고, 반대로 양수(+)의 값이 나온다는 이야기는 실제 사용한 돈이 적어서 예산 내에서 진행되고 있다는 의미이다.

◇ CPI(Cost Performance Index)

예상되는 BCWP를 실제 발생한 ACWP로 나누어 계산하는 방식으로, CV에 비하여 좀더 객관적인 성과 진척을 나타낸다.
예를 들어 CPI가 0.7이라면 실제 예상한 것의 원가 효율이 70%에 불과한 것을 의미한다.

N . O . T . E

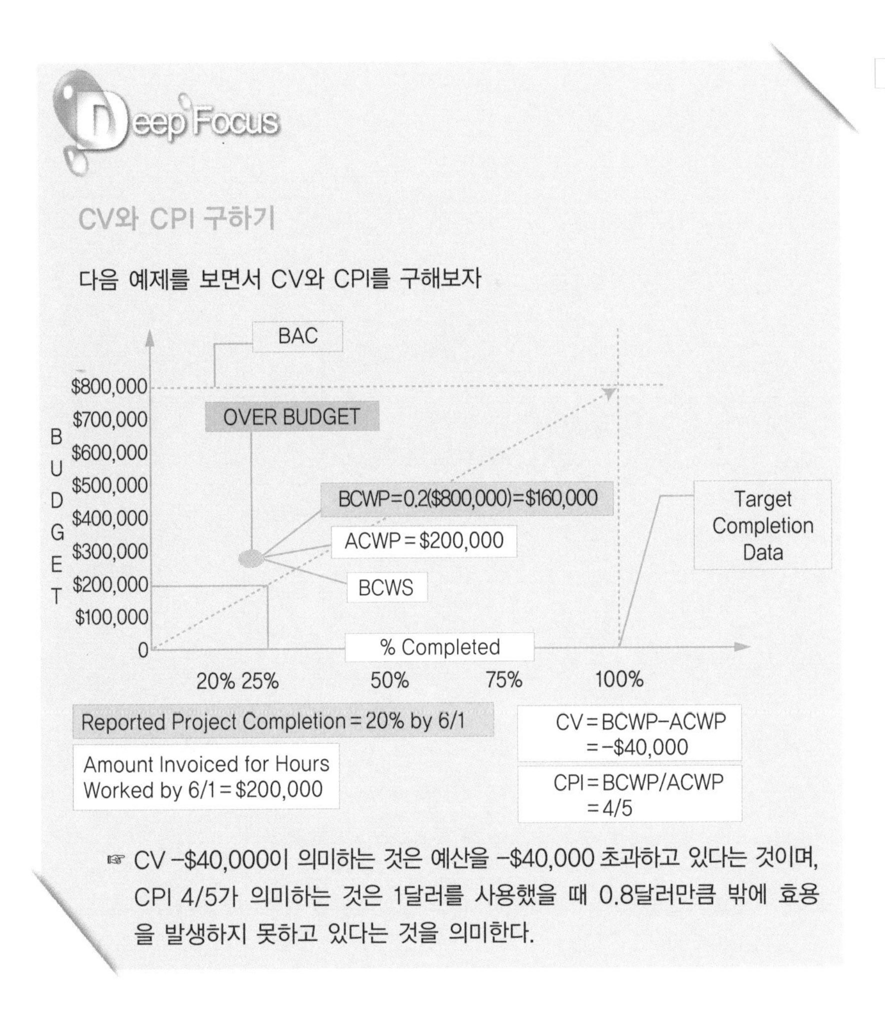

◇ SV(Schedule Variance)

수행된 작업에 대하여 할당된 예산(BCWP)에서 계획된 일정상의 작업을 종료하는 데 들게 되는 예산(BCWS)의 차이로 계산한다. 계산한 값이 음수(−)가 나온다면, 실제 업무를 덜 하여 납기가 늦어졌다는 의미이고, 양수(+)의 값이 나온다면 실제 업무를 다했다는 의미이다.

SV개념이 CV보다 더 복잡하여 잘 와 닿지 않는 이유는 일정이라는 시간 Dimension을 비용 Dimension으로 바꾸었기 때문이다

◇ SPI(Schedule Performance Index)

SPI는 일정에 대한 효율성을 표시한다. SPI가 1보다 작으면 일정을 계획 대비 지연되게 진행하는 것을 의미하며, 1보다 크다면 일정보다 빠르게 진행된다는 것을 의미한다.

N . O . T . E

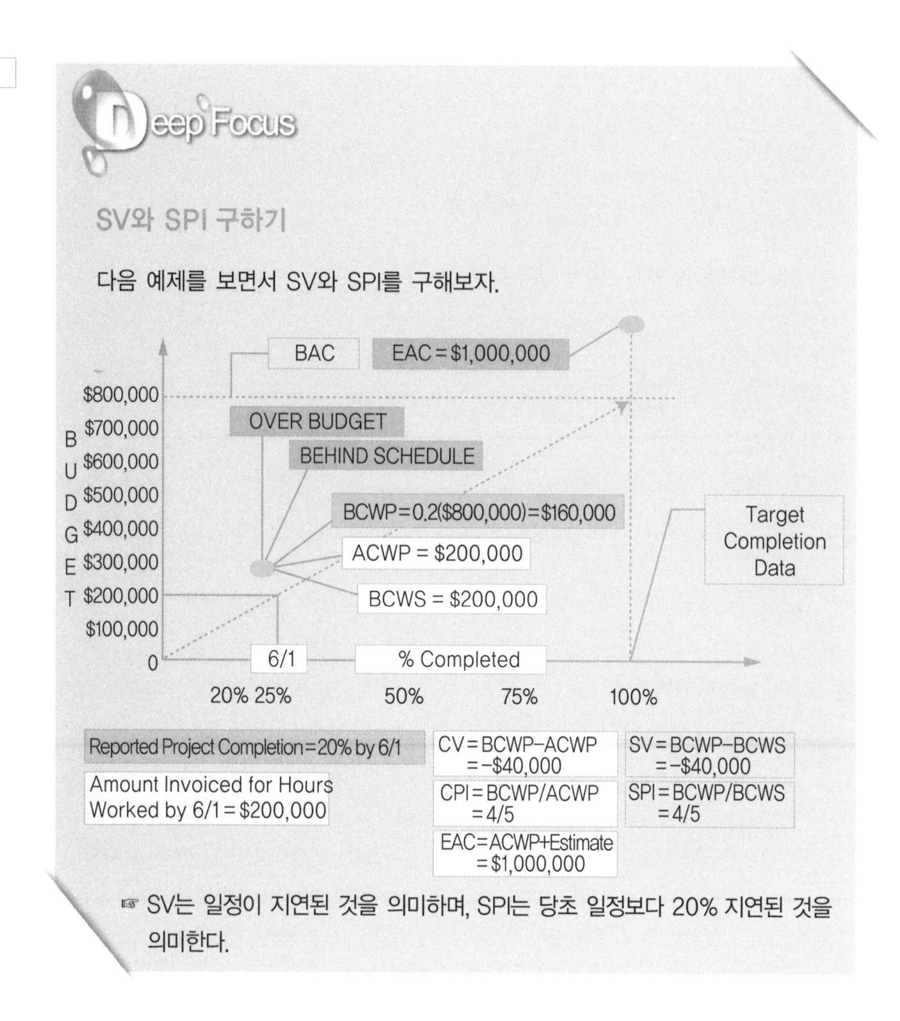

※ CPI, SPI를 선호하는 이유

CV나 SV로도 원가 진척 상황을 알 수 있는데 굳이 왜 CPI나 SPI를 언급하는 것일까? 다음 경우를 통해 알아보도록 하자.

	A Project	B Project
BCWP	$ 100,000	$ 10,000
ACWP	$ 110,000	$ 20,000
CV	- $ 10,000	- $ 10,000

둘 다 -$10,000의 CV를 가지나 A와 B프로젝트의 원가 관리 수준이 같다고 말할 수 없다. 그렇기 때문에 CPI의 계산이 필요하다.

A Project의 CPI는 0.9 정도이며, B Project의 CPI는 0.5 정도이다. 즉 A Project가 B Project에 비해 원가 수준이 높다는 것을 의미한다.

실제로 지표를 삼을 때 일정의 SPI와 함께 CPI를 SV, CV보다 선호하는 것이 더 적절하다는 것을 이해할 것이다.

N . O . T . E

4) 예측 요소

- BCWR(Budgeted Cost for Work Remained) : 잔여 예산을 말하며, BAC – BCWP로 계산함
- ETC(Estimate to Completion) : 잔여 예상 원가를 말하며, BCWR / CPI로 계산함
- EAC(Estimated At Completion) : 총 예상 원가를 말하며, ACWP + ETC로 계산함

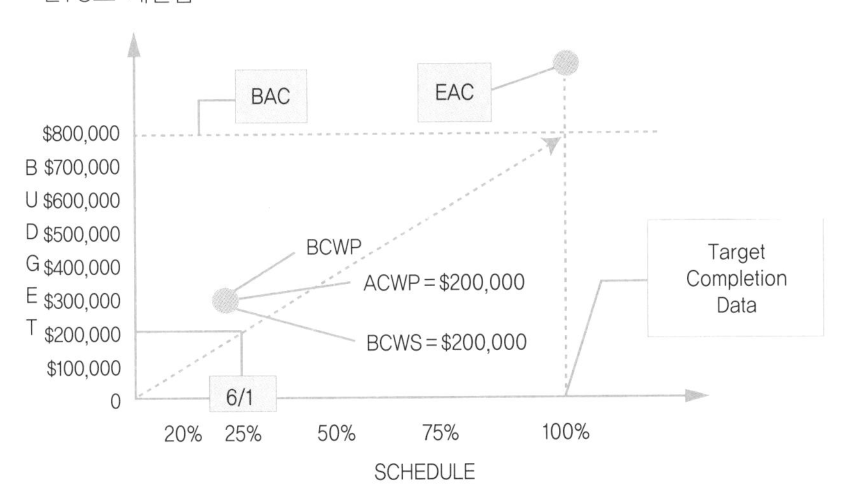

◇ EAC(Estimated At Completion)

EAC는 Estimate At Completion, 완료시의 원가 정보에 대한 예상치이다. 완료시에 얼마나 들까를 예상하는 것은 현재까지 쓴 돈에 쓰여질 돈을 더하면 된다.

$$EAC = ACWP + \text{완료 시까지 예상 비용}$$
$$= ACWP + (BAC - BCWP)$$

완료시까지 비용은 BAC-BCWP로 계산하는 방법이 있으나, 과거의 비용 생산성이 이후에도 똑같이 적용된다는 가정하에 CPI로 보정해 주는 방법이 있다.

$$EAC = ACWP + \frac{BAC - BCWP}{CPI}$$

EAC(Estimate At Completion)

기성고 기법에서 다른 요소는 현재 상황에 맞게 결정되나, EAC는 향후 프로젝트 팀이 낼 생산성을 얼마로 추정하냐에 따라 다른 값이 나타난다. 따라서 EAC 계산에 사용되는 CPI가 얼마나 현실적이냐에 따라 신뢰성있는 EAC가 될 수도 있고 PM의 단순한 의지치가 될 수 도 있다.

N.O.T.E

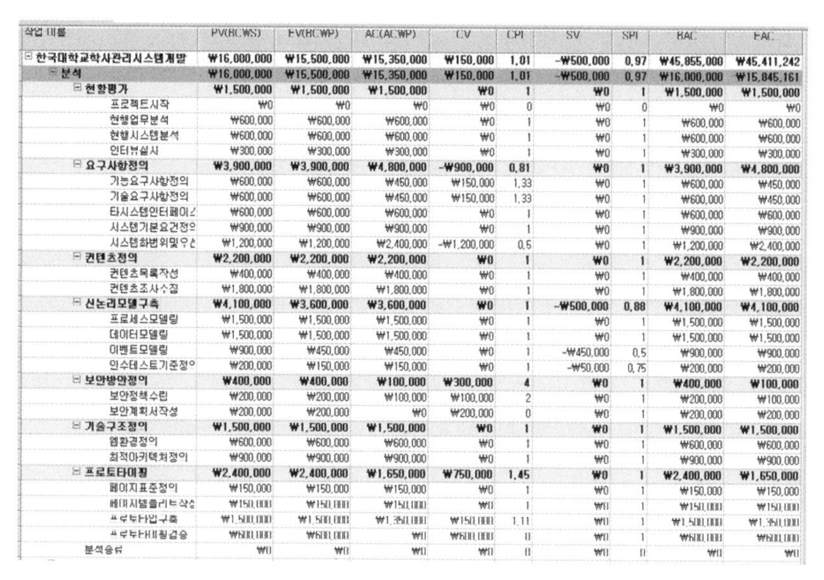

작업 이름	PV(BCWS)	EV(BCWP)	AC(ACWP)	CV	CPI	SV	SPI	BAC	EAC
한국대학교학사관리시스템개발	**₩16,000,000**	**₩15,500,000**	**₩15,350,000**	**₩150,000**	**1.01**	**-₩500,000**	**0.97**	**₩45,855,000**	**₩45,411,242**
분석	**₩16,000,000**	**₩15,500,000**	**₩15,350,000**	**₩150,000**	**1.01**	**-₩500,000**	**0.97**	**₩16,000,000**	**₩15,845,161**
현황평가	**₩1,500,000**	**₩1,500,000**	**₩1,500,000**	**₩0**	**1**	**₩0**	**1**	**₩1,500,000**	**₩1,500,000**
프로젝트시작	₩0	₩0	₩0	₩0	0	₩0	0	₩0	₩0
현행업무분석	₩600,000	₩600,000	₩600,000	₩0	1	₩0	1	₩600,000	₩600,000
현행시스템분석	₩600,000	₩600,000	₩600,000	₩0	1	₩0	1	₩600,000	₩600,000
인터뷰실시	₩300,000	₩300,000	₩300,000	₩0	1	₩0	1	₩300,000	₩300,000
요구사항정의	**₩3,900,000**	**₩3,900,000**	**₩4,800,000**	**-₩900,000**	**0.81**	**₩0**	**1**	**₩3,900,000**	**₩4,800,000**
기능요구사항정의	₩600,000	₩600,000	₩450,000	₩150,000	1.33	₩0	1	₩600,000	₩450,000
기술요구사항정의	₩600,000	₩600,000	₩450,000	₩150,000	1.33	₩0	1	₩600,000	₩450,000
타시스템인터페이	₩600,000	₩600,000	₩600,000	₩0	1	₩0	1	₩600,000	₩600,000
시스템기본요건정	₩900,000	₩900,000	₩900,000	₩0	1	₩0	1	₩900,000	₩900,000
시스템화범위및우	₩1,200,000	₩1,200,000	₩2,400,000	-₩1,200,000	0.5	₩0	1	₩1,200,000	₩2,400,000
컨텐츠정의	**₩2,200,000**	**₩2,200,000**	**₩2,200,000**	**₩0**	**1**	**₩0**	**1**	**₩2,200,000**	**₩2,200,000**
컨텐츠목록작성	₩400,000	₩400,000	₩400,000	₩0	1	₩0	1	₩400,000	₩400,000
컨텐츠조사수집	₩1,800,000	₩1,800,000	₩1,800,000	₩0	1	₩0	1	₩1,800,000	₩1,800,000
신논리모델구축	**₩4,100,000**	**₩3,600,000**	**₩3,600,000**	**₩0**	**1**	**-₩500,000**	**0.88**	**₩4,100,000**	**₩4,100,000**
프로세스모델링	₩1,500,000	₩1,500,000	₩1,500,000	₩0	1	₩0	1	₩1,500,000	₩1,500,000
데이터모델링	₩1,500,000	₩1,500,000	₩1,500,000	₩0	1	₩0	1	₩1,500,000	₩1,500,000
이벤트모델링	₩900,000	₩450,000	₩450,000	₩0	1	-₩450,000	0.5	₩900,000	₩900,000
인수테스트기준정	₩200,000	₩150,000	₩150,000	₩0	1	-₩50,000	0.75	₩200,000	₩200,000
보안방안정의	**₩400,000**	**₩400,000**	**₩100,000**	**₩300,000**	**4**	**₩0**	**1**	**₩400,000**	**₩100,000**
보안정책수립	₩200,000	₩200,000	₩100,000	₩100,000	2	₩0	1	₩200,000	₩100,000
보안계획서작성	₩200,000	₩200,000	₩0	₩200,000	0	₩0	1	₩200,000	₩200,000
기술구조정의	**₩1,500,000**	**₩1,500,000**	**₩1,500,000**	**₩0**	**1**	**₩0**	**1**	**₩1,500,000**	**₩1,500,000**
웹환경정의	₩600,000	₩600,000	₩600,000	₩0	1	₩0	1	₩600,000	₩600,000
최적아키텍처정의	₩900,000	₩900,000	₩900,000	₩0	1	₩0	1	₩900,000	₩900,000
프로토타이핑	**₩2,400,000**	**₩2,400,000**	**₩1,650,000**	**₩750,000**	**1.45**	**₩0**	**1**	**₩2,400,000**	**₩1,650,000**
페이지표준정의	₩150,000	₩150,000	₩150,000	₩0	1	₩0	1	₩150,000	₩150,000
페이지템플리트작성	₩150,000	₩150,000	₩150,000	₩0	1	₩0	1	₩150,000	₩150,000
프로토타입구축	₩1,500,000	₩1,500,000	₩1,350,000	₩150,000	1.11	₩0	1	₩1,500,000	₩1,350,000
프로토타이핑검증	₩600,000	₩600,000	₩0	₩600,000	0	₩0	1	₩600,000	₩600,000
분석종료	₩0	₩0	₩0	₩0	0	₩0	0	₩0	₩0

[MS Project에서의 기성고 분석]

4 일정 초과 관리

4-1. 일정 초과 원인

프로젝트를 진행하다 보면 빈번하게 일정이 지연되는 경우가 발생한다. 일정 지연의 주요 원인으로는 수행 인력의 업무에 대한 이해 부족, 기대치만큼 수행 역량이 부족, 교육 미실시, 프로젝트를 둘러싼 환경이 일정 지연을 유발, 적합한 자원 할당의 실패, 비현실적 기대 방법 등이 있다.

4-2. 일정 단축 기법(Duration Compression)

일정 계획에서 수립한 완료일이 고객이 요청한 날짜보다 긴 경우 납기를 단축하는 방법이다. 일정이 초과되었을 때는 Task 병행 수행(Fast Tracking), 인력을 더 투입(Crashing), 지연 시간(Lag)의 축소, 로비와 설득을 통해 일정 제한 조건 조정, Task 분할 및 재배치, 산정된 기간의 축소, 품질 등 좀더 좋게 만들려고 도출했던 태스크들을 제거하는 방법 등이 있다.

일정단축

프로젝트 계획 단계에서 산정한 기간이 주어진 기간을 초과하는 경우는 일정단축 이전에, 범위가 현실적으로 수행 가능한 만큼 정의되었는지 확인해 본 후 범위축소가 우선인지 일정단축이 필요한지 결정해야 한다.
프로젝트 특성상 잘 예측되어 세워진 계획이라도 실행중에 일정지연이 발생할 수 있으므로, 계획시 잔업 또는 병행처리로 일정을 수립한 경우는 성공확률이 낮아지는 이유가 될 수 있다.

N . O . T . E

• Crashing

- 자원(비용)을 추가 투입하여 프로젝트의 기간을 단축하는 기법이다.
- 추가 자원은 critical path상의 액티비티에 투입하여야 한다.
- critical path중에서 비용대비 효과가 높은 액티비티에 투입한다.
- 투입할 때는 자원을 한 단위씩 투입한다.

• Fast Tracking

- '서둘러 하다' 라는 의미로 건축에서 조기 착공의 의미로 많이 사용한다.
- 기간을 단축시키기 위하여 작업의 전후 관계를 병행 처리한다.
- 재작업으로 인하여 기간이 늘어날 위험을 내포한다.

Summary

POINT 1 프로젝트 수행 및 통제

● 납기와 예산 내에 프로젝트를 완료하기 위해서는 프로젝트 진척 상황과 예산 지출에 대한 추적 관리가 필요하다. 이를 통해 PM은 현재 프로젝트 환경에서 어떠한 문제들이 발생하고 있으며, 이를 해결하기 위해서 어떠한 조치를 취해야 하는지를 계획하게 된다.

POINT2 기성고(Earned Value Analysis)

기성고 정의법은 다음과 같다.

● 0/100 : WP 시작시에 EV는 0, 종료시 100
● 50/50 : WP 시작시에 EV는 50, 종료시 100
● 단위 종료 : 동일한 단위에 대해 같은 EV를 할당
● 마일스톤 : 마일스톤에 따라 가중치를 부여 EV를 할당 가중치
● 퍼센트 : 주관적으로 몇% 끝났는지 정의

POINT3 일정 초과 관리

● 주요한 초과 원인은 다음과 같다.
- 수행 인력이 업무를 잘못 이해
- 기대치만큼 수행 역량이 부족
- 교육 미실시
- 프로젝트를 둘러싼 환경이 일정 지연을 유발
- 적합한 자원 할당의 실패
- 비현실적 기대 방법

● 일정 단축 기법은 다음과 같다.
- Task 병행 수행(Fast Tracking)
- 인력을 더 투입(Crashing)
- 지연 시간(Lag)의 축소
- 로비, 설득
- Task 분할
- Task 재배치
- 산정된 기간의 축소
- 품질 등 좀더 좋게 만들려고 도출했던 태스크들을 제거

Key Word

- 기성고(Earned Value Analysis)
- BCWS, BCWP, ACWP, SV, SPI, CV, CPI, ETC, EAC
- 0/100, 50/50
- Crashing, Fast Tracking

다음 상황을 읽고 일정과 원가의 상황 및 예상 총원가를 산출하시오.

1. 배나무 과수원에 96그루의 배나무를 수확하기 위해 세 명의 인부와 계약하였고, 인부 한 명이 수확할 수 있는 배나무는 한 시간에 0.5그루이다. 인부들은 하루에 8시간씩을 일하기로 하고, 잔업이 발생할 경우 자신들이 일한 시간에 비례하여 잔업비를 받기로 하였다. 이들의 단가는 한 시간에 2만원이다.

6일이 지난 시점에 작업경과를 확인한 결과 40그루의 배나무가 수확되었음을 확인하였다. 그리고 마지막 이틀 동안 인부들은 각각 2시간씩 추가 작업을 했다는 사실도 확인하였다.

현재 시점에서 일정과 원가의 상황은 어떠하며, 수확을 마치는 시점에 예상되는 총원가는 얼마인가? 이러한 결과가 나타나는 원인은 무엇이겠는가?

2. 당신은 볼링공 100개를 생산하는 프로젝트를 1,500만원에 수주하였다. 소유하고 있는 공장에서 볼링공 생산 단가는 10만원인데 1개월에 10개까지 생산 가능하다.

1월 초부터 생산이 시작되었으며, 6월 말 시점에 작업을 마무리하면서 확인해본 결과, 현재까지 지출 실적이 700만원이고, 생산된 볼링공은 50개였다.

현재 시점에서 일정과 원가의 상황은 어떠한가? 현재까지는 외부적인 요인으로 인해 계획대로 진행되지 않았으나 이후에는 계획대로 진행될 것으로 판단되는데, 그러면 종료일 및 종료시점의 원가상황은 어떻게 예상되는가?

Case Study #2

4,5장에서 계획된 일정을 토대로 아래와 같이 진척관리 하시오.

프로젝트 기간 절반이 경과하였다. 일부 부분은 진척이 원활하고 일부 부분은 잘 되지 않고 있다. 현재 부문별 프로젝트 상황을 파악하고, 향후 예상 원가를 추정하여야 한다. 또한, 일정에 차질이 없도록 하기 위하여 이후 계획에 대한 변경도 필요하다.

아래 조건을 참조하여 일정을 갱신하고, 현재 프로젝트의 상황을 분석하여야 한다.

1) 일정 진척 현황.
- 프로젝트 관리, 품질보증 활동 : 일정대로 진행중
- 분석단계 : 일정대로 종료
- 설계단계
  컨텐츠 설계 : 2/9 시작, 2.5주 소요, 100%
  페이지 설계 : 2/14 시작, 3.5주 소요, 100%
  시스템 설계 : 3/9 시작, 100%
  테스트 설계 : 3/22 시작, 1.5주 소요, 100%
- 개발단계
  웹페이지 제작 : 30% 진행
  코딩 및 단위테스트 실시 : 30% 진행
- 작품 및 작가DB구축
  사전준비 : 1/12 시작, 2/16 종료
  자료분류 : 2/17 시작, 2.5달 소요 예상, 92% 진행
  자료제작 : 2/26 시작, 50% 진행
- 기반인프라구축
  설계승인 : 1/2 시작, 1/30 종료
  발주 : 2/26 시작, 3/20 종료
  납품설치 및 통합 : 4/6 시작, 30% 진행

2) 경비 사용 내역은 다음과 같다.

항목	사용내역	항목	사용내역
요식성 경비	₩1,700,000	소모품비	₩700,000
행사비	₩800,000	통신비	₩700,000
국내출장비	₩14,000,000	운반비	₩300,000
시내교통비	₩0	잡비	₩0
비품비	₩100,000	-	

Chapter 13 위험 관리

Project Management Situation

고객사의 회의실에 차PM과 팀원들이 회의를 하고 있다.

김영호 이번에 도입하기로 한 공항 운영 솔루션이 국내에선 설치운영 된 사례가 없어서 상당한 위험을 내포하고 있습니다.
차 PM 솔루션에 문제가 생기면 어떤 결과가 예상되나요?
최민희 심각한 문제가 예상됩니다. 최악에는 공항 운영이 정지될 가능성도 있어요.
차 PM 큰일이군요. 우선 솔루션이 내포한 위험 요소를 파악하고 그에 대한 영향력을 산정해 봅시다.
김영호 네, 제가 분석 후 보고하겠습니다.

며칠 후 고객사의 회의실에 차PM과 팀원들이 회의를 하고 있다.

차 PM 보고 잘 받았습니다. 결론적으로 솔루션이 제시한 기능을 제대로 수행할 수 있을지에 관한 문제군요.
김영호 네. 그렇습니다.
차 PM 그럼, 위험을 최소화 할 수 있는 방안에는 어떤 것들이 있을까요?
최민희 제가 생각하기로는 우선 솔루션 개발을 했던 외국 기술자의 충분한 지원이 필요한 것 같아요.
차 PM 네, 그렇군요. 일단 업체와 협의해 보겠습니다. 그리고 솔루션 도입 전, 기능에 대한 재확인 작업을 실시합시다. 또한 업체와 계약서 상에 기능적인 측면을 명시하고, 기능적인 면에 문제가 생겼을 시의 대책을 조금 더 심도 있게 강구해 봅시다.
팀원들 네! 알겠습니다.

Check Point

- 프로젝트에서 위험의 정의와 그 특성은 무엇인가?
- 프로젝트의 위험 관리는 어떻게 실시하는가?
- 프로젝트의 위험은 어떻게 식별하는가?
- 위험을 완화하기 위해 하는 활동에는 무엇이 있는가?
- 프로젝트 위험을 평가하는 기법에는 어떤 것이 있는가?

N . O . T . E

위험의 두 가지 측면

- 긍정적 기회(Positive Opportunity)
- 부정적 위험(Negative Risk)

위험 관리

위험 요소의 인식 → 분석 → 대응

1 프로젝트 위험(Project Risk)

1-1. 프로젝트 위험(Project Risk)

위험이라고 해석되는 영어표현으로는 Risk, Danger가 대표적이다. 하지만 프로젝트 관리에서 사용되는 위험은 Risk를 사용한다. Risk는 장기적으로 미래의 어느 순간에 나쁜 영향이나 위험한 순간이 발생할 수 있다는 뜻이다. 따라서 발생할 수도 발생하지 않을 수도 있는 사건을 의미한다.
이렇게 위험은 본질적으로 불확실성을 내포하고 있다. 위험은 금융 산업에서도 자주 사용되는데, 이 때에도 불확실성은(예를 들어 환율, 주가 등) 위험의 가장 핵심이 되는 개념이다. 만일 불확실하지 않고 확실하다면(발생 가능성=1) 이는 위험이 아니라 문제라고 하는 것이 옳다. 위험은 예방하는 것이고, 문제는 해결하는 것이다(Risk prevention, Problem solving).
위험을 관리한다는 것은 위험을 인식하였다는 것을 의미하며, 인식하지 않은 위험은 관리를 할 수 없다. 따라서 프로젝트에 악영향을 미칠 수 있는 불확실한 위험 요소와 영향력을 인식하고, 위험 원인을 확실하게 인식해야 위험을 관리할 수 있다.
불확실한 위험 요소는 프로젝트에 긍정적인 혹은 부정적인 결과를 초래할 수 있다. 프로젝트 목표는 예산과 납기 내에 고객이 원하는 기능을 제공하는 것이다. 따라서 프로젝트의 목표에 영향을 미치지 않는 사건은 위험이 아니다. 실제 프로젝트에서 이슈가 되는 것은 프로젝트에 미치는 부정적인 영향력이다. 대부분의 책자에서 위험을 부정적인 영향력을 미치는 사건으로 정의하는 것도 바로 이 때문이다. 하지만 프로젝트에서는 이익을 높이기 위해 높은 위험을 감수하기도 함으로 위험사건은 프로젝트에 긍정적인 영향력을 미칠 수 도 있다. 따라서 위험관리를 통해 프로젝트에 부정적인 사건의 발생확률/영향력은 최대한 낮추고 긍정적인 사건의 발생확률/영향력은 최대한 높이도록 관리해야 한다.

1-2. 위험의 3대 구성요소

위험은 발생할 수도, 발생하지 않을 수도 있는 특정 어느 사건(Event)과, 그 사건이 실제로 일어날 확률(Probability)과, 그 사건이 실제로 일어났을 경우 프로젝트에 미칠 영향력(Impact)의 3가지 요소로 이루어진다.

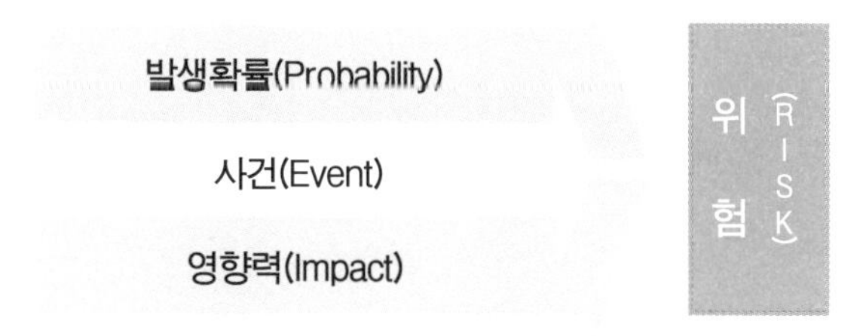

위험사건, 위험의 발생확률, 위험의 영향력은 위험관리의 전체 프로세스에서 가장 중요한 핵심 요소이며 이 요소를 관리하는 것이 위험관리이다.

1-3. 위험의 특징

위험의 특징

- 위험 사건의 상호연관성
- 위험의 영향력 의존성
- 위험의 상황 의존성
- 위험의 시간 민감성
- 위험의 가치 기반성

위험사건의 상호연관성

- 위험사건은 다른 위험사건의 발생확률과 영향력에 영향을 미칠 수 있다.
- 위험사건은 또 다른 위험사건을 유발할 수 있다. (연쇄반응)

위험사건은 서로 연관되어 있다. 예를 들어 건물의 기초공사에 사용되는 철근의 납기지연이라는 위험사건은 전체 공사기간 지연의 발생확률을 높이거나 원가상승 위험을 발생시킬 수 있다. 따라서 위험사건 상호간의 연관성을 파악하고 조절해야 한다.

위험의 영향력 의존성

- 위험에 따른 영향력이 커질수록 위험의 중요도 또한 커진다.

위험의 발생확률이 아주 낮더라도 그에 따른 영향력이 크다면 그 위험사건의 중요도는 높게 평가될 수 있다. 또한 위험을 감수할 경우 이익이 아주 크다면 그 위험은 수용하게 된다. 예를 들어 천재지변에 의해 회사의 데이터 서버가 복구불능 상태로 파괴될 확률은 낮지만 그에 따른 영향력은 회사의 존립에 영향을 줄 만큼 크기 때문에 백업서버를 지리적으로 멀리 떨어진 장소에 설치한다. 반면에 복권에 당첨될 확률은 아주 낮지만 복권구매에 사용되는 비용은 충분히 감당할 수 있을 만큼 작고 당첨되었을 경우 이익은 매우 크기 때문에 사람들은 복권을 구매하는 위험을 감수한다.

위험의 상황 의존성

- 위험은 위험에 대한 입장이나 상태가 주어진 조건이나 상황에 영향을 받을 수 밖에 없다.

N . O . T . E

부품값 인상이라는 사건은 구매자에게는 위협적인 위험사건이지만 판매자에게는 기회 위험사건이다. 이러한 위험의 상황적 특수성에 맞는 표준 지침서는 존재할 수 없다. 프로젝트는 그 특성상(Unique) 서로 다를 수 밖에 없기 때문이다. 따라서 프로젝트 관리자는 프로젝트 상황에 맞게 위험을 관리해야 한다.

위험 식별과 위험 감시

위험 식별은 프로젝트에서 불확실한 부분을 찾아내고 영향력 및 대응방안을 분석하기 위한 첫 단계로서, 가능한 일찍부터 모든 주요 이해당사자들과 함께 반복적으로 시행하는 것이 좋다. 따라서 위험 감시에는 기존 위험들에 대한 재확인 및 추이 분석뿐 아니라, 신규 위험 식별로 반드시 병행되어야 효과적이다.

위험의 시간 민감성

- 위험이 발생될 예측시간에 따라 위험의 인식도 변화된다.

위험은 미래에 발생할 수 있는 사건이기 때문에 시간에 따른 위험의 인식도 변화된다. 위험이 발생되기까지 많은 시간이 남아 있다고 느끼게 되면 위험의 심각성은 줄어들게 되지만, 남아있는 시간이 적다고 느끼게 되면 심각성은 커질 수 밖에 없다. 따라서 프로젝트 관리자는 위험의 중요성에 대해 명확한 기준을 세우고 관리해야 한다.

위험의 가치 기반성

- 개인적, 조직적, 문화적 가치관에 따라 위험을 수용하는 정도에 영향을 준다.

프로젝트 관리자의 개인적 경험이나 가치관, 또는 회사의 전략적 방침에 따라 어떤 사건이 위험한 사건으로 분류되는지 그리고 위험의 중요성과 대응방법이 달라지게 된다. 예를 들어 큰 규모의 후속 프로젝트 수주를 위해 선행 프로젝트의 원가보다는 일정과 품질이 중요하다는 경영전략에 의해 착수된 프로젝트인 경우 원가에 영향을 주는 사건보다는 일정과 품질에 영향을 주는 사건이 위험사건으로 분류되고 중요성 또한 높아지게 된다.

2 위험 관리(Project Risk Management)

2-1. 위험 관리(Risk Management)의 의미와 목적

위험 관리란 프로젝트에 긍정적 혹은 부정적 영향을 미치는 위험 요인을 식별 및 분석하여 이에 대한 대응 방안을 수립하기 위한 체계적 프로세스이다. 위험 관리는 긍정적인 사건의 발생 가능성과 파급 효과는 극대화하고, 부정적인 사건의 영향력은 최소화하는 데 그 목적이 있다.

불확실성이 있는 곳에 위험이 존재한다. 그 불확실성의 정도를 이해해서 결국 문제에 대응할 수 있는 방법을 제공하는 것이 위험 관리의 목적이다.

N . O . T . E

상부 보고대상 위험

1. 프로젝트 외부의 자원이 필요한 경우
2. 조직에 치명적 영향을 줄 수 있는 경우
3. 대응 방법이 없으며, 책임질 수 밖에 없는 경우

2-2. 위험 관리의 필요성

조직에서는 위험을 프로젝트 성공에 대한 위협과 관련해서 인지하거나 프로젝트 성공의 기회를 향상시키는 기회로 받아들인다. 프로젝트에 대해 위협인 위험은 보상과 잘 균형을 이루도록 해서 성공적으로 관리할 수 있다. 위험 대응 계획을 보면 조직에서 위험 대응과 회피간의 균형 상태를 알 수 있다. 성공적인 프로젝트를 위해서는 조직에서 위험을 적극적이고 일관적으로 관리해야 한다

2-3. 위험 관리의 효과

위험을 적극적으로 관리하게 되면, 위험 사건의 발생을 예측하고 대응계획을 준비하게 되어 갑작스러운 사고나 문제가 발생하는 것을 예방할 수 있게 되고 그에 다른 영향력 또한 관리할 수 있게 된다. 위험 관리는 프로젝트의 실패 가능성을 낮추고 성과를 극대화 하는 활동으로 이를 통해 정해진 범위, 원가, 일정 내에서 프로젝트를 완료할 수 있다.

3 위험 관리 프로세스

3-1. 위험 관리 프로세스

위험 관리 프로세스는 크게 6단계로 구분된다. 첫번째로 위험관리의 목적과 범위 및 업무단계에 대한 세부계획을 세우는 위험관리계획서를 작성한다. 두번째로 위험관리계획서에 의거하여 프로젝트의 위험을 식별하여 위험리스트를 작성한다. 세번째로 식별된 위험들을 확률과 영향력에 따라 중요도를 정하여 위험 우선순위를 정한다. 네번째로 중요 위험들의 발생확률과 영향력 그리고 문제로 변경되는 시점(Triggering Point)에 대한 정량적인 지표를 산출한다. 다섯번째로 정량적인 지표를 근거로 위험에 대한 대응계획을 세운다. 여섯번째로 위험을 감시하고 대응한다.
각 프로세스의 주요 산출물은 다음과 같다.
- 위험 관리 계획 : 위험 관리 계획서

N . O . T . E

위험 관리의 시기

프로젝트의 위험은 가능한 일찍 식별을 시작하고, 프로젝트가 진행되는 기간중에 지속적,반복적으로 관리되어야 한다.

- 위험 식별 : 위험 리스트
- 정성적 분석 : 위험 우선 순위
- 정량적 분석 : 위험 평가서
- 위험 대응 계획 : 위험 대응 계획서
- 통제 및 모니터링 : 위험 대응 평가표

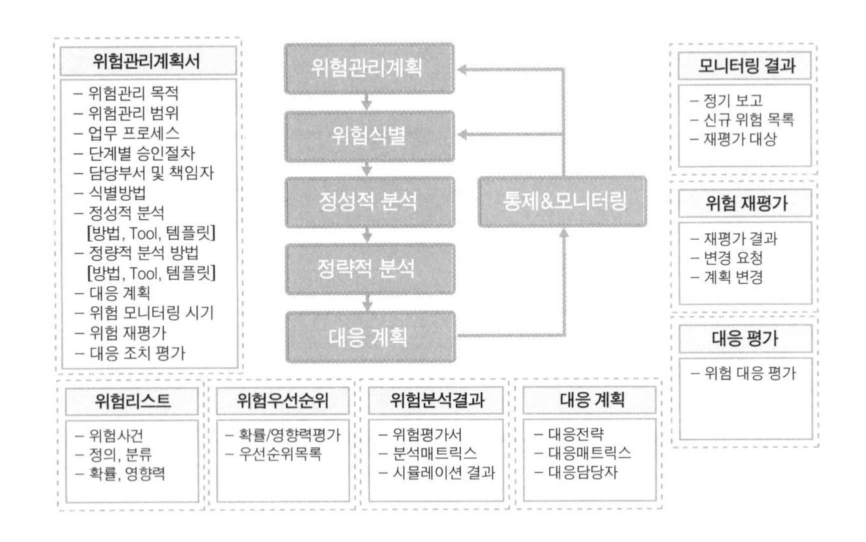

프로젝트 위험 관리 프로세스는 개인의 건강 관리와 유사한 측면이 많다. 개인의 건강 관리 목표가 건강한 삶의 유지(혹은 질병으로 인한 부정적인 영향력을 최소화)에 있다면, 프로젝트 위험 관리의 목표 또한 위험으로 인한 부정적인 영향력을 최소화하면서 프로젝트를 성공적으로 끝내는 것이다.

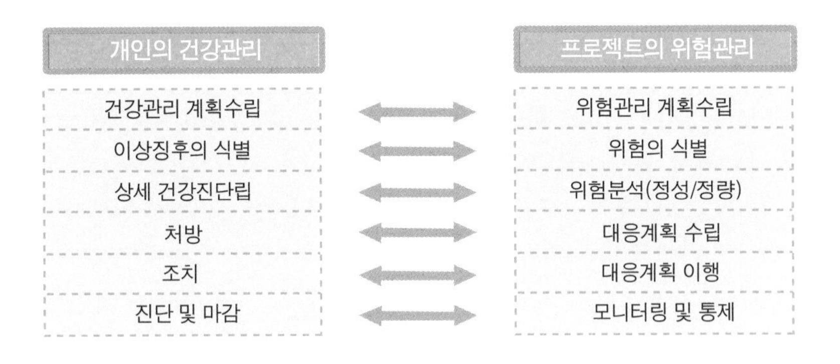

각 단계에 대한 세부 내용은 다음과 같다.

1) 위험 관리

위험 관리 프로세스를 프로젝트에서 어떻게 수행할 것인가를 계획하는 것이다. 즉, 위험의 식별, 정성/정량적 분석, 대응 계획 수립, 모니터링과 통제를 어떻게 수행할 것인가를 구체적으로 정의하게 된다.

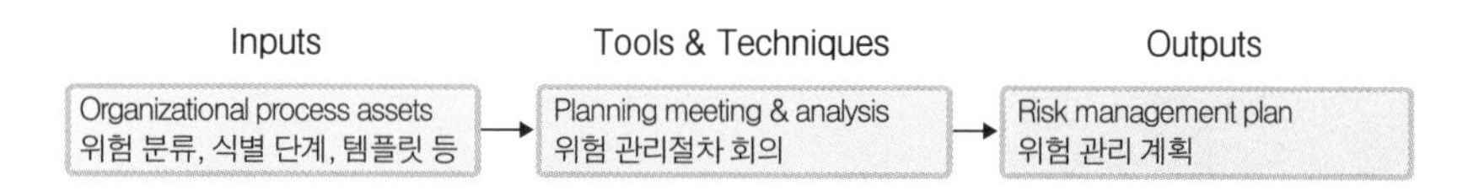

방법

프로젝트에서 수행할 위험 관리의 접근 방법, 데이터 등을 정의한다. 위험 관리의 기본 프로세스는 위험의 평가와 통제로 나눌 수 있는데, 그러한 방법은 프로젝트의 성격에 따라, 진행 단계에 따라, 활용 가능한 정보에 따라 달라질 수 있음에 유의하여야 한다.

책임과 역할

위의 위험 관리 방법에서 정의된 개별 액티비티를 수행할 역할과 책임을 정의하는 것으로, 프로젝트와 독립적인 집단에서 위험을 평가하는 것이 보다 객관적이고 정확한 위험 식별에 유용하다. 효과적으로 위험관리를 하기 위해서는 프로젝트 팀원과 이해 당사자등의 관련주체들이 참여해야 한다. 이를 위해 프로젝트 관리자는 위험관리 프로세스에 관련자들이 참여할 수 있도록 역할과 책임을 정의해야 한다. 또한 위험관리 프로세스를 시작하고 관리하며 다른 프로젝트 관리 할동과 통합하는 역할도 수행해야 한다. 이러한 활동을 통해 프로젝트에서 발생하는 위험의 발생과 영향력을 줄이게 된다.

수행 시점과 프로세스

개별 액티비티를 수행하는 시점과 프로세스를 정의하여야 한다.

위험 민감도(Risk Tolerance)

조직이나 개인에 따라 위험에 대한 허용 수준은 달라진다. 위험을 추구하는 사람도 있고(Risk Seeker), 위험에 대하여 중립적인 사람도 있으며(Risk Neutral), 위험을 회피하는 사람(Risk Avoider)도 있다. 이와 같이 의사결정 하는 사람의 위험에 대한 인식에 따라 대응 방법이 달라지는 것을 Utility Theory라고 한다.

N . O . T . E

위험 회피형

위험 회피형 인간은 위험을 기피하는 이상적인 인간의 행동으로, 위험을 부담하는 경우에는 반드시 상응하는 보상을 바라는 형이다.

위험 중립형

위험의 정도와 상관없이 투자하는 유형으로서, 기대 수익 극대화가 곧 기대 효용 극대화로 의사 결정의 목표가 된다.

위험 선호형

위험을 선호하는 인간 행동으로, 높은 수익을 위해서라면 큰 위험도 부담하려는 투자자의 유형이다. 위험선호형 투자자의 효용 함수는 수익의 증가 함수이며, 한계효용은 부의 증가에 따라 증가한다.

N . O . T . E

Thresholds(판별역)

자극을 동시 또는 순차적으로 주었을 때 사람이 인지할 수 있는 최소한의 자극을 말한다. 베버의 법칙에 따라 자극량의 증대에 따라 판별역도 증대된다.
thresholds는 무게의 차이와 같은 양적 차이뿐 아니라 빛깔의 차이와 같은 질적 차이도 포함한다.

위험 수위

trigger라고도 할 수 있는 위험 관리 활동을 위한 임계치로 이해할 수 있다. 즉, 어느 정도의 위험이면 대응 계획을 가동시키는지 혹은 위험을 마감하는가에 대한 사전에 정의한 기준이 된다. 이러한 thresholds는 위험을 평가하는 stakeholder에 따라 달라짐에 유의하여야 한다. 보통 위험의 정량적 분석을 통해 수치가 정해지게 된다.

추적 방법

미래의 다른 프로젝트를 위하여 위험 관리와 관련된 각종 활동들을 어떻게 문서화하고 위험 관리 프로세스를 어떻게 심사하는지를 정의한다.

보고 방법

위험의 평가와 tracking에 관련된 양식은 최소한 정의하는 것이 바람직하다.

위험 식별

- Who? : 프로젝트 Stakeholder
- When? : 프로젝트의 모든 라이프 사이클
- How? : 문서 리뷰, 델파이 기법, 체크리스트, 가정 분석

2) 위험 식별 : 프로젝트에 영향을 미칠 수 있는 요소를 결정하고, 그 특징을 문서화하는 프로세스 이다. 프로젝트와 관련한 Stakeholder가 참여하여 식별한다. PM을 포함한 몇몇 사람에 의한 위험식별은 잘못된 위험 관리를 유발할 가능성이 있다. 프로젝트 팀뿐만 아니라 고객이 함께 하는 것이 바람직하며, 필요할 경우 해당 업무 혹은 기술 분야의 전문가도 참여하는 것이 바람직하다

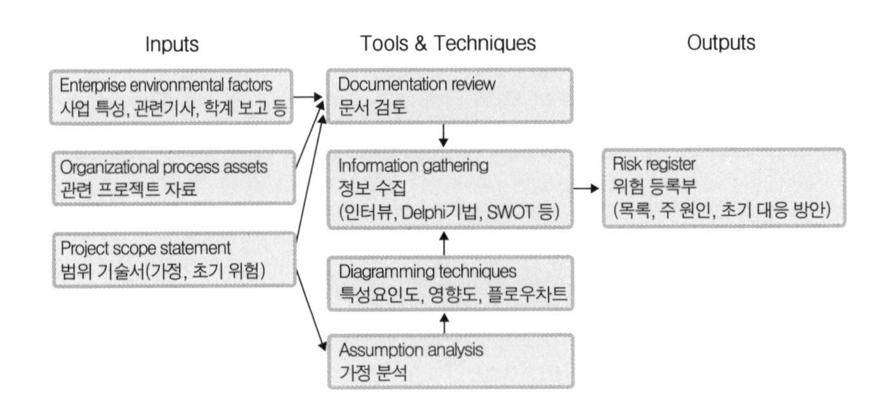

언제 식별할 것인가?

한마디로 말하면 위험 관리는 프로젝트 시작에서부터 끝날 때까지 수행하여야 한다. 그렇지만 계획 수립 단계의 위험 식별이 가장 중요하다. 빨리 식별할수록 적은 비용으로 위험을 줄일 수 있다.

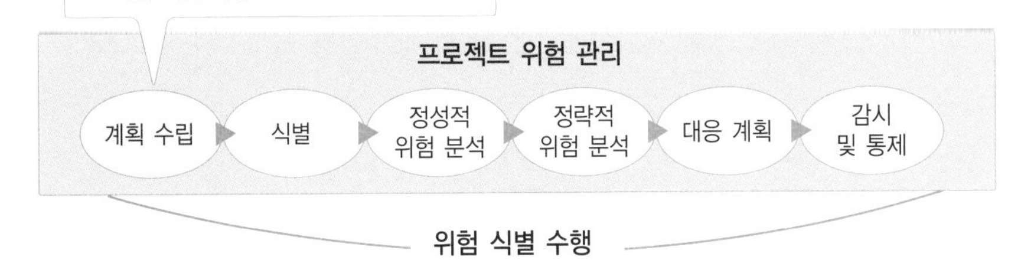

어떻게 식별할 것인가?

- Documentation review : 프로젝트 계획서, 각종 가정들, 이전 유사 프로젝트 기록들에 대한 검토는 프로젝트 팀원이 위험 식별을 위하여 취하는 첫번째 활동이 된다.
- 전문가 인터뷰 : 해당 분야 전문가의 지식과 경험들을 통해 프로젝트에 잠재된 위험을 찾아내는 방법이다. 이전 경험이나 전문지식이 없는 프로젝트이거나 수행환경이 복잡한 경우에 유용하다. 하지만 전문가 선정에 신중을 기해야 하며 효과적인 인터뷰를 위한 철저한 사전준비와 검증절차가 필요하다.
- 브레인스토밍(Brainstorming) : 위험 식별 참가자들이 자유롭고 창의적으로 생각할 수 있는 환경에서 다양한 아이디어를 제안하는 활동이다. 참가자들이 다른 참가자들에게 비판이나 부정적인 의견을 내놓지 않도록 하는 것이 중요하다.
- Delphi technique : 델파이 기법은 전문가에 의하여 이루어지며, 익명으로 참여하는 방법으로(조정자가 우편이나 메일로 접수를 받아 의견 제시자 이름을 밝히지 않음) 위험을 식별한다.
- 반복적인 토의를 통하여 consensus를 도출 : 1차 의견 정리 후 배포 후 2차 의견을 정리한다.
- Checklists : 각 회사에서 활용하는 위험 식별 체크리스트 혹은 각종 책자에서 발표되는 체크리스트를 활용하여 위험을 식별하는 방법이다.
- Assumptions analysis : 프로젝트 계획 수립 시 수립한 여러 가지 가정은 그 가정대로 되지 않을 경우 위험 요소가 된다.

• Risk Categories : 위험의 유형을 미리 분류하여 체계적으로 위험을 관리하도록 한다.

N . O . T . E

Consensus

사회 구성원의 일반적인 합의를 뜻한다. 단순한 합의와 달리 압도적인 다수가 요구되며, 크게 세 가지 유형이 있다.

1. 자발적 콘센서스(Spontaneous Consensus)는 전통 사회의 경우처럼 변화가 생겼을 때 새로운 환경에 필요한 생활 방식을 점진적으로 채택하거나 사고를 하나로 집약시키는 것이다.
2. 도출적 콘센서스(Emergent Consensus)는 자유롭게 모든 관점을 검토한 뒤 의견을 모으는 것이다.
3. 조작적 콘센서스(Manipulated Consensus)는 정교한 커뮤니케이션 기술과 공개적 의사 개진이 가능한 사회 질서를 요구하는 것으로, 현대 사회에 나타난 현상이다.

N . O . T . E

• Checklists : 체크리스트는 mutually exclusive(중복이 없어야)하고 exhaustive(빠짐이 없어야)하여야 한다. 또한 조직에서 자주 발생하는 위험 요소를 분석하여 체크리스트화 하여 활용하는 것이 바람직하다.

어떻게 작성할 것인가?

- 위험이 발생할 조건, 사건, 주변상황, 발생장소 및 시기등에 대해 구체적이고 자세하게 작성해야 한다. 위험 사건에 대한 정의가 구체적이지 못하면 위험에 대한 인식의 차이가 발생하게 되고 대응방법 또한 불명확해진다.
- 위험이 발생할 확률과 영향력을 예측하여 작성한다. 발생확률과 영향력에 대한 예측치가 없다면 위험에 대한 분석과 대응계획을 수립할 수 없다.
- 위험 사건이 문제가 되었을 경우 영향(범위, 일정, 예산, 품질등)에 대한 정보가 포함되어야 한다.

PMBOK에서 제시하는 위험 유형의 예

- 기술/성능상의 위험
- 프로젝트 관리상의 위험(계획 및 통제)
- 조직과 관련된 위험(정책, 우선 순위, 자원 배분 등)
- 외부 위험(정부의 정책 변경 등)

정성적 위험 분석

- 전문가의 판단에 의한 방법
- 조직의 리스크 방침을 반영하여 리스크를 등급화

3) 정성적 위험 분석 : 프로젝트의 목표에 영향을 미치는 위험 요인의 우선 순위을 정하기 위하여 각 위험 및 상황에 대하여 질적 분석을 수행하는 프로세스

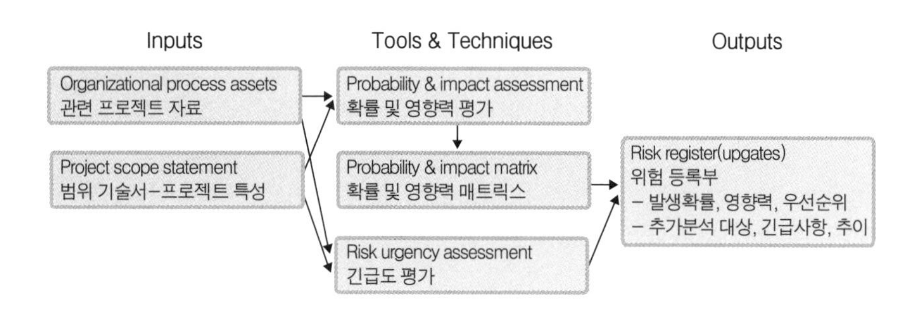

위험 노출도(Risk Exposure)

한정된 자원으로 프로젝트를 수행하는 경우 중요한 것은 위험들의 우선 순위를 결정하는 것이다. 어떠한 위험에 대하여 높은 우선 순위를 부여하여야 할 것인가의 문제는 어떤 위험부터 대응하여야 할 것인가의 문제와 동일하게 생각할 수 있다. 위험의 우선 순위를 결정하는 데 있어 중요한 개념이 위험 노출도(Risk Exposure)이다. 위험 노출도는 다음의 두 가지 항목에 의하여 결정된다.

- 발생가능성(Likelihood, Probability) : 해당 위험 요소가 실제로 발생할 가능성
- 영향력(Impact, Consequence) : 해당 위험 요소가 발생하였을 경우 프로젝트의 성공에 미치는 부정적인 영향력

발생가능성 \ 영향력	1	2	3	4	5
5	2	3	6	9	12
4	2	3	5	8	11
3	1	2	4	7	10
2	1	2	3	5	8
1	1	1	2	3	5

위험 노출도는 사전 정의된 확률 및 영향력 매트릭스로부터 값을 구하고, 위험들의 노출도에 따라 우선 순위를 정하게 된다. 확률 및 영향력 매트릭스는 위험에 대응하는 조직의 태도, 즉 영향력이 큰 위험이나 작은 위험이나 규모에 맞게 관리할 것인지, 아니면 영향력이 큰 위험은 발생 가능성이 낮더라도 높은 노출도를 갖도록(즉, 우선순위가 높도록) 하고 영향력이 작은 위험은 발생 가능성이 높더라도 낮은 노출도를 갖도록 할 것인지 등을 표현하게 된다. 따라서 조직 차원의 위험 관리 방법론이 존재한다면, 그 확률 및 영향력 매트릭스를 사용하는 것이 조직의 의견을 반영하는 방법이다. 발생가능성과 영향력의 평가수치는 반드시 프로젝트 계획서에 설정되어 프로젝트 스폰서에게 승인을 받아야 한다.

- Interviewing : 위험의 정성적인 분석과 마찬가지로 전문가들의 의견을 모아서 위험의 발생 가능성과 영향력을 계량화하는 방법이다.

N . O . T . E

확률 및 영향력 매트릭스
(probability and impact matrix)

위험 발생 가능성과 영향력에 따라 노출도를 결정하기 위한 표. 노출도의 계산은 (발생가능성)*(영향력)으로 할 수도 있으며, 조직의 특정한 공식을 사용할 수도 있다.

N . O . T . E

- Overall risk ranking for the project : 조직에서 진행중인 프로젝트들과 비교한 해당 프로젝트의 위험 순위를 말한다.
- List of prioritized risks 식별된 위험의 그룹을 의미한다. 위험 노출도의 심각성에 따라, 혹은 WBS의 내용에 따라, 대응 시기에 따라 위험을 분류할 수 있다.

정량적 위험 분석

- 정성적으로 분석된 리스크 중 필요한 경우에 수행
- 대표적인 방법으로는 민감도 분석, 의사결정나무, 시뮬레이션 법이 있음

4) 정량적 위험 분석 : 위험의 확률과 결과를 측정하고, 프로젝트의 목표에 미치는 영향을 평가하는 프로세스

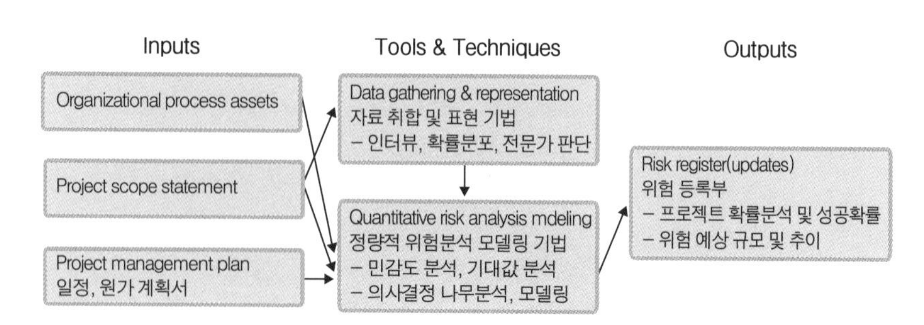

정량적 위험분석에서는 위험대응 계획을 세우기 위해 위험의 규모, 영향력 등을 평가하게 된다. 위험을 모니터링하고 대응을 위한 의사결정을 위해서는 위험의 불확실성을 수량적 방법을 이용하여 측정하여야 한다. 이를 위해 EMV(Expected Monetary Value), 수익성 지표 분석, PERT(Program Evaluation Review Technique), 주요경로(Critical Path) 분석, 몬테 칼로 시뮬레이션(Monte Carlo simulation), 의사결정 나무 분석(Decision tree analysis)등과 같은 기법을 사용한다.

Decision tree analysis 계산 방법

(투자금) + (기대 수익) × (기대 수익의 발생 확률)

- **의사결정 나무 분석(Decision tree analysis)** : 불확실한 상황에서 각 대안들의 상호작용을 나타내어 최적의 의사 결정을 도출하기 위한 방법이다. 각각의 의사 결정에 따라 불확실한 여러 가지 경우가 발생하며 그 때의 기대값을 계산하여 최적의 의사 결정을 선택한다. 이를 토대로 각 결과에 대한 EMV를 계산할 수 있다.

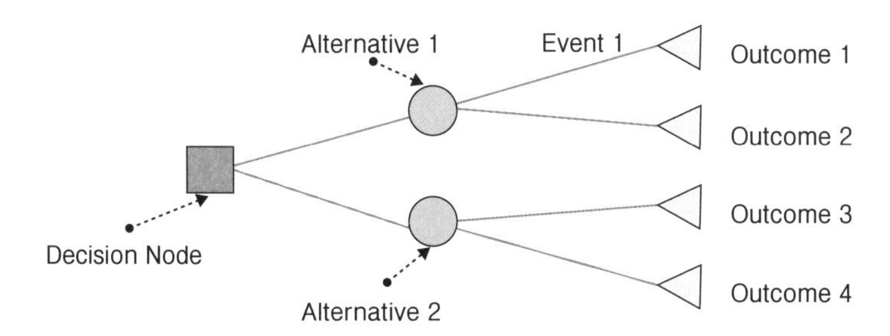

- 의사결정 노드 : 의사결정 트리의 왼쪽의 박스를 의사결정 노드라고 하며, 이는 하나의 선택을 나타낸다.
- 대안 : Alternative 연결경로는 의사결정을 위해 선택할 수 있는 대안을 나타낸다. 만일 두 개 이상의 대안이 선택 가능하다면, 필요한 만큼 가지를 추가시키면 된다. 물론 각 경로들을 모두 더하면 선택 가능한 대안들을 100% 나타낼 수 있어야만 한다. 그리고 각 대안의 선택에 따른 비용은 가지 위에 적는다.
- 사건 : 원과 연결된 경로는 가지(Branch), 사건(Event) 혹은 (Scenario)를 나타내며, 이를 통해 각각의 선택에 따른 최종 결과에 도달할 수 있다.
- 결과 : 가능한 경로 혹은 대안들의 최종 결과를 나타낸다. 결과에는 각 시나리오에 따른 사건의 발생확률(%)과 파급효과(%)가 포함된다.
- 효용이론(Utility Theory) : 의사결정시 자신에게 유익한 것이 최대로 되는 것이나 해가 되는 것이 최소로 되는 것을 일반적으로 선택한다는 이론으로 위험 정도에 대한 의사 결정권자의 대응 정도를 나타낸 이론이다. 의사결정시 각각의 사건에 대한 확률과 영향력에 대한 결과와 의사결정권자의 효용선택이 더해져서 의사결정이 일어나게 된다.

• **기대화폐가치 EMV(Expected Monetary Value)** : 발생확률과 이로 인한 파급효과를 혼합하여 위험이나 위험 노출도를 전체적인 시각에서 바라 볼 수 있도록 한다. 주로 위험으로 인해 프로젝트의 원가에 미치는 영향을 추정하기 위해 사용하며 EMV를 통해 프로젝트를 통해 기대할 수 있는 가치를 측정할 수 있다.
- 기대화폐가치(EMV) = 발생확률(Probability) × 파급효과 (Impact)

N . O . T . E

Utility Theory

불확실한 상황에서의 판단은 결과에 대한 효용의 기대치에 입각하여 이루어진다는 이론으로, 기대 효용 가설이라고 한다. 1730년 스위스의 물리학자 베르누이는 사람은 화폐에 대해 한계 효용이 감소하는 효용 함수를 갖고 있으며, 이득의 기대치가 무한대인 도박이라도 실제로는 그 도박에 참가하는 사람이 없다는 '상트페테르 부르크의 역설'을 발표하였다. 1950년 들어 이 가설은 공리 체계로 발전되었고, 그 후 게임 이론과 밀접하게 연관되어 발전하였다. Utility Theory가 전제하고 있는 인간관은 이기주의에 기초하고 있으며, 인간은 타인에 대해서 적대적인 관념을 갖는다고 본다. 또한 인간의 모든 동기는 쾌락을 달성하고 고통을 회피하려는 욕구에 있다고 가정하였다.

N . O . T . E

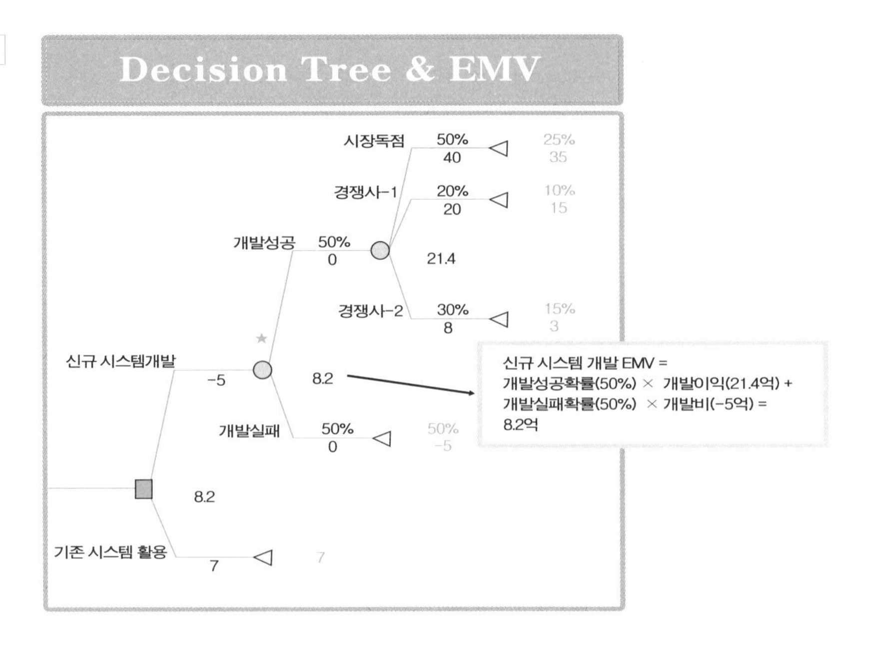

몬테칼로(Monte Carlo) 시뮬레이션이 필요한 경우

- 위험요인의 수가 많아 모든 경우를 분석하기 어려운 경우
- 위험들이 각각의 확률분포를 갖고 있는 경우
- 결과치의 확률분포를 알고자 하는 경우
- 프로젝트의 예산, 일정 내에 프로젝트가 마무리될 확률(=성공확률)을 계산하려는 경우

• **몬테칼로 시뮬레이션** : 컴퓨터상에서 난수표를 생성하여 모의 프로젝트 복수 개를 수행하고, 그 때의 결과에(주로 원가 및 일정) 기초하여 원가 및 일정의 확률 분포를 결정하는 방법이다.

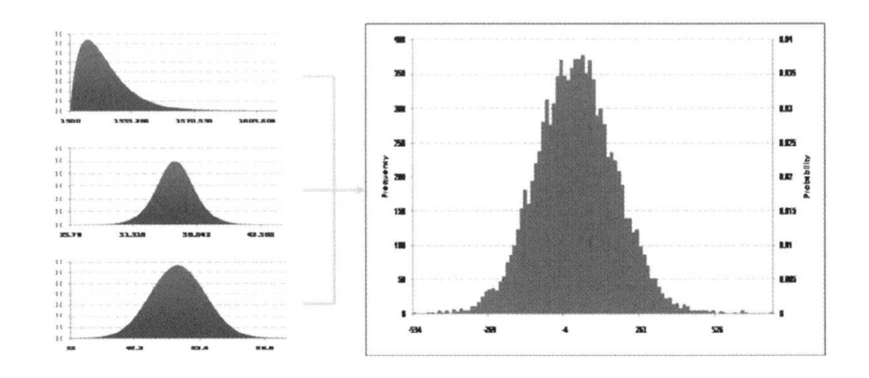

일정이나 원가등의 프로젝트 작업에 영향을 미치는 각각의 위험사건의 확률과 영향력을 수만번 모의실행하고 그에 따른 확률 분포로 위험을 분석한다.

- 주요 경로(Critical Path) 분석 : 프로젝트 종료일에 영향을 끼치는 작업 경로는 프로젝트 수행 중 변경될 수 있는 가능성이 높다. 각각의 작업에 대한 수행일의 확률을 몬테카를로 시뮬레이션을 이용하여 분석하고 주요 경로에 포함될 가능성이 높은 작업을 선별해야 한다.

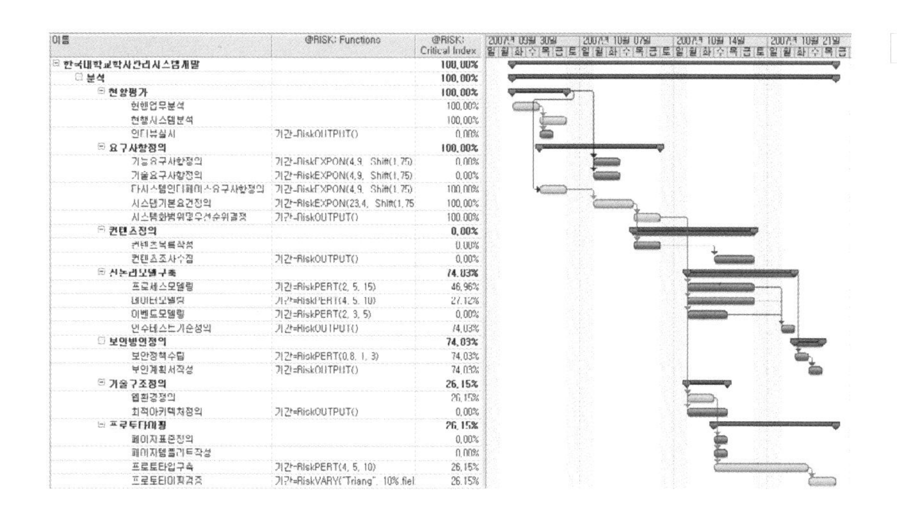

N . O . T . E

- Sensitivity analysis : 민감도 분석이라고도 하는 이 방법은 다른 위험들은 고정시킨 상태에서 임의의 한 위험을 한 단위 변동시켰을 때 프로젝트에 미치는 영향력이 어떻게 변동하는가를 분석하는 방법이다.

Torrado Diagram

민감도 분석의 결과를 나타내는 Tool. 위험들이 고정된 상태를 기준점으로 하고, 각 위험의 변경에 따른 결과의 변화를 가로방향으로 나타내되, 영향력 변동이 큰 것부터 위에서 아래로 배치하는 도표

- Triggers : 위험이 발생할 것이라는 간접적인 지표로 Warning Signal의 의미이다. 예를 들어, CPI가 0.8 이하로 낮아지면 어딘가 위험 요소가 있다고 미리 가정하는 것이다.

5) 위험 대응 계획 : 기회를 증진시키고 프로젝트의 목표에 대한 위협을 감소시키기 위한 절차 및 기법을 개발하는 프로세스

위험에 대한 대응 계획을 수립한다는 것은 위험을 줄이는 계획을 수립한다는 것이다. 구체적으로는 위험의 발생 가능성을 줄이는 방안과 위험이 발생하였을 때의 영향력을 줄이는 방안을 생각할 수 있다.
위험 대응 계획 수립은 무엇을, 누가, 언제, 어떻게 한다는 구체적인 계획

N . O . T . E

을 포함하여야 한다. 물론 프로젝트의 상황, 위험 노출도, 비용 대비 효과성 등을 고려하여 위험 대응 계획을 수립하여야 할 것이다.

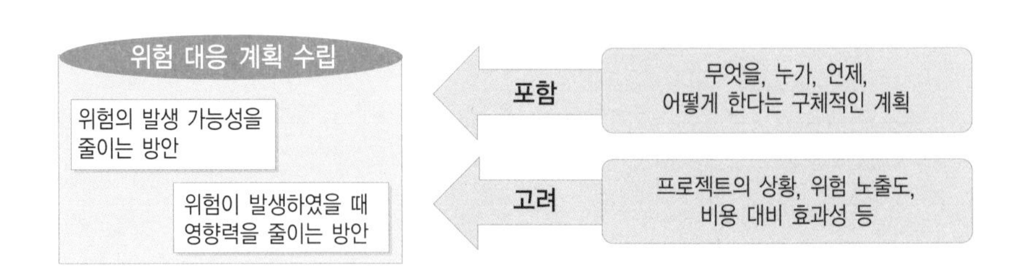

위험은 부정적인 위험인 위협과 긍정적인 위험인 기회로 나누어지며, 위험의 대응도 위협에 대응하는 회피, 전달, 축소, 수용과 기회에 대응하는 활용, 공유, 증대, 수용이 있다. 각각에 대한 자세한 내용은 다음과 같다.

위험 회피와 위험 대응

불확실한 상황하에 문제 발생을 주시하다가 발생시 문제를 피하는 것은 위험 회피가 아니다. 위험 회피란 불확실한 상황 자체를 없애거나, 불확실한 상황의 영향력이 프로젝트에 미치지 않도록 하는 것이다.

위험 전달과 위험 축소

프로젝트에서 자체 해결하기 어려운 문제를 제 3자인 외부업체에 의뢰하는 것은 위험 전달이 아니다.
위험 전달은 위험이 프로젝트에 미치는 영향을 제 3자에게 보내는 것이다. 프로젝트에서 외부업체에게 외주를 맡기는 이유는 결과를 더욱 확실히 얻기 위함이지 책임을 회피하려는 것은 아니기 때문에 외주는 위험 축소이지 전달은 아니다.

1) 위협 대응 방법

- 회피(Avoid) : 심각한 위험의 경우 발생 가능성을 원천적으로 제거하는 방법을 의미하며, 주로 계획 변경을 통하여 이루어진다.
- 전달(Transfer) : 위험 조치에 대한 책임을 제3자에게 넘기는 것으로, 위험 자체를 넘기는 것이 아님에 유의하여야 한다. 위험 조치에 대한 책임을 넘기는 대신 이에 상응하는 risk premium을 지불하여야 한다. 주로 재무 위험에 대한 대책으로 적합하며, 보험이 대표적인 예가 된다.
- 축소(Mitigate) : 위험의 발생 가능성이나 영향력(혹은 둘 다)을 줄이는 방안이다.
- 수용(Acceptance) : 식별된 위험에 대한 분석 정보가 미흡하거나 아무런 예방 조치를 취하지 않는 경우를 의미한다. 적극적인 수용(Active acceptance)의 경우에는 contingency plan을 준비하고 수용하며, 소극적인 수용(Passive acceptance)의 경우에는 아무런 대책 없이 수용을 하는 것을 의미한다. 가장 일반적인 유형은 허용 가능한 위험의 수준(contingency allowance)을 사전에 정의하여 일정 수준 이하의 위험을 수용하는 것이다.

2) 기회 대응 방법

- 활용(Exploit) : 기회가 확실히 일어날 수 있도록 하여 불확실성을 제거하는 방법을 의미하며, 위협에 대한 대응인 회피에 대비되는 개념이다.
- 공유(Share) : 기회를 가장 잘 포착할 수 있는 제 3자에게 이익을 위임하

는 것이다.

- 증대(Enhance) : 긍정적인 위험의 발생 가능성이나 영향력을 증가시키는 방안이다. 기회의 원인을 강화시키거나, 기회에 대한 프로젝트의 민감도를 증가시킨다.
- 수용(Acceptance) : 긍정적인 위험을 잘 관리하면 프로젝트에 긍정적인 영향을 최대화할 수 있으나, 많은 경우 긍정적인 위험에 대해서는 추가 자원을 투입하지 않고 수용을 하게 된다.

위험 대응 계획 수립 시 유의 사항은 다음과 같다.

위험은 제거하는 것이 아니다

위험은 제거하는 것이 아니라 일정 수준 이하로 줄이는 것이다. 물론 경우에 따라 매우 심각한 위험의 경우에는 제거할 위험도 있지만 대부분의 위험은 일정 수준 이하로 줄이는 것이 목표다.

모든 위험에 대하여 대응하는 것이 아니다

프로젝트에서 식별된 모든 위험에 대하여 대응하는 것은 거의 불가능하다. 경우에 따라 일정 수준 이하의 위험은 그대로 수용할 수 있다.

위험은 상호 연계되어 있다

프로젝트 대부분의 위험은 상호 연계되어 프로젝트에 영향을 미친다. 따라서 개별 위험을 분리하여 관리할 것이 아니라, 프로젝트 전체의 입장에서 종합한 위험 대응 계획을 수립하여야 한다.

위험은 변해간다

위험은 살아 있는 유기체와 같아서 프로젝트 진행 도중 지속적으로 변해간다. 프로젝트 내부 상황의 변화로 인하여 변경될 수도 있고, 외부 상황의 변경으로 인하여 변해갈 수도 있다.

- Residual Risk : 위험은 제거가 목표로 하는 것이 아니므로, 대응 계획 수립 이후에도 줄여지지 않을 위험의 수준이 있다.
- Secondary Risks : 위험 대응 계획 이행으로 인하여 발생하는 이차적 위험을 의미한다. 예를 들어 공정 지연의 위험에 대응하기 위하여 Fast Tracking을 사용한 경우 재작업의 위험을 포함하는 경우이다.

N . O . T . E

잔여 위험(Regidual Risk)

부정적인 위험에 대해 축소시키고 남은 나머지를 잔여위험이라 한다. 위험 축소시에는 비용대비 효과적인 위험 대응을 위해 수용 가능한 정도까지만 위험을 축소시키게 되고 축소되고 남은 위험이 잔여위험이 된다.

N . O . T . E

- Contractual Agreements : 보험과 같이 계약으로 위험에 대한 대응을 할 수 있다.
- Contingency Reserve Amounts Needed : 위험의 정성적 분석에서 제시되는 확률 분석에 의한 프로젝트의 예상 납기, 신뢰 구간으로 제시된 원가, 위험 허용 수준을 비교하여 프로젝트 위험을 관리하기 위한 buffer를 결정하여야 한다.
- Inputs to Other Processes : 대부분의 경우 식별된 위험에 대응하기 위해서는 추이 예산이나 시간을 필요로 하게 된다. 따라서 이러한 활동들이 다른 프로세스에 통합되어 프로젝트 계획에 반영되어야 위험 대응이 효과적으로 이행할 수 있다.

PMBOK에서 제시하는 위험 감시 및 통제 프로세스의 목적

- 신규위험 식별, 분석, 계획
- 기존의 주요 위험 및 기타 위험 추적
- 기존 위험의 재분석
- 비상계획 실행조건 확인
- 잔여 위험 감시
- 위험 대응계획 검토 및 효과성 평가

그외에는

- 가정의 유효 여부 확인
- 추이분석을 통한 우선순위 변경 판단
- 위험관리 프로세스 준수 여부
- 비상 예산 및 일정 재분석

6) 위험 감시 및 통제 : 프로젝트의 생애 주기에 걸쳐 잔존 위험 사항을 감시하고, 새로운 위험을 식별하며, 위험 감소 계획을 실행하고 이러한 각각의 조치에 대한 효과를 평가하는 프로세스

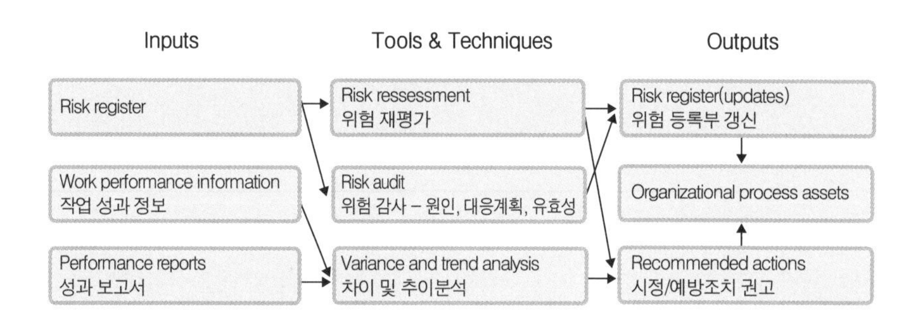

위험 감시 및 통제 프로세스는 계획단계에서 작성한 위험관리계획서에 의해 프로젝트 생명 주기 전체에 걸쳐 위험을 감시하고 각각의 위험 대응 방안을 실행 및 추적해야 한다. 이 단계에서는 프로젝트 초기 단계인 계획단계에서 행한 위험식별, 정성적 위험 분석, 정량적 위험 분석, 위험 대응 계획의 산출물을 이용하여 프로젝트 전체 과정 전체를 통해 위험을 감시하고 통제하는 활동을 수행한다. 이런 활동을 위해 프로젝트 팀은 위험을 감시하고 식별된 위험에 대해 비상계획(Contingency Plan)을 수행할 수 있도록 훈련되어 있어야만 한다. 또한 프로젝트 관리자는 위험관리 책임자를 지정하여 권한을 위임하거나 직접 위험관리 프로세스를 감독해야 한다. 그를 위해 아래와 같은 사항을 준수 해야 한다.

N . O . T . E

- 위험 체크리스트를 이용하여 위험의 진행 사항을 면밀히 감독한다.
- 위험이 Triggering Point에 도달하는지 정기적으로 모니터링 한다.
- 위험이 요행이 발생할 경우 적시에 위험 대응 방안을 실행한다.
- 위험 대응방안의 효과성을 철저히 평가한다.
- 필요하다면, 추가적인 대응 방안을 강구한다.
- 지속적으로 감독하고 추적한다

Summary

POINT 1 위험 관리

- 위험 관리(Project Risk Management)란 프로젝트에 긍정적 혹은 부정적 영향을 미치는 위험 요인을 식별 및 분석하여 이에 대한 대응 방안을 수립하는 활동을 말한다.

POINT2 위험 관리 프로세스

- 위험 관리 계획은 위험 관리 프로세스를 프로젝트에서 어떻게 수행할 것인가를 계획하는 것이다. 즉, 위험의 식별, 정성/정량적 분석, 대응 계획 수립, 모니터링과 통제를 어떻게 수행할 것인가를 구체적으로 정의하게 된다.
- 위험 식별에는 프로젝트와 관련한 Stakeholder가 참여하여 식별한다. 그러나 PM을 포함한 몇몇 사람에 의한 위험 식별은 잘못된 위험 관리를 유발할 가능성이 있다. 프로젝트 팀뿐만 아니라 고객이 함께 하는 것이 바람직하며, 필요할 경우 해당 업무 혹은 기술 분야의 전문가도 참여하는 것이 바람직하다.
- 위험 관리는 프로젝트 시작에서부터 끝날 때까지 수행하여야 한다. 그렇지만 계획 수립 단계의 위험 식별이 가장 중요하다. 빨리 식별할수록 적은 비용으로 위험을 줄일 수 있다.
- 위험에 대한 대응 계획을 수립한다는 것은 위험을 줄이는 계획을 수립한다는 것으로, 구체적으로는 위험의 발생가능성을 줄이는 방안과 위험이 발생하였을 때의 영향력을 줄이는 방안을 생각 할 수 있다.
- 위험 대응 계획 수립은 무엇을, 누가, 언제, 어떻게 한다는 구체적인 계획을 포함하여야 한다. 물론 프로젝트의 상황, 위험 노출도, 비용 대비 효과성 등을 고려하여 위험 대응 계획을 수립하여야 할 것이다.

Key Word

- 위험 관리
- 델파이 기법
- Interviewing, Sensitivity analysis, Decision tree analysis, Simulation, Utility Theory
- 제거(Avoidance), 전달(Transference), 축소(Mitigation), 수용(Acceptance)

Case Study 1

다음에 제시된 프로젝트의 예에서 각 위험 항목의 발생 확률과 영향력을 기준과 같이 분석하고, 확률 및 영향력 매트릭스에 따라 우선순위를 설정하시오.

〈확률 및 영향력 기준〉

구분	1	2	3	4	5	6
발생확률	희박함	낮음	다소 낮음	다소 높음	높음	거의 확실
영향력	거의 없음	미미함	작음	큼	상당함	심각함

〈확률 및 영향력 매트릭스〉

6	2	6	10	15	20	26
5	2	5	9	14	18	23
4	2	5	8	12	16	21
3	1	4	7	11	14	18
2	1	3	6	9	12	15
1	1	2	4	6	8	10
확률 / 영향력	1	2	3	4	5	6

1. CEO가 교체되면서 CEO와 같은 라인인 프로젝트 스폰서도 함께 교체될 것이라는 소문이 돌고 있다.

2. 신규 하드웨어와 소프트웨어는 비교적 잘 작동 중에 있으며, 신규 시스템을 수용할 만한 충분한 사양이 된다. 3개월 후에 OS시스템의 업그레이드가 있을 예정인데 이것이 좀더 나은 퍼포먼스를 보일 것으로 예상된다.

3. Billing 부서장이 최근 업무적으로 많은 스트레스를 받아 건강 상태가 좋지 못하다, 또한 이 부서의 이직, 전출 비율이 다른 부서에 비해 상대적으로 높다.

4. IT부서원들은 현재 존재하는 Billing 시스템이 비교적 잘 작동 중이며 관련 문서들의 상태도 좋다는 것을 안다. 그들은 이전 데이터의 신규 데이터로의 전환이 무리 없이 진행될 것이라고 생각하는데, 최근에 인수한 몇몇 회사의 시스템 설계에 문제가 있다고 본다.

5. 프로젝트 내부에 투입된 프로그래머와 분석 설계자의 역량이 비교적 떨어진다.

6. SW Financial은 다른 금융 기관들과 함께 전자 지불 중계 시스템을 구축하였으나 아직까지 Web상에서 지불을 허용한 경험이 없다.

다음에 제시된 프로젝트의 예에서 각 위험 항목에 대한 대응방안을 작성하시오.

1. 메인 시안 결정

홈페이지 제작을 위해 디자인 시안을 확정하려 하니 고객사의 학예 담당관이 상당한 불만을 표시하였다. 당초 홈페이지 제작 부문은 정보시스템 구축부분의 일부분으로만 생각되어 디자이너 3명도 해당 업무에 1명만 배정된 상태이며, 메인 시안 작성기간을 1주일로 계획해 놓았으나 이미 1달을 경과하였고, 그간 작성했던 6건의 시안도 모두 승인을 받지 못하였다. PM은 홈페이지 오픈 예정일을 들어 빠른 확정을 요청하려 하나, 향후 주 사용자인 학예 담당관은 이대로는 진행이 어렵다고 하고 있다.

2. 협력업체의 원가부담

제안 단계에서 인프라 구축 중 방송영상 부문은 전문업체인 B사로부터 정보를 주고받아 작성된 부분이나, 계약협상 단계에서 고객사가 지역업체 가격 수준을 들어 예산을 삭감하자 B사가 사업 참여를 포기하면서 2주가 지연된 상태이다. 새로 섭외한 A사는 지역이 달라 출장경비 정산을 요구하였으나 추가 없이 진행하기로 합의하였다. 실제 장비를 설치하려고 하니 바닥 배선이 충분치 않았으나, 이미 해당부분 건축이 완료되어 계획 외로 천정 배관 및 배선을 추가하여야 할 상황이다. A사에서는 원가 부담을 들어 추가작업이 어렵다고 하고 있으나, 프로젝트팀에도 해당 부문의 예산 추가가 어려운 상태이다.

3. 지역 개발자 섭외 어려움

프로젝트 기간 중 작품관리 등 업무시스템 구축에서 개발단계에 예정된 기간은 3월말~5월말이었으나, 분석 및 설계단계의 지연으로 인해 4월초가 되어서야 개발이 가능하게 되었다. 그런데, 막상 개발을 진행하려 하니 a) 예산배정 및 지역 특성상 초급인력은 섭외가 가능하나 개발 방향을 잡을 고급인력, 기술적인 부분 및 세부 설계를 담당할 중급인력의 섭외가 어렵고, b) 지방 프로젝트 특성상 본사 주변의 우수 인력을 파견 받기가 어려워서 아직까지 설계단계는 마무리되어 가는데 개발인력이 없는 상태였다. 개발 일정을 10일 지연해 섭외된 중급 개발자 2명이 오늘 도착하였으나, 해당 분야 업무 경력도 적은데다가 마음도 잘 맞을 것 같지 않다. 그러나, 이 인력들을 돌려보내면 다음 후보는 누가 될 지, 언제 올 지는 불투명한 상태이다.

4. 벽걸이 TV

인프라 구축에는 중앙홀에 PDP TV 납품이 포함되어 있는데, 천정/벽면/스탠드형 중 고객측에서는 높은 벽면의 중앙 부착을 위해 벽면 부착을 요구하여 그대로 설치하기로 합의하였다. 해당업체 담당기사를 불러 설치를 하려 하니 시공법상 대리석 벽면에는 그대로 설치할 수 없고, 대리석을 제거하고 뒷 벽면에 파일을 설치해야 한다 하여 고객과 다시 협의해 부착 장소의 대리석 제거를 고객이 담당하기로 결정하였다. 그러나 실제 설치를 하려 하자, 건물 공사 업체 담당자가 벽면 중간을 제거하면 전체 붕괴 위험이 있어 어렵다는 입장을 밝혀왔다.

5. 컨소시엄간 업무분장

프로젝트 제안 시 3개사가 컨소시엄을 구성하였다. 초기 계획은 A사는 총괄 진행 및 인프라 구축을, B사는 정보시스템 구축을, C사는 컨텐츠 제작을 담당하기로 하였다. 업무 분석이 시작되면서, 인프라 구축에 포함된 소장품 관리는 정보시스템중의 작품 관리와 유사하다는 것과 C사가 컨텐츠 제작중 가상공간 전문업체라서 홈페이지 부문을 재하청할 예정이라는 것, 그리고 도난방지중 RFID 관련부분은 S/W 개발이 대부분임을 확인하였다. 따라서 업무 분야의 조정이 필요하나, 계약형태가 발주자와 제1컨소시엄사 간의 계약 후 하청 형태가 아니라 개별 직접계약 형태이므로, 내역 내지 비율 조정 가능여부는 불투명하다.

:: Template - 위험 관리 계획서

1. 위험 관리 목적

1-1. 위험 관리 목적

- 위험과 위험관리의 정의.
  조직/프로젝트/상황별로 위험에 대한 인식의 정도가 틀리므로 용어에 대한 정의를 하도록 한다.
- 위험 관리의 목적.
  해당 프로젝트에서 위험관리를 통해 달성하고자 하는 목표
- 달성 목표.
  프로젝트 스폰서, 프로젝트 관리자/팀이 위험관리 활동을 통해 얻을 수 있는 이득

1-2. 적용 범위

- 위험 관리 대상에 대한 범위 정의

2. 위험 관리 조직

2-1. 위험 관리 조직

- 조직도 및 승인 프로세스

2-2. 역할과 책임

- 역할과 책임

프로세스	역할					
	스폰서/발주자	부서장	프로젝트 관리자	품질 담당자	프로젝트 팀	위험 담당자
계획	C	C	R,A	S	S	
식별	C	C	R	S	S	
정성 분석			R	S	S	
정량 분석			R	S	S	
대응 계획	C	C	R,A	S	S	R
모니터링 및 분석			R	S	S	R

*R : 책임, S : 조력, A : 승인, C : 합의

3. 위험 관리 프로세스

3-1. 위험 관리 프로세스 체계

- 전체프로세스와 작업흐름도
  - 전체 프로젝트 계획의 프로세스에서의 위험관리 프로세스 흐름도
  - 위험관리 프로세스 흐름도
  - 위험관리 작업별 흐름도

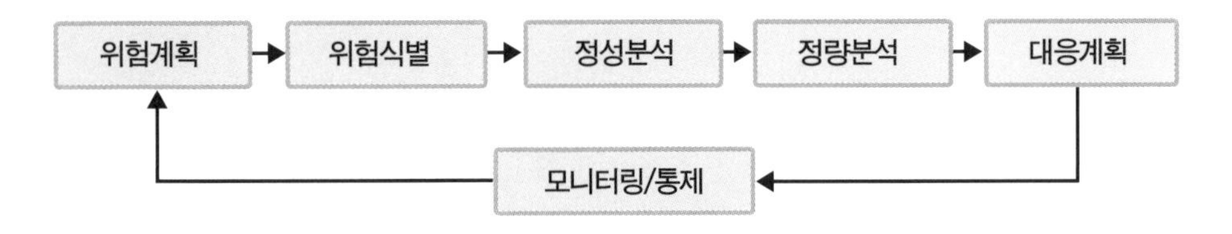

3-2. 위험 식별

- 위험 식별 방법, 위험 분류 체계
- 위험 기술서 양식 및 샘플
- 위험 리스트 양식 및 샘플

3-3. 정성적 위험 분석

- 확률/영향력 평가표 작성법

발생확률 순위 평가표		
순위		발생확률
5	매우높음(Very High)	70~99%
4	높음(High)	50~69%
3	보통(Moderate)	30~49%
2	낮음(Low)	10~29%
1	매우낮음(Very Low)	1~9%

영향력 순위 평가표			
순위		대상	비고
5	매우높음 (Very High)	범위	프로젝트 목표에 부합하지 않는 범위증가
		원가	프로젝트 예산의 16%이상 초과
		일정	납기 예정일 16일상 초과
		품질	품질 인수조건 16%이상 초과

영향력 순위 평가표			
순위		대상	비고
4	높음 (High)	범위	WBS 변경으로 인한 프로젝트 예산의 10%이상 초과
		원가	프로젝트 예산의 11%~15% 초과
		일정	납기 예정일 1 ~15일 초과
		품질	품질 인수조건 11%~15% 초과
3	보통 (Moderate)	범위	WBS 변경으로 인한 프로젝트 예산의 5%이상 초과
		원가	프로젝트 예산의 5%~10% 초과
		일정	해당 활동 예상일 15일 이상 초과
		품질	품질 인수조건 5%~10% 초과
2	낮음 (Low)	범위	WBS 변경으로 인한 프로젝트 예산의 5%미만 초과
		원가	프로젝트 예산의 5%미만 초과
		일정	해당 활동 예상일 5~15일 초과
		품질	품질 인수조건 5%미만 초과
1	매우낮음 (Very Low)	범위	프로젝트 범위의 미미한 증가(1%이내)
		원가	프로젝트 예산의 미미한 증가(1%이내)
		일정	해당 활동 예상일 1~5일 초과
		품질	품질 인수조건의 미미한 초과(1%이내)

- 위험 노출도, 위험 우선 순위표

3-4. 정량적 위험 분석

- 정량적 위험분석 방법 및 Tool
- 확률 및 영향력 분석표(시뮬레이션 결과, Triggers)

3-5. 위험 대응 계획

- 위험 대응 전략
- 위험 대응 매트릭스

3-6. 위험 모니터링 및 통제 활동

- 위험 모니터링 체계 및 시기
- 위험 재평가 프로세스
- 위험 모니터링 및 대응조치 결과서

4. 교육 계획

- 위험 관리 담당자는 위험관리 프로세스와 활동, 산출물에 대한 교육을 실시한다.
- 과정, 대상, 내용, 시기

:: Template - 위험 대응 계획서

<table>
<tr><td colspan="2">위험 처리 계획표</td></tr>
<tr><td>위험 요소 ID :</td><td>책임자 :</td></tr>
<tr><td colspan="2">위험 요소</td></tr>
<tr><td colspan="2">해결 목표와 제한 조건</td></tr>
<tr><td colspan="2">해결 방안을 위한 추가 정보(ex : 주 원인)</td></tr>
<tr><td colspan="2">관련 위험 요소들</td></tr>
<tr><td colspan="2">해결 방안 / 조치
1.
2.
3.</td></tr>
<tr><td colspan="2">관련된 계획</td></tr>
<tr><td colspan="2">해결 방안 평가 항목
1.
2.
3.</td></tr>
<tr><td colspan="2">선택된 해결 방안 / 조치 대책 성공 측정 방안</td></tr>
<tr><td colspan="2">해결 방안 실패시 대체 방안</td></tr>
</table>

:: Template – 위험 보고서

<table>
<tr><th colspan="8">위험 보고서</th></tr>
<tr><td colspan="2">프로젝트명</td><td colspan="2"></td><td colspan="2">위험 ID</td><td colspan="2"></td></tr>
<tr><td colspan="2">모듈명</td><td colspan="2"></td><td colspan="2">등록일</td><td colspan="2"></td></tr>
<tr><td colspan="2">식별자</td><td colspan="2"></td><td colspan="2">담당자</td><td colspan="2"></td></tr>
<tr><td colspan="2">위험명</td><td colspan="6"></td></tr>
<tr><td colspan="8">위험 내용</td></tr>
<tr><td colspan="8"></td></tr>
<tr><td colspan="8">위험 분석</td></tr>
<tr><td colspan="2">위험유형</td><td colspan="2"></td><td colspan="2">위험금액</td><td colspan="2"></td></tr>
<tr><td colspan="2">발생원인</td><td colspan="2"></td><td colspan="2">위험레벨</td><td colspan="2"></td></tr>
<tr><td colspan="2">위험식별단계</td><td colspan="6"></td></tr>
<tr><td colspan="8">영향력 분석 이력</td></tr>
<tr><td>일자</td><td>구분</td><td colspan="3">내용</td><td>발생가능성
0.1~0.9</td><td>영향력
1~5</td><td>노출도</td></tr>
<tr><td rowspan="4"></td><td>범위</td><td colspan="3"></td><td rowspan="4"></td><td rowspan="4"></td><td rowspan="4"></td></tr>
<tr><td>원가</td><td colspan="3"></td></tr>
<tr><td>일정</td><td colspan="3"></td></tr>
<tr><td>품질</td><td colspan="3"></td></tr>
</table>

<table>
<tr><th colspan="7">위험 대응</th></tr>
<tr><td rowspan="2">No</td><td colspan="3">대응 계획</td><td colspan="3">수행결과</td></tr>
<tr><td>내용</td><td>담당자</td><td>목표일</td><td>내용</td><td>담당자</td><td>목표일</td></tr>
<tr><td></td><td></td><td></td><td></td><td></td><td></td><td></td></tr>
<tr><td></td><td></td><td></td><td></td><td></td><td></td><td></td></tr>
<tr><td></td><td></td><td></td><td></td><td></td><td></td><td></td></tr>
<tr><td></td><td></td><td></td><td></td><td></td><td></td><td></td></tr>
<tr><td></td><td></td><td></td><td></td><td></td><td></td><td></td></tr>
</table>

:: Template – 위험 인식 체크리스트

Project Name		Project ID#:	
Project Manager		Date	

Project Integration Management	Yes	No	N/A	Comments
1. Roles and responsibilities for project stakeholders are clear				
2. Management is committed to project success				
3. Sponsor actively monitors project progress				
4. Customer is committed to project success				
5. Supporting organizations are committed to project success				
6. Documented processes are readily available				
7. Change management processes are documented andutilized				
8. Change management processes are successful in managing scope creep				
9. Software configuration management processes are documented and utilized				
10. Problem resolution processes are documented andutilized				
11. Project management processes are documented and utilized				
12. Software development processes are documented and utilized				
13. Development facilities are adequate				
14. Development environment is adequate (e.g., hardware, software, tools)				
15. Organizational political issues will not impact the project				
16. Users are able to respond to change quickly				
17. Users are available for training				
18. Users are trained on the iterative software development methodology				

Project Scope Management	Yes	No	N/A	Comments
19. Project size is manageable				
20. Scope and requirements are clear and understandable				
21. Scope and requirements are stable				
22. Stakeholders agree with the scope and requirements				
23. Scope boundaries are explicit				

Project Time Management	Yes	No	N/A	Comments
24. Deadline is movable. No penalty or regulatorydeadline exists				
25. No competitive or marketing timeline exists				
26. Dependencies on tasks on other project plans do notimpact the schedule				
27. Schedule is not based on tight critical path tasks nor overlapping dependencies				
28. Schedule will not be impacted if the project assumptions are not met				
29. Contingency and reserve are included in the project schedule				
30. Reuse plan does not negatively impact the project schedule				
31. Resources are not likely to be overcommitted				
32. There is no deliberate underestimation of the project schedule and effort				

Project Cost Management	Yes	No	N/A	Comments
33. Project is sufficiently funded				
34. Effort estimates are accurate				
35. Hardware and software estimates are accurate				
36. Estimating models are updated regularly				
37. Productivity rates are accurate				
38. Pricing and licensing decisions have been made				
39. Cost will not be impacted if the project assumptions are not met				
40. Reuse plan does not negatively impact project cost				
41. Contingency and reserve are included in project cost				
42. Long and short-term costs are reflected in budget				

Project Quality Management	Yes	No	N/A	Comments
43. Quality standards and processes are in place				
44. Quality audits are planned				
45. Test team is experienced				
46. Adequate testing is planned (e.g., unit, system, regression, performance, acceptance)				
47. Development systems will be available when needed				
48. Development systems response time is adequate				
49. Test systems will be available when needed				
50. Test systems response time is adequate				
51. Network systems will be available when needed				

Project Quality Management	Yes	No	N/A	Comments
52. Network systems response time is adequate				
53. Recovery and backup plans are included in project plan				
54. Production service and support will be provided				

Project Human Resources Management	Yes	No	N/A	Comments
55. Staff acquisition and recruitment processes are effective				
56. Skilled resources are available				
57. Resource turnover rate is low				
58. Project team is experienced with the software language				
59. Project team is experienced with business industry knowledge				
60. Project team is experienced with the software development life cycle				
61. Project team is experienced with the product type				
62. Project team is experienced with the software developmenttools and techniques				
63. Project manager has received project management training				
64. Project manager has been given the authority along with the responsibility				
65. Project manager is experienced				
66. Project manager has managed a similar project.				
67. Project team members display cooperation and teamwork				
68. Morale of the team members is high				
69. The organization is able to respond to change quickly				
70. Adequate and high quality training for project team members is planned				
71. Training for project team members is available when needed				
72. Operational organizations will be staffed and ready for turnover.				

Project Communications Management	Yes	No	N/A	Comments
73. Development will occur from a single location				
74. Communications will be in a single language				
75. Communications plan is documented and utilized				
76. Status reporting within the project is adequate (i.e., content, distribution and frequency)				
77. Status reporting to the customer is adequate (i.e., content, distribution and frequency)				
78. Earned value analysis and reporting are planned				

Project Risk Management	Yes	No	N/A	Comments
79. Identified risks are quantified and prioritized				
80. Risk management processes are documented and utilized				

Project Procurement Management	Yes	No	N/A	Comments
81. Subcontractor selection was based on knowledge ofprevious performance				
82. Subcontractor is at least a CMM Level 3 organization				
83. Subcontractor administration plan is in place.				
84. The type of contract distributes business risks equally between the organization and the subcontractor				
85. The contract was inspected against and included the applicable items in PL208 Subcontract Inspection Checklist				

Technology Factors	Yes	No	N/A	Comments
86. Project is technically feasible				
87. Project will not use outdated or bleeding edge technology				
88. Project is not technically complex				
89. Implementation or deployment strategies have been used in the past				
90. Architectural, compatibility and migration decisions are made				
91. Project will use existing systems and interfaces				
92. Interfaced systems will not be impacted by ongoing maintenance and production changes				
93. Software and hardware are compatible				
94. Application will not be used internationally				
95. Business volumes are manageable				
96. Security decisions are made				

External Environmental Factors	Yes	No	N/A	Comments
97. Economic events outside the control of the project, such as inflation and unemployment rates, are not likely to impact the project				
98. Social events outside the control of the project, such as adecrease in the number of skilled software developers, are not likely to impact the project				
99. Political events outside the control of the project, such as government regulations and other legal issues, are not likely to impact the project				
100. Technological events outside the control of the project, such as rapidly changing third-party software, are not likely to impact the project				
101. Industry events outside the control of the project, such as mergers and acquisitions, are not likely to impact the project				
102. Market or competitor events are not likely to impact theproject				

Chapter 14 변경 관리

Project Management Situation

회의실에서 고객과 차PM이 이야기를 하고 있다.

고객A 구축 중인 공항시스템 일부 내용이 공항 내부 사정으로 바뀌어야 할 것 같습니다.
차 PM 무슨 말씀이십니까? 이미 설계가 끝나고 개발 중인 상태입니다.
고객A 예. 힘든 상황인 것은 알지만, 변경 사항을 꼭 반영해 주셔야 할 것 같습니다.
차 PM 안됩니다. 다시 설계부터 시작한다면 일정이 대폭 지연될 것입니다!
고객A 만일 요구대로 변경 사항이 반영되지 않는다면 시스템 검수는 어렵겠습니다.
차 PM 너무 일방적인 말씀이십니다. 만일 변경을 원하신다면 정식 보고 체계를 통해 저희에게 변경 요구 문서를 발송해 주십시오.
고객A 정식 보고 체계라면….
차 PM 고객사 내부 의사 결정을 의사 결정 책임자가 해주시고, 그 후 저희에게 보내주시면 저희가 내부적인 검토를 통해 결과를 알려드리겠습니다.

차PM과 팀원들이 고객 요청 변경 사항에 대해 회의를 하고 있다.
차 PM 오늘은 여러분이 고객이 요구한 변경 사항에 대한 영향력 검토 결과를 알려주세요.
김영호 변경 요구를 받아 해당 모듈의 설계부터 다시 한다면 10일 정도의 공정 지연이 예상됩니다.
차 PM 원가적인 측면은 어떤가요?
최민희 설계된 시스템으로는 용량에 문제가 있을 것 같습니다. 용량 문제를 대비하여 도입하기로 한 시스템보다 상위 기종이 필요하여 비용이 더 소요될 것 같습니다.

차PM이 고객 A와 전화를 하고 있다.
차 PM 저희가 보내드린 고객측의 변경에 따른 일정 변경과 추가 비용을 정리한 문서는 검토해보셨습니까?
고객A 예, 내부에서 회의를 통해 요청하신 공기 연장과 추가 비용을 수용하기로 했습니다. 변경된 계약사항을 정리하여 문서로 보내도록 하겠습니다.
차 PM 예, 잘 알겠습니다. 감사합니다.

Check Point

- 프로젝트 변경 관리는 어떻게 실시하는가?
- 프로젝트 변경 프로세스는 무엇인가?
- 변경에 따라 발생할 수 있는 문제는 무엇인가?

N . O . T . E

1 변경관리 프로세스

1-1. 변경관리 프로세스

변경관리 프로세스는 범위, 일정, 원가, 품질등 각각의 변경사항 관리 내용들이 중앙에서 통합된다.

1) 통합 변경 통제(Integrated Change Control) : 변경이 발생되었는지 식별하고, 변경요청을 검토 및 승인하며, 승인된 변경만 계획 및 실행에 반영되도록 하고, 그에 따른 성과평가 기준선의 정합성을 유지하는 프로세스

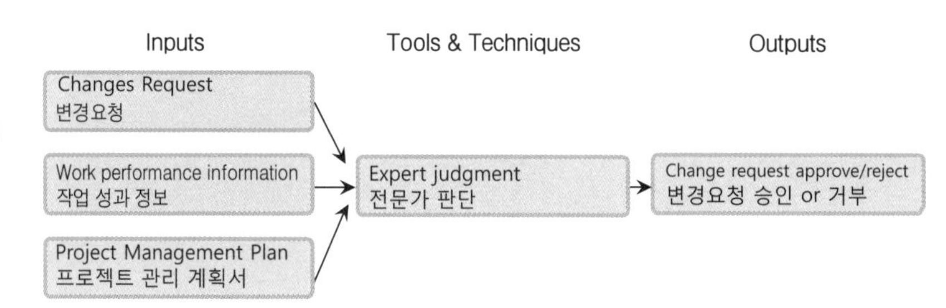

2) 범위 통제(Scope Contr ol) : 범위 변경이 최소화되도록 범위 변경 요인에 영향을 미치고, 변경 발생시 영향력을 통제하는 프로세스

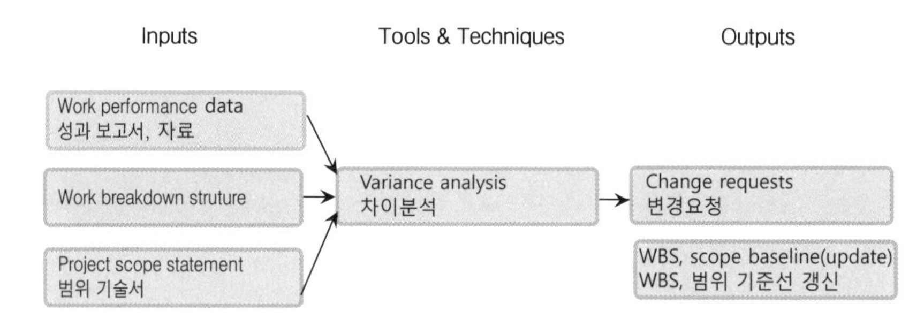

PMBOK에서 말하는 통합변경통제

통합
- 변경이 필요하거나, 이미 발생되었는지 식별
- 변경통제를 벗어나는 요소들에게 관여하여 승인된 변경만 반영되도록 함
- 변경요청의 검토와 승인
- 승인된 변경 발생에 따른 관리
- 각 기준선들의 무결성 유지
- 시정 / 예방 조치에 대한 검토 및 승인
- 범위, 원가, 예산, 일정, 품질요구사항에 변경사항이 반영되도록 함
- 요청된 변경사항의 영향력 문서화
- 결함 정정에 대한 검증
- 품질 표준 준수를 위한 통제

범위
- 범위 변경을 발생시키는 요소들에게 관여
- 변경의 영향력 통제
- 실제 변경 발생시의 관리

일정
- 프로젝트 일정의 현재 상태 결정
- 일정 변경을 발생시키는 요소들에게 관여
- 일정 변경 여부 결정
- 실제 변경 발생시의 관리

원가
- 원가 기준선의 변경을 발생시키는 요소들에게 관여
- 변경 요청에 대한 합의 도출
- 실제 변경 발생시의 관리
- 원가 초과가 승인된 자금 범위 내에 있도록 보장
- 원가 생산성 감시를 통한 원가 기준선 이탈 감지 및 파악
- 원가 기준선 변동사항 기록
- 부정확, 부적절, 미승인 변경의 포함 방지
- 승인된 변경에 대한 해당 이해당사자 통보
- 원가 초과가 수용 한계 내에 있도록 조치

N . O . T . E

3) 일정 통제(Schedule Contr ol) : 일정 변경을 식별하고, 변경이 최소화되도록 하며, 발생된 변경의 영향을 관리하는 프로세스

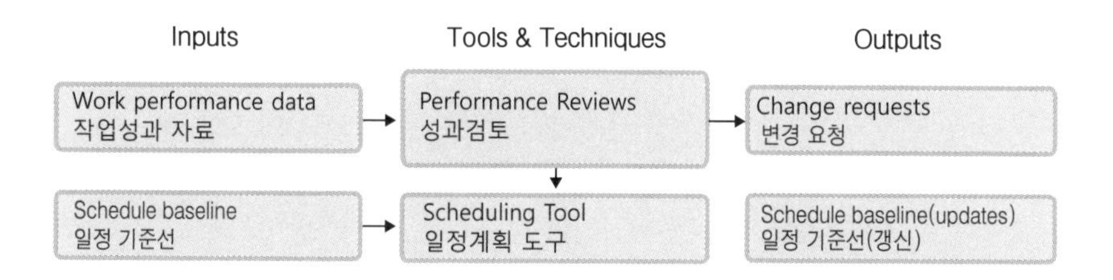

4) 원가 통제(Cost Contr ol) : 원가 변경의 최소화를 위해 영향력을 행사하고, 원가 초과시 가용 예산을 넘지 않도록 하고, 원가 생산성을 확인해 향후 원가상황을 예측하고 해당 이해당사자에게 통보하는 프로세스

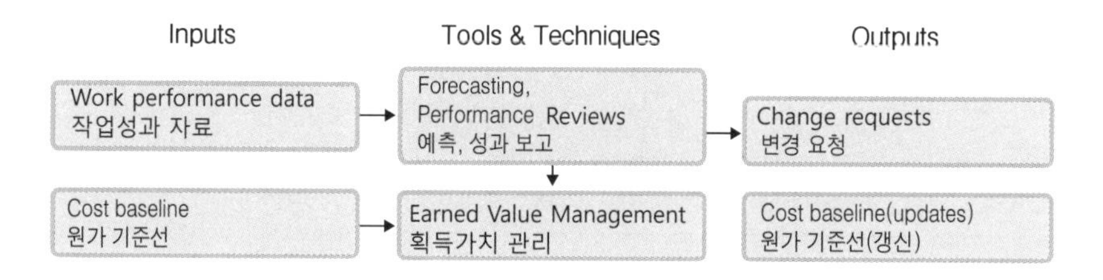

2 Scope Creep

2-1. Scope Creep의 발생 원인

많은 IT프로젝트에서 직면하는 중요한 문제 중의 하나는 Scope Creep이다. Scope Creep은 신규 요구 사항이 기존의 사양에 조금씩 추가되는 것을 말하는데, Scope Creep이 발생할수록 프로젝트는 복잡해진다.
Scope Creep이 발생하는 원인은 프로젝트 시작시 산출물에 대한 불명확한 정의와 해결되지 않은 의문점, SOW상의 모호한 범위 정의, Stakeholder의 기대치 상승, 개발자가 새로운 가능성 또는 문제점을 제기하는 것이다.

N . O . T . E

SOW

잠재적인 공급자들이 조달 품목에 대해 정확히 이해할 수 있도록 조달한 업무에 대해 설명한 문서이다. Procurement Document의 일부로 공급자 선정 과정에서 수정, 보완되어야 하며 계약 수행시 실적 보고 방법, 지속적인 운영 기관에 대한 내용도 포함되어야 한다.

Workaround

변경이나 위험에 대응할 때 체계적으로 계획을 세우고 명문화하여 처리하는 것이 아니라 간단하게 즉석에서 처리하는 일의 방법

2-2. Scope Creep의 방지

Scope Creep의 방지를 위해서는 예산, 범위, 품질, 일정에 대해 어떻게 해야 할지 고민해야 한다. 각각에 대한 자세한 내용은 다음과 같다.

- 예산 : 프로젝트에 할당된 예산을 증가시키지 않고 어떻게 범위 변경을 처리할 것인가?
- 범위 : 범위에 대한 Workaround는 어떻게 처리할 것인가?
- 품질 : 프로젝트 품질에 끼치는 영향을 최소화하면서 어떻게 범위 변경을 처리할 것인가?
- 일정 : 일정에 대한 위험 요소를 최소화하면서 어떻게 범위 변경을 할 것인가?

3 변경 관리

3-1. 변경 관리와 PM의 고려 사항

프로젝트가 점진적으로 진행됨에 따라 여러 문제와 가능성이 발생한다. 이런 것들이 때로는 프로젝트 범위 문서에 대한 변경을 필요로 하는 때가 있다. 변경 관리는 IT 프로젝트에서 가장 지켜지지 않는 부분 중의 하나이다. 이에 따라 심각한 자원의 낭비와 일정의 지연을 초래할 수도 있다.
변경 관리에 대해 PM은 다음 내용을 고려해야 한다.

- 변경 관리에 대해 항상 중요하게 생각하면서 처리 절차가 명확히 정의되어야 하며, 예산이 확보되어야 한다.
- 변경의 영향을 반영하기 위하여 프로젝트 계획서를 변경한다.
- 어떤 변경인지, 어떻게 처리할 것인지, 누가 다룰 것인지에 대해 기록해야 한다.

N . O . T . E

변경의 예

- 범위 : 고객이 프로젝트 시작 후에 새로운 요구 사항을 정의
- 공수 : 필요한 공수가 계획에서 산정한 것보다 실제로 많거나 적음
- 인력 : 승진, 채용, 규모의 축소, 재할당, 병가, 사고 등
- 조직 : 조직 개편, 오너십의 변경
- 재정 : 조직 차원의 재정적 요소의 변경으로 인한 예산의 재할당
- 환경 : 신규 지역으로 이전, 하드웨어의 비가용성
- 우선 순위 : 조직 차원에서 전략적으로 우선 순위를 변경

3-2. 변경 관리 절차 및 조치 사항

변경이 발생하면 WBS와 작업 성과를 토대로 변경으로 인한 영향력을 분석하고, 변경 절차서를 작성한 후 시정 조치와 WBS의 변경, 일정과 원가의 변경을 실시한다.

시정 조치

품질이 요구 사항을 만족시키지 못하는 부적합 상대의 대응 방법 중 이미 발생한 부적합을 처리하는 활동이다. 재작업(Rework)이나 폐기(Scrap) 등이 시정 조치에 해당한다.

Change Request의 발생 상황

- 외부 환경이나 정책의 변화
- 제품이나 프로젝트의 업무 범위 정의시 누락, 잘못 정의
- 개선이나 부가가치 증대를 위한 변경
- 위험에 대한 대응으로 비상 계획의 가동

Adjusted Baseline

- 범위 변경의 통제 결과 WBS가 변경되는 경우가 발생할 수 있음
- 이 업무의 변경은 대개의 경우 원가, 일정의 변경을 수반하여야 함
- 그렇지 않은 경우는 근무 강도, 생산성을 높이는 방법밖에 없음

Scope Change Control System

- 프로젝트 범위가 변경되는 절차를 정의
- 서류 작업, 추적 시스템, 변경 승인 권한을 포함
- 계약하에서 수행되면 계약 사항에 부합하여야 함

N . O . T . E

CCB

형상통제 위원회(Configuration Control Board) 또는 변경통제 위원회(Change Control Board)라 하며, 프로젝트의 기준선 변경을 승인하는 조직. 보통 사안의 규모에 따라 PM, 고객담당자 및 관련 주요 팀원, 이해당사자로 구성된다.

Scope Changes

- 합의된 프로젝트 범위의 수정을 뜻함
- 원가, 일정, 품질 및 다른 Object들에 대한 변경을 필요로 함
- 계획 프로세스를 통해 피드백
- 이해당사자와 적절하게 변경 사항을 공유해야 함

4 변경 관리 단계

변경 관리는 다음과 같은 단계로 이루어진다.

Step1. 변경필요성 인식과 평가

Step2. 범위, 일정, 예산에 미치는 영향 평가

Step3. 관련조직과 개인에 대한 통보

Step4. 승인된 변경에 따른 문서화와 적용 및 기각에 대한 기록

Step5. 범위, 일정, 예산에 대한 재산정

4-1. 변경 필요성 인식과 평가

변경 관리 프로세스의 첫번째 단계는 변경의 필요성을 인식하고 평가하는 단계이다. 변경 요청은 PM에게 문서화되어 상신 되어져야 하며, 변경 요청서는 향후 처리 상황에 따라 계속적으로 업데이트 되어야 한다.

변경 요청서의 기본적인 항목

- 변경No.
- 요청자의 이름, 전화번호, 이메일 등 Contact을 위한 정보
- 요청일
- 비즈니스적 문제, 요청의 이유, 제안하는 해결책 등 요청 명세
- 관련된 태스크, 산출물, 자원, 일정, 예산, 품질 등 프로젝트 전반적으로 미칠 영향 평가

변경 요청서의 업데이트 항목
- 변경 요청 통보일
- 시정 조치
- 처리 상황
- 결재자의 결재 정보와 날짜(PM, 고객, 변경 관리 위원회-change control board)

4-2. 범위, 일정, 예산에 미치는 영향 평가

변경 관리 프로세스의 두번째 단계는 범위, 일정, 예산에 미치는 영향을 평가하는 단계이다. 이 때 PM과 Stakeholder의 변경 필요성에 대한 동의가 반드시 필요하다.

변경의 영향 평가
- 범위 : 변경이 프로젝트 산출물에 어떤 영향을 야기할 것인가?
- 일정 : 변경이 프로젝트 주요 경로(Critical Path)를 변경시키지 않고 달성될 수 있는가? 영향 받는 다른 산출물의 완료 일자는 어떻게 되는가?
- 예산 : 프로젝트 예산에 어떻게 영향을 끼치는가?

변경 요청 분류
변경 요청 분류는 필수 불가결한 것과 필수적이지는 않지만 변경시 효과적인 것으로 나누어 볼 수 있다. 이렇게 분류하는 것은 필수 불가결한 요소는 반드시 변경을 실시하여야 하나, 효과적인 것은 상황에 따라 변경을 실시하지 않을 수 있기 때문이다.

4-3. 관련 조직과 개인에 대한 통보

변경 관리의 세번째 단계에서는 범위, WBS상의 태스크와 일정, 예산의 변경에 대해 관련된 조직과 개인에게 통보하여 예상되는 영향을 명확화 시킨다.

- **범위** : 범위 변경은 영향 받는 모든 조직과 논의된 후 SOW나 WBS의 개정 후 공표, 분배된다.
- **WBS상의 태스크와 일정** : WBS는 변경을 반영하여 업데이트 되어져야 한

N . O . T . E

Task

Work가 넓은 의미의 일을 뜻하는데 비해 Task는 특정한 목적을 갖고 있는 협의의 직무를 의미한다. IT 분야에서의 Task는 컴퓨터 시스템 내 활동의 기본적 단위를 뜻한다. Task의 외부적 특성은 연구나 통제받는 작업의 내용에 따르며, 입력과 출력의 매개 변수나 자원의 요구 사항, 수행 시간 등을 포함한다.

N . O . T . E

다. 또한 일정상의 변경은 모든 조직에게 통보되어야 한다.

• **예산** : 예산상의 변경은 경영층과 재무 관리자에게 통보되어져야 한다.

4-4. 문서화와 적용

변경 관리 프로세스 네번째 단계에서는 평가되고 분류된 변경 요청 사항들을 문서화하고, 실제 프로젝트 계획에 통합하여 적용하여야 한다.

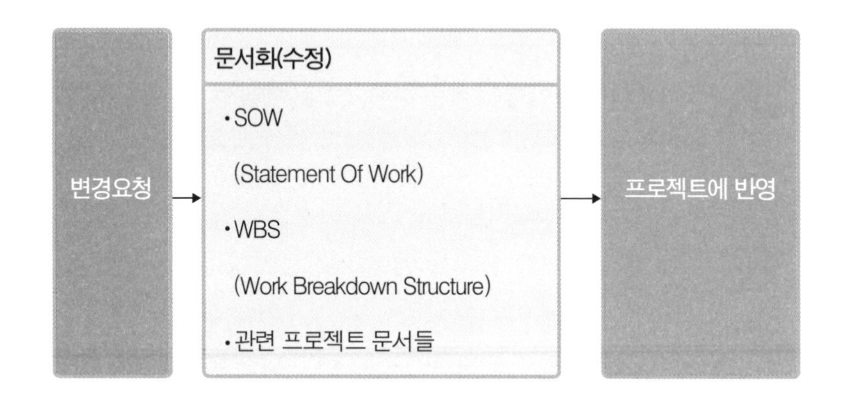

4-5. 범위, 일정, 예산에 대한 재산정

변경 관리 프로세스의 마지막 단계는 변경이 적용된 후의 영향을 가지고 범위, 일정, 예산을 재산정하여 프로젝트 관련 문서를 수정해야 한다.

프로젝트와 관련하여 수정해야 할 문서

- 프로젝트 계획서
- 범위기술서
- WBS
- 일정표
- 예산 지출 계획서

Summary

POINT 1 Scope Creep

● 많은 IT프로젝트에서 직면하는 중요한 문제중의 하나는 Scope Creep이다.
Scope Creep은 신규 요구 사항이 기존의 사양에 조금씩 추가되는 것을 말하는데, Scope Creep이 발생할수록 프로젝트는 복잡해진다.

● Scope Creep의 발생 원인은 다음과 같다.
- 프로젝트 시작시 산출물에 대한 불명확한 정의와 해결되지 않은 의문점
- SOW상의 모호한 범위 정의
- Stakeholder의 기대치 상승
- 개발자가 새로운 가능성 또는 문제점 제기

POINT2 변경 관리

● 변경 관리에 대하여 PM은 다음 사항을 고려해야 한다.
- 변경 관리에 대해 항상 중요하게 생각하고, 처리 절차가 명확히 정의되어야 하며 예산이 확보되어야 한다.
- 변경의 영향을 반영하기 위하여 프로젝트 계획서를 변경한다.
- 어떤 변경인지, 어떻게 처리할 것인지, 누가 다룰 것인지에 대해 기록해야 한다.

● 변경이 적용된 후의 영향을 가지고 범위, 일정, 예산을 재산정하여 프로젝트 관련 문서를 수정해야 한다.

● 전체 변경 통제 프로세스의 부분으로서, 변경 요청은 PM에게 문서화되어 상신 되어야 한다.

POINT3 변경 관리 단계

● 변경 관리 단계는 다음과 같다.
Step1. 변경 필요성 인식과 평가
Step2. 범위, 일정, 예산에 미치는 영향 평가
Step3. 관련 조직과 개인에 대한 통보
Step4. 문서화와 적용
Step5. 범위, 일정, 예산에 대한 재산정

Key Word

- Scope Creep
- 변경 관리 프로세스
- 변경 요청서

1. 다음 프로젝트에서 파악된 Stakeholder를 나열하시오.
2. 각각의 Stakeholder들의 요구 사항을 파악해보시오.
3. 범위 변경 요구에 대한 정PM의 대안을 세워보시오.

정PM은 영업조직을 위한 재무시스템 구축 프로젝트를 2달째 진행 중이다. 프로젝트 팀의 DB 분석가와 프로그래머는 DB 설계를 마치고 프로토타입을 구축하였다. 디자인 리뷰 중 실제 데이터를 시스템에 입력하기 위해서 고객과 함께 테스트를 하는 것에 장애가 생겼다.

이 시스템의 현업 사용자인 영업 부서원들은 그들 자체의 업무만으로도 너무나 바빠 프로젝트를 지원하여 일할 시간이 부족하였다. 또한 이 프로젝트가 완료되면 어떻게 자신들의 업무에 효과적으로 도움이 될지에 대하여 전혀 이해를 하지 못하고 있다.

고객측 영업담당 부서장은 제품을 웹상에서 판매하는 것에 대해 상당한 관심을 가지고 있다. 빨리 시스템이 구축되기를 원해서 6개월로 정해진 납기보다 당겨서 4~5개월 내에 끝내 주기를 바라고 있다. 고객측 CIO는 이 프로젝트에 전자 구매 기능까지를 넣어주기를 바라고 있다.

현재까지 프로젝트 일정에 대해 잠정적인 산정 결과 그래도 6개월이라는 납기는 지킬 수 있을 것으로 파악된다. 고객측 CIO는 지금까지의 프로젝트 진척 상황에 아주 만족하고 있으며, 돈은 문제가 되지 않는다고 얘기하고 있다. 정PM은 현재 프로젝트 관리자로서, 일주일에 65시간 이상씩 강행군을 하고 있다. 그는 프로젝트 기간 동안 가정에 소홀한 것에 보답하기 위해 종료 후 10일간의 발리로의 여행을 계획해 놓았다.

:: Template – 변경요청서 #1

프 로 젝 트 명		프 로 젝 트 ID#	
프로젝트매니저		일 시	
변 경 제 목		변 경 ID#	

변경요청명세					
요 청 자			요 청 일		
E - mail			전 화 번 호		
담 당 부 서					
변 경 이 유					
설 명					
효 과					
기 각 시 영 향					
평 가	일 정		예 산		
	범 위		품 질		

결 재 정 보

고객/일시 Project Manager/일시

□ 승인 □ 보류 □ 기각 □ 승인 □ 보류 □ 기각

결재 의견

:: Template – 변경요청서 #2

변경 요청서			
프로젝트명		프로젝트코드	
요청번호		긴급여부	
요청자		요청일	
제목			
요청내용			
영향력 분석			
분석자			
시스템명			
분석요약			
영향력 분석 상세			
분류	내용	비고	
범위			
예산			
공수			
일정			
기타			
조치결과			
승인			
기안		승인	
기안일		승인일	

:: **Template** – 변경관리계획서

변경관리 계획서

1. 범위변경 절차

○ 인수책임자와 개발팀간에 인수확인이 종료된 산출물이나 프로젝트 진행에 관련한 제반 사항에 대하여 인수책임자가 변경을 요청하는 경우 작성하며, 조치 결과에 대하여 인수책임자 및 PM의 승인을 득한다.
○ 프로젝트에 관한 어떤 변경도 양자 모두의 승인이 있어야 가능하다.
○ 상세한 범위변경 절차는 표준 및 절차 매뉴얼(SPM) 참조

1.1 변경요청 접수

- 계약서, 프로젝트 계획서에 정의된 업무범위에 대한 변경과 단계별로 승인한 산출물의 내용과 관련된 변경요칭은 변경요칭 양식에 의한다.
- 사정에 따라 구두로 선 접수된 변경요청사항은 후에 변경요청서를 별도로 작성한다.

1.2 변경사항 수용여부 결정

- 업무범위 변경과 관련된 변경요청사항은 업무범위 변경이 범위외의 추가여부를 먼저 확인하고 납기, 원가, 품질 등에 미치는 영향력을 분석한 후 인수책임자와 프로젝트 관리자 간에 합의를 한 뒤 수용여부를 결정한다.
- 변경의 규모나 심각성에 따라 수용여부를 결정하는 변경통제 위원회(Change Control Board)의 구성원이 달라 질 수 있다. 변경의 유형별로 변경통제 위원회의 구성내용은 다음과 같다.

구분	내용	변경통제 위원회(CCB)
변경대상	기타 단계별 산출물의 내용 변경	PM, 관련 PL, QAO, 필요시 개발자, 현업담당자
	계약서, 프로젝트 계획서 내 업무범위 변경	PM, 관련 PL, QAO, 인수책임자, 고객 관련부서장
변경규모	5MD 미만의 변경	PM, 관련 PL, QAO, 필요시 개발자, 현업담당자
	5MD 이상의 변경	PM, 관련 PL, QAO, 인수책임자, 고객 관련부서장

1.3 변경통제

- 결정된 변경통제 사항들은 이행여부를 확인하고 완료되었을 경우 고객의 승인을 득한다.

2. 변경요청 양식

○ 별첨) 변경요청서 참조

Project Management

PART 07

프로젝트 종료

Chapter 15 프로젝트 종료

Project Management Situation

세미나실에 'S항공 신정보 시스템 구축 프로젝트' 라는 플랜카드가 걸려 있고, 차PM이 프로젝트 종료 보고회를 실시하고 있다.

임사장 시스템을 구축하기 위해 불철주야 노력한 프로젝트 팀과 현장 지원 부서 여러분의 노고를 지하 드립니다.
차 PM 프로젝트를 무사히 완료할 수 있도록 도와주신 고객 여러분께 감사 드립니다. 지금부터 구현된 시스템에 대해 설명 드리도록 하겠습니다.

차PM이 시스템에 대해 설명한다.

임사장 설명 잘 들었습니다. 그런데 저희 부서 업무 지원 부문 중 구현이 미비한 부문이 있습니다. 항공기 운항 정보를 고객 DB와 연동했으면 좋겠습니다.
차 PM 좋은 지적이십니다. 그런데 이번 프로젝트 업무 범위에는 말씀하신 부분이 포함되어 있지 않습니다.
임사장 운항 정보와 고객DB 연동은 업무진행을 위해 반드시 포함됐으면 좋겠습니다.
차 PM 현재 반영하기는 어렵습니다만, 차기 년도에 추가 프로젝트로 진행하면 좋을 것 같습니다.

임사장이 강평을 실시한다.

임사장 오늘 발표 잘 들었습니다. 고생 많으셨습니다. 오늘 회의 중에 나온 의견을 좀더 검토해 반영 유무를 보고해 주시길 바랍니다.
차 PM 네, 잘 알겠습니다.

운항 정보와 고객 DB의 연동에 대하여 검토하는데 1주일이 소요 되였으며, 또한 프로젝트 검수는 2주간 지연되어, 결국 프로젝트는 3주가 지연되어 종료되었다.

Check Point

- 프로젝트 종료 회의는 어떻게 실시하는가?
- 프로젝트 종료 프로세스는 무엇인가?
- 종료 회의시 발생할 수 있는 문제는 무엇인가?

N . O . T . E

1 프로젝트 종료 프로세스

1-1. 프로젝트 종료 프로세스

프로젝트의 종료는 범위 검증, 계약 종료, 프로젝트 종료의 3가지 프로세스로 이루어진다.

범위 검증과 품질 통제 프로세스의 차이

*결과의 정확성 : 품질 통제
*결과의 승인 : 범위 검증

1) **범위 검증(Scope Verification)** : 이해당사자로부터 완료된 프로젝트 인도물의 공식적 인수를 승인 받는 프로세스이다.

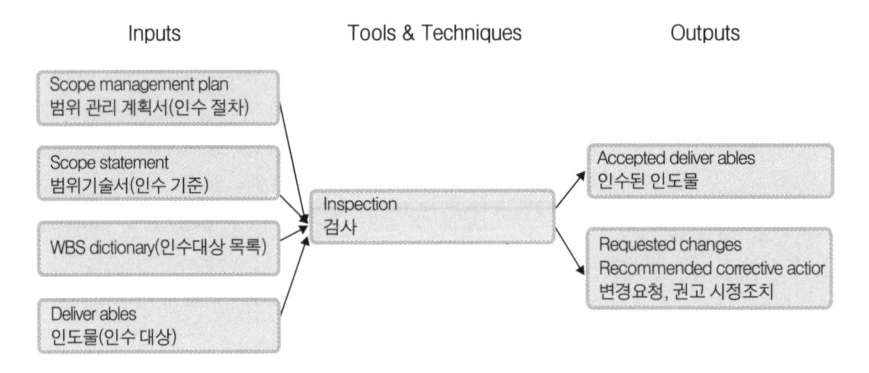

워크스루(Work-Through)

일반적으로 시스템이나 프로그램의 설계, 명세를 제삼자(보통 전문가그룹) 다수가 체크함으로서 오류를 발견하기 위한 방법

• Inspection : 인도물이 기준을 만족해 인수가 가능한지 판별하기 위한 검토, 검사, 워크스루, 측정 등이 포함된다.

2) **계약 종결(Contract Closure)** : 미결사항 해결을 포함해 프로젝트의 종료를 위해 계약을 완료하고 청산하는 프로세스이다.

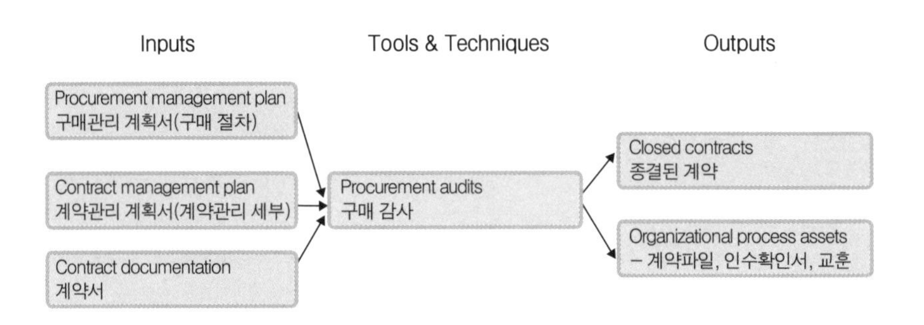

3) **프로젝트 종료(Close Project)** : 프로젝트를 공식적으로 종료하기 위해 프로젝트 관리 프로세스 그룹들의 모든 활동을 마무리하는 프로세스이다.

프로젝트 종료를 위해서는 계약 종결 절차와 행정 종결 절차가 포함되는데, 계약 종결이란 제품 검증을 포함해 계약 자체의 종결을 위한 부분이며 행정 종결이란 프로젝트 기록 및 교훈(lessons learned) 수집 및 프로젝트 팀원의 해제를 위한 부분이다.

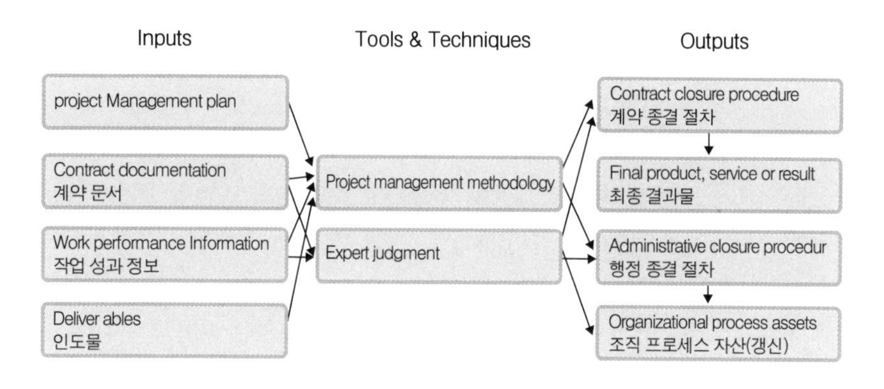

N . O . T . E

2 기성과 준공

2-1. 기성과 준공

프로젝트에서 업무 범위를 하나씩 완료해가면 단계에 따라 일부 또는 전체에 대한 공식적인 인수 요청을 하고, 인수된 부분에 대해서는 대가를 청구하기도 한다.

프로젝트 진행 중에 특정 시점까지 완료된 업무 범위에 대해 완수된 인도물을 검사하고 그에 대한 대가를 지불 받는 것을 기성(既成)이라고 한다. 보통 프로젝트 단계별로 각 단계의 마무리시 그때까지 수행된 업무에 대하여 기성금을 신청하고, 고객의 기성검사를 통과한 업무에 대하여 해당 부분의 사업비를 청구할 수 있도록 한다. 또한 프로젝트에서 모든 인도물을 완수하면 최종 산출물에 대하여 인수 승인을 받게 되는데, 이것을 준공이라고 한다.

기성(既成)

건축분야 프로젝트 관리에서 유래된 말로서, 이미 건축된 건물 높이에 대한 일본식 표현인 기성고(既成高,earned value)에서 나온 용어이다.

2-2. 기성의 신청

PM은 기성 신청을 위해 완료된 업무 목록을 포함하여 기성을 신청하는 기성계를 작성하여 고객에게 발송하고, 고객의 기성검사 계획서를 받아 해당 일정에 기성검사에 응하고, 검사 결과 보고서를 근거로 기성금을 신청한다. 준공의 경우도 기성 신청과 절차상으로 동일하다.

N . O . T . E

3 프로젝트 종료 절차

3-1. 프로젝트 종료 절차

프로젝트 종료시 주의사항

프로젝트 수행도 결국 비즈니스이므로 금전관계가 중요하다. 물론 계약 목표 달성 후의 대가 입금도 신경써야할 부분이나, 외주 계약의 대가 지급이 제때 되는 것도 중요하다. 적시 지급을 위해서는 세금계산서를 선발행 받아서 보관하다가 종료 조건이 되었을 때 회사 재무팀에 제출하면 월말 마감이후 지급 불가로 인한 프로젝트 종료 지연을 예방할 수 있다.

제대로 된 절차에 의한 프로젝트의 종료는 고객과 신뢰 관계를 구축한다는 측면에서 프로젝트 계획만큼이나 중요하다. 종료 단계에서는 프로젝트에 관여해왔던 모든 Stakeholder의 요구 사항을 나열하고, 어떻게 프로젝트가 만족시켰는지를 설명해야 한다. 프로젝트 종료 절차는 다음과 같다.

1) 고객과 만나서 최종 산출물에 대한 인수 승인을 받는다.
2) 프로젝트 최종 리뷰를 실시한다.
3) 프로젝트 리포트(산출물 문서, 성과 문서 등)를 정리 및 제출한다.
4) 대금을 처리한다.
5) 프로젝트에 할당된 자원을 릴리즈한다.
6) 프로젝트 파일들의 수집과 저장을 통해 향후 프로젝트에 이용한다.

4 인수 회의 개최

4-1. 인수 회의의 목적

프로젝트 인수 회의는 프로젝트의 목적중의 하나인 최종 산출물에 대하여 고객의 승인을 받는 것이다. 이상적인 관점에서 프로젝트의 종료는 고객의 문제를 얼마나 해결했는가를 파악하기 위한 객관적이고 측정 가능한 표준을 필요로 한다.
이러한 인수 회의를 실시하는 목적은 프로젝트가 달성한 인수 기준(Acceptance Criteria)의 검증(Verification), 고객으로부터 인수 승인을 획득하기 위한 것으로서, PMBOK의 Scope Management의 Scope Verification의 단계가 여기에 해당된다.

4-2. 인수 회의의 절차

프로젝트의 종료에서는 고객과 계약된 업무 범위를 완료하고, 고객에게 시스템을 인도하게 된다. 고객측에서는 합의된 기준에 따라 시스템의 인수를 결정하게 된다. 인수 회의의 절차는 다음과 같다.

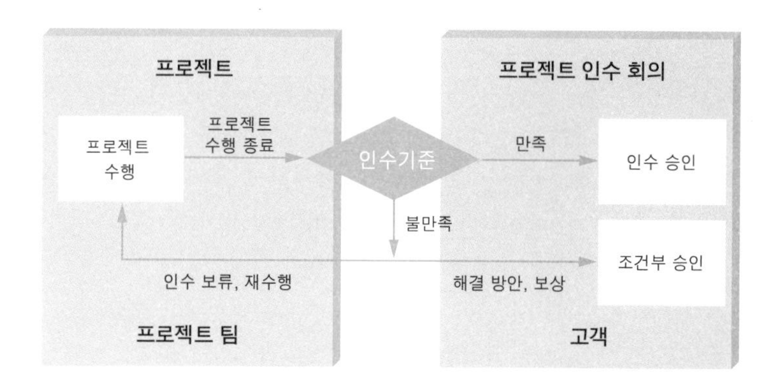

만약 고객이 달성된 인수 기준에 대하여 만족하지 못한다면, PM과 고객은 이를 해결하기 위한 향후 절차에 대하여 다음과 같은 절차에 따라 합의하고 문서화해야 한다.

1) 차이가 나는 부분과 빠진 부분에 대한 지적과 설명
2) 불만족스러운 부분에 대한 보상 및 향후 해결 방안을 합의 후 조건부 승인
3) 모든 인수 기준이 달성될 때까지 승인을 보류하고 계속하여 프로젝트를 진행

5 프로젝트 최종 리뷰

5-1. 프로젝트 최종 리뷰의 내용 및 실시 요령

프로젝트 최종 리뷰 회의는 고객 인수 회의 종료 후에 바로 실시되어야 한다. 프로젝트 최종 리뷰의 내용은 프로젝트 계획, 조직, 수행, 관리, 재정 등 모든 분야를 포함하며, 성공적인 부분과 향후 개선이 필요한 부분을 인식한다. 또한 현 프로세스에 대한 개선 가능성을 인식하는 것이 필요하다. 프로젝트 최종 리뷰 회의에는 모든 프로젝트 팀원들이 함께 참석하며(대형 프로젝트의 경우 각 주요 영역의 대표자 참석), 회의 개최 전 참석자에게

N . O . T . E

프로젝트 종료 방법

프로젝트의 종료는 계약 조건이 마무리되면 된다. 그런데 프로젝트가 계약 당시의 조건으로부터 많은 변화가 있을 수있으며, 경우에 따라 계약조건 이외의 이유로 마무리되지 않거나 달성할 수 없는 부분이 존재 할 수도 있다.
달성할 수 없는 목표의 달성을 위해 사용 가능한 방안은 두가지가 있다.

1. 해당 범위의 축소 : 종료시점 근처의 범위 축소는 일반적으로 어려움이 많으며, 추가 수행된 부분(무상 범위증대 혹은 scope creep 또는 추가 요구사항)들을 꼼꼼히 기록해 두었다가 맞교환 형식으로 사용할 수 있다.

2. 조건부 승인 : 특정 기간까지 마무리 한다든가 보상방안을 제시하고 조건부 승인할 수 있다.

N . O . T . E

회의의 목적을 명확히 하고 원활하게 진행하기 위한 질문서 또는 설문서를 작성하여 제공하는 것이 필요하다.

5-2. 프로젝트 최종 리뷰 회의의 목적

프로젝트 최종 리뷰 회의는 해당 프로젝트의 경험을 공유하고 향후에 활용하기 위한 것이다. 또한 성공적인 부분을 Best Practice화 하여 반복 · 적용하기 위한 것이며, '성공적' 이라는 판단도 등급을 나누어 차등화하여 적용하는 것이 그 목적이다.
이와 함께 향후 사용 가능한 데이터들을 제시하고, 변경이 필요한 프로세스를 인식하는 것도 프로젝트 최종 리뷰 회의의 목적이다.

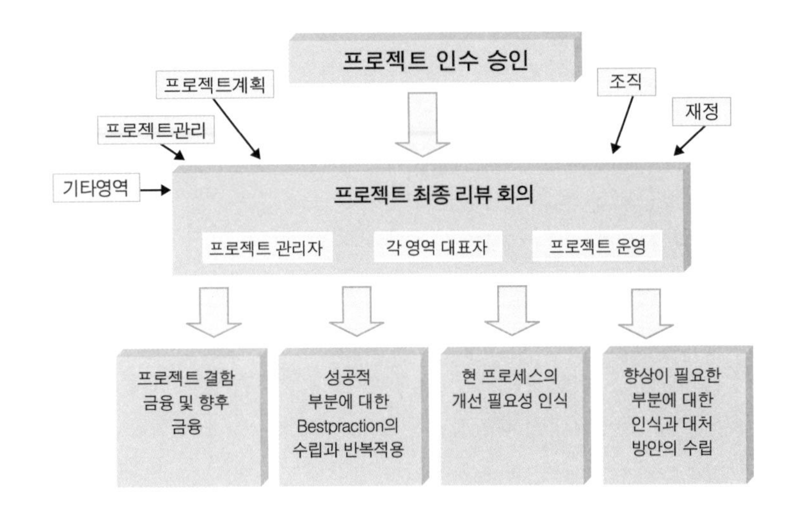

6 Lessons Learned

Lessons Learned의 효과

- 다음 프로젝트를 위한 가이드라인
- 회사의 지적 자산
- Baseline 설정 및 성과 측정 기준

6-1. Lessons Learned

'Lessons Learned' 는 프로젝트에서 발생한 변경과 그 원인 및 결과를 기록한 문서이다. 프로젝트 변이의 원인, 채택된 시정 조치의 이면 논리, 그리고 범위 변경 통제로부터 얻게 되는 교훈들은 해당 프로젝트뿐 아니라 수행 조직의 다른 프로젝트를 위한 자료로써 문서화하여야 한다. 또한, 이와 같은 자료는 지식 경영의 기본이 된다.

N . O . T . E

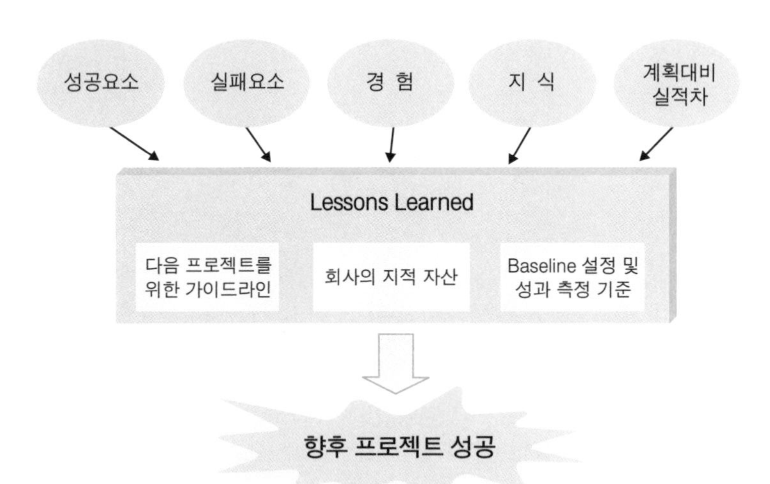

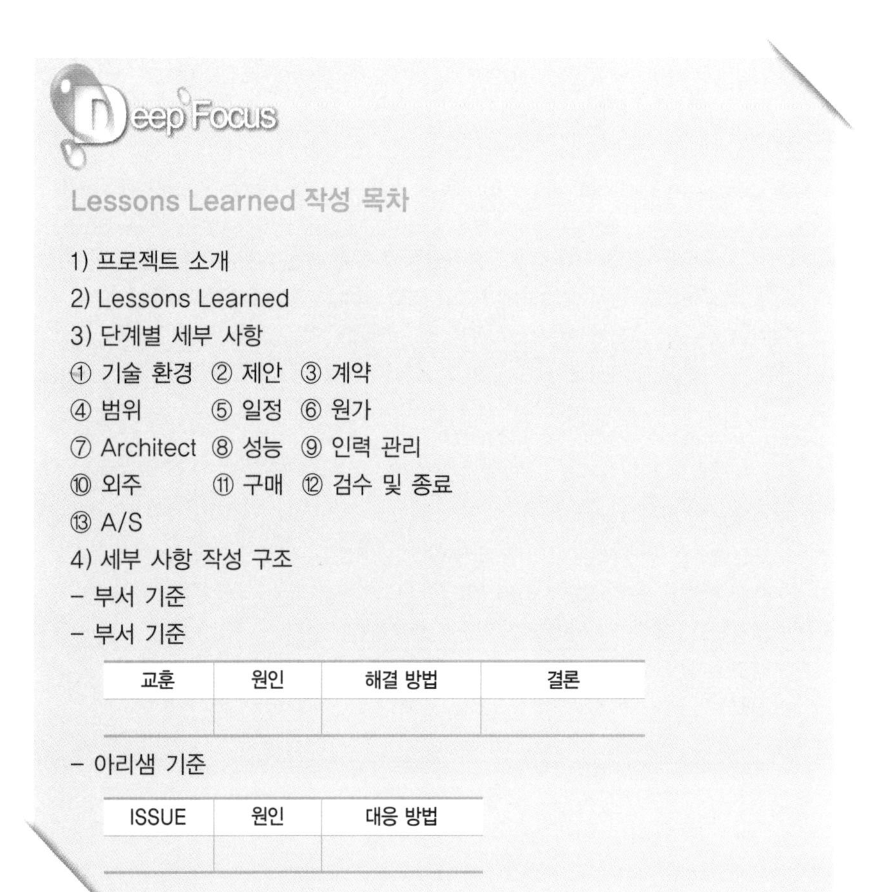

Deep Focus

Lessons Learned 작성 목차

1) 프로젝트 소개
2) Lessons Learned
3) 단계별 세부 사항
① 기술 환경 ② 제안 ③ 계약
④ 범위 ⑤ 일정 ⑥ 원가
⑦ Architect ⑧ 성능 ⑨ 인력 관리
⑩ 외주 ⑪ 구매 ⑫ 검수 및 종료
⑬ A/S
4) 세부 사항 작성 구조
- 부서 기준
- 부서 기준

교훈	원인	해결 방법	결론

- 아리샘 기준

ISSUE	원인	대응 방법

N . O . T . E

6-2. Lessons Learned의 인식

Lessons Learned을 명확히 인식하기 위해서 다음과 같은 질문을 던져보도록 하자.

- 프로젝트 동안 가장 만족스러웠던 부분은 어떤 것이며 왜 그랬는가?
- 프로젝트 동안 가장 골치 아팠던 부분은 어떤 것이며 왜 그랬는가?
- 무엇이 성공적이었는가?
- 무엇이 실패적이었는가?
- 무엇이 달성되지 못하였는가?
- 다른 프로젝트 팀들에게 주지시키고자 하는 교훈이 있는가?

프로젝트를 통한 지식과 교훈의 습득

기업과 조직은 프로젝트 수행 중 성공적인 부분과 실패한 부분들을 통하여 다음 프로젝트 수행시에 염두에 둘 수 있는 지식과 교훈을 얻게 된다.
이러한 지식과 교훈은 해당 프로젝트 팀 내에서만 알고 있는 것이 아니라, 조직에 전파하고 교육시켜 간접 경험을 통하여 실패 요소가 반복하여 나타나는 것을 방지하고, 성공 사례의 확보를 통하여 프로젝트 성공 가능성을 높일 수 있어야 한다.

프로젝트를 통한 지식과 교훈은,
- 프로젝트의 전 라이프 사이클을 통하여 얻어져야 한다.
- 주요 단계의 종료시마다 리뷰 되어야 한다.
- 명확하고 자세하게 분석되고 기술되어야 한다.
- 공수 = 규모 / 생산성 = 20man×day
- 기간 = 공수 / 투입 인력 = 5 day

Summary

POINT 1 프로젝트 종료 절차

● 프로젝트 주요 종료 절차는 다음과 같다.

1) 고객과 만나서 최종 산출문에 대한 인수 승인을 받는다.
2) 프로젝트 최종 리뷰를 실시한다.
3) 프로젝트 리포트(산출물 문서, 성과 문서 등)를 정리 및 제출한다.
4) 대금을 처리한다.
5) 프로젝트에 할당된 자원을 릴리즈한다.
6) 프로젝트 파일들의 수입과 저장을 통해 향후 프로젝트에 이용한다.

POINT2 인수 회의 개최

● 프로젝트 인수 회의는 프로젝트가 달성한 인수 기준(Acceptance Criteria)의 검증(Verification), 고객으로부터 인수 승인을 획득한다는 목적을 갖는다. 프로젝트 인수 회의는 PMBOK의 Scope Management의 Scope Verification의 단계에 해당한다.

POINT3 프로젝트 최종 리뷰

● 프로젝트 최종 리뷰 회의의 목적은 다음과 같다.

- 해당 프로젝트의 경험을 공유하고 향후에 활용
- 성공적인 부분을 Best Practice화 하여 반복 적용
- '성공적' 이라는 판단도 등급을 나누어 차등화하여 적용
- 향후 사용 가능한 데이터들의 제시
- 변경이 필요한 프로세스 인식

POINT4 Lessons Learned

● 'Lessons Learned'는 프로젝트에서 발생한 변경과 그 원인 및 결과를 기록한 문서이다.

● 프로젝트 과정에서 얻게 되는 교훈들은 해당 프로젝트뿐 아니라 수행 조직의 다른 프로젝트를 위한 자료로써 문서화하여야 한다. 또한, 이와 같은 자료는 지식 경영의 기본이 된다.

Key Word

- 프로젝트 종료
- 인수 회의
- 프로젝트 최종 리뷰
- Lessons Learned

다음 프로젝트를 종료시킬 수 있는 방안을 수립하시오.

정PM은 대학병원 의료 통합 프로젝트를 10달째 진행 중이다. 프로젝트는 이상 없이 진행됐으며, 고객측도 만족하고 있는 상태이다. 그러나 종료 시기가 다가오면서 정PM은 고민이 하나 생겼다.

고객측에서 현 개발 인력의 50%이상을 프로젝트 종료 후 유지 · 보수 인력으로 상주시키거나 아니면 대학측 전산실에 파견 근무를 요구한 것이다. 만일 이 요구 사항이 만족되지 않으면 종료를 시켜주지 않을 태세이다.

개발팀원 누구도 유지 · 보수 인원으로 남거나, 대학병원 측에 파견을 원하지 않고 있다. 그리고 바로 다음 달부터 차기 병원의 통합 시스템 구축을 위해 투입되어야 할 상황이다. 프로젝트를 종료하려면 고객을 설득하여 프로젝트를 검수 받고 팀원을 무사히 철수시켜야 한다.

:: Template – 준공계

준 공 계

1. 용 역 명 :
2. 계 약 금 액 : 일금 원정(₩)
3. 계 약 년 월 일 : 년 월 일
4. 착 공 년 월 일 : 년 월 일
5. 준 공 기 한 : 년 월 일
6. 실 제 준 공 일 : 년 월 일

상기 용역 사업을 완료하였기에 준공계를 제출하오니 조치하여 주시기 바랍니다

년 월 일

붙 임 : 1. 준공검사원 1부.
2. 기성금 내역서 1부.
3. 준공내역서 1부.
4. 상세 납품 내역서 1부.
5. 성과물 사진첩 1부 끝.

1. 상 호 :
대 표 자 : (인)

2. 상 호 :
대 표 자 : (인)

3. 상 호 :
대 표 자 : (인)

귀 하

:: Template – 준공검사원

준 공 검 사 원

1. 용　역　명 :

2. 계 약　금 액 : 일금　　　원정(₩　　)

3. 계 약 년 월 일 :　　년　　월　　일

4. 착 공 년 월 일 :　　년　　월　　일

5. 준　공　기　한 :　　년　　월　　일

6. 실 제 준 공 일 :　　년　　월　　일

상기용역을 도급시행함에 있어서 용역 전반에 걸쳐 과업지시서 및 기타 약정대로 어김없이 준공하였음을 확약하오며, 만약 본 용역 과업지시서 상의 하자가 발생시는 수정 및 보완할 것을 서약하고 이에 준공검사원을 제출 합니다.

년　　월　　일

1. 상　호 :
   대 표 자 : (인)

2. 상　호 :
   대 표 자 : (인)

3. 상　호 :
   대 표 자 : (인)

귀 하

:: Sample - 준공금 산출 내역서

준공금 산출 내역서

사 업 명	미술관 종합정보시스템 구축
사 업 기 간	( ) 개월
계 약 금 액	일금 원정(₩)

(단위:원)

구 분	금 액	비 고
1. 개발 부분		부가세 포함
2. 자산 취득 부분		부가세 포함
합계		부가세 포함

첨부 : 1. 개발부분 세부내역 1부.

2. 자산취득부분 내역 1부. 끝

:: **Template** – 준공금 산출 내역서(계속)

개발부분 세부내역

1. 프로그램 개발 및 DB구축(연구개발비)

1.1 총괄표

구 분		금액
용역비	작품관리시스템 구축비	
	WEB운영시스템(홈페이지관리)구축비	
	사이버미술관 구축비	
	DB구축비	
	소 계	

(단위:원)

구 분	산 출 내 역	금 액	비 고
직접인건비	직접인건비 산출내역 참조		스텝수계산
직접경비	산출물 인쇄비,사무용품비 등		
제 경 비	직접인건비 X 110%		
기 술 료	「직접인건비+제경비」 X 20%		
소 계			10%
VAT			
계			

1.2 작품관리시스템 구축비

1) 개 발 비

2) 직접인건비 산출내역

가) 프로젝트 개요

구 분	내 용	보정계수	비 고
프로젝트 형태(E)	사무처리용	1.0	
프로젝트 규모(F)	30,000스텝 미만	0.79	
적용대상 기종(G)	중대형	1.0	
언 어	C++,JAVA	1.3	

:: Template - 준공금 산출 내역서(계속)

나) 기초인건비 산출

□ 총 스텝수 산정

정보처리 형태	본 수	평균스텝수	스텝수
뱃치 처리형		470	
온라인 처리형		410	
실시간 처리형		460	
합 계			

□ 개발언어보정 직접인건비 산출

- 공정별 스텝당 인건비 단가

개발공정	상세요구 분석(A)	설계 (B)	프로그램 작성(C)	통합시험 및 설치(D)	합 계
스텝당 인건비 단가	714.5원	902.2원	1.196.3원	950.5원	3,763.5원

- 언어별 보정계수

4GL	RPG	C언어, Java	기타 고급언어	ASSEMBLER
0.65	0.7	1.3	1.0	2.0

【 개발언어보정 직접인건비 】

- 총 스텝수×[A+B+(C+D)×1.3(언어별보정계수)] =원

다) 직접인건비 산출

□ 보정계수

구 분	보정 계수	비 고
규모별 보정계수(E)	0.79	30,000스텝 미만
프로젝트형태 보정계수(F)	1.0	
적용대상기종 보정계수(G)	1.0	

【 직접인건비 】

- 개발언어보정 직접인건비×E×F×G = 원

:: Template – 준공금 산출 내역서(계속)

1.3 WEB운영시스템(홈페이지관리)구축비

1) 개 발 비

구 분	산 출 내 역	금 액	비 고
직접인건비	직접인건비 산출내역 참조		스텝수계산
제 경 비	직접인건비 X 110%		
기 술 료	「직접인건비+제경비」 X 20%		
소 계			
VAT			
계			

2) 직접인건비 산출내역

가) 프로젝트 개요

구 분	내용	보정계수	비 고
프로젝트 형태(E)	사무처리용	1.0	
프로젝트 규모(F)	30,000스텝 미만	0.65	
적용대상 기종(G)	워크스테이션	1.1	
언 어	C++,JAVA	1.3	

나) 기초인건비 산출

□ 총 스텝수 산정

정보처리 형태	본 수	평균스텝수	스텝수
뱃치 처리형		470	
온라인 처리형		410	
실시간 처리형		460	
합 계			

:: Template - 준공금 산출 내역서(계속)

□ 개발언어보정 직접인건비 산출

– 공정별 스텝당 인건비 단가

개발공정	상세요구 분석(A)	설계 (B)	프로그램 작성(C)	통합시험 및 설치(D)	합 계
스텝당 인건비 단가	714.5원	902.2원	1.196.3원	950.5원	3,763.5원

– 언어별 보정계수

4GL	RPG	C언어, Java	기타 고급언어	ASSEMBLER
0.65	0.7	1.3	1.0	2.0

【 개발언어보정 직접인건비 】

– 총 스텝수×[A+B+(C+D)×1.3(언어별보정계수)] =원

다) 직접인건비 산출

□ 보정계수

구 분	보정 계수	비 고
규모별 보정계수(E)	0.79	30,000스텝 미만
프로젝트형태 보정계수(F)	1.0	
적용대상기종 보정계수(G)	1.0	

【 직접인건비 】

– 개발언어보정 직접인건비×E×F×G = 원

:: Template – 준공금 산출 내역서(계속)

1.4 사이버미술관 구축비

구 분	등 급	금 액	투입 M/M	계
직 접 인 건 비	특 급 기 술 자			
	고 급 기 술 자			
	중 급 기 술 자			
	초 급 기 술 자			
	고 급 기 능 사			
	소 계			
제 경 비	직접인건비 X 110%			
기 술 료	(직접인건비 + 제경비) 의 20%			
소 계				
합 계	(부가세포함)			

(단위:원)

1.5 DB 구축비

구 분	등 급	금 액	투입 M/M	계
직 접 인 건 비	특 급 기 술 자			
	고 급 기 술 자			
	중 급 기 술 자			
	초 급 기 술 자			
	고 급 기 능 사			
	소 계			
제 경 비	직접인건비 X 110%			
기 술 료	(직접인건비 + 제경비) 의 20%			
경 비	인쇄비, 출장비 등			
소 계				
합 계	(부가세포함)			

(단위:원)

※ 대가기준 : 소프트웨어사업대가 기준

:: Template - 준공금 산출 내역서(계속)

□ 개발언어보정 직접인건비 산출

- 공정별 스텝당 인건비 단가

개발공정	상세요구 분석(A)	설계 (B)	프로그램 작성(C)	통합시험 및 설치(D)	합 계
스텝당 인건비 단가	714.5원	902.2원	1.196.3원	950.5원	3,763.5원

- 언어별 보정계수

4GL	RPG	C언어, Java	기타 고급언어	ASSEMBLER
0.65	0.7	1.3	1.0	2.0

【 개발언어보정 직접인건비 】

- 총 스텝수×[A+B+(C+D)×1.3(언어별보정계수)] =원

직접인건비 산출

□ 보정계수

구 분	보정 계수	비 고
규모별 보정계수(E)	0.79	30,000스텝 미만
프로젝트형태 보정계수(F)	1.0	
적용대상기종 보정계수(G)	1.0	

【 직접인건비 】

- 개발언어보정 직접인건비×E×F×G = 원

:: **Template** – 준공금 산출 내역서(계속)

자산취득부분 내역서

1. 계약내용

계 약 번 호	제호
과 제 명	미술관 종합정보시스템 구축
계 약 기 간	년 월 일부터 년 월 일까지
계 약 금 액	일금 원정(₩)
비 고	연구개발비 : 원 장비구입비 : 원

2. 준공내역

<table>
<tr><th>구 분</th><th>품 목</th><th>규격</th><th>수량</th><th>금액(원)</th><th>설치장소</th><th>비고</th></tr>
<tr><td rowspan="4">프로그램 개발
및 DB 구축</td><td>작품관리</td><td></td><td>1식</td><td></td><td rowspan="4">방재
통신실</td><td rowspan="4">개발
부분</td></tr>
<tr><td>WEB운영</td><td></td><td>1식</td><td></td></tr>
<tr><td>사이버미술관</td><td></td><td>1식</td><td></td></tr>
<tr><td>DB 구축</td><td></td><td>1식</td><td></td></tr>
<tr><td rowspan="3">네트워크</td><td>Backbone Switch</td><td></td><td>2식</td><td></td><td rowspan="3">방재
통신실</td><td rowspan="3">일체형</td></tr>
<tr><td>방화벽 서버</td><td></td><td>1식</td><td></td></tr>
<tr><td>방화벽</td><td></td><td></td><td></td></tr>
<tr><td rowspan="6">서버(H/W)</td><td>DB서버</td><td></td><td>1식</td><td></td><td rowspan="6">방재
통신실내</td><td rowspan="6"></td></tr>
<tr><td>Storage</td><td></td><td>1대</td><td></td></tr>
<tr><td>백업장비</td><td></td><td>1대</td><td></td></tr>
<tr><td>Web사이버미술관 서버</td><td></td><td>1대</td><td></td></tr>
<tr><td>동영상서버</td><td></td><td>1대</td><td></td></tr>
<tr><td>IDS서버</td><td></td><td>1대</td><td></td></tr>
<tr><td rowspan="7">도난방지
작품관리
출입차단</td><td>RFID도난방지 및 입차단서버</td><td></td><td>1대</td><td></td><td rowspan="2">방재통신실내</td><td rowspan="2"></td></tr>
<tr><td>도난방지 및 시스템</td><td></td><td>1식</td><td></td></tr>
<tr><td>RFID TAG</td><td></td><td>1,000조</td><td></td><td rowspan="4">보존과학실</td><td></td></tr>
<tr><td>RFID 휴대용점검기(핸드헬드형)</td><td></td><td>1식</td><td></td><td></td></tr>
<tr><td>RFID 휴대용점검기(PDA)</td><td></td><td>1식</td><td></td><td></td></tr>
<tr><td>RFID R/W</td><td></td><td>1식</td><td></td><td></td></tr>
<tr><td>출입차단</td><td></td><td>1식</td><td></td><td>방재통신실</td><td></td></tr>
</table>

:: Template - 준공금 산출 내역서(계속)

구 분	품 목	규격	수량	금액(원)	설치장소	비고
범용 S/W	이미지가공툴		1식		행정 사무실	
	전시디자인		1식			
	웹 개발툴		1식			
	동영상 편집기		1식			
	Art Shop 서점,카페테리아		1식			
	이미지제작		1식			
	문서저장툴		1식			
	편집디자인		1식			

상기의 물품을 납품하였음을 확인합니다.

년 월 일

1. 상 호 :

   대 표 자 : (인)

2. 상 호 :

   대 표 자 : (인)

3. 상 호 :

   대 표 자 : (인)

:: **Template** - Lessons Learned

II. Lessons learned

1. 기술 환경

원인	해결방법	특기사항

2. 범위

원인	해결방법	특기사항

3. 일정

원인	해결방법	특기사항

III. 소감

찾아보기